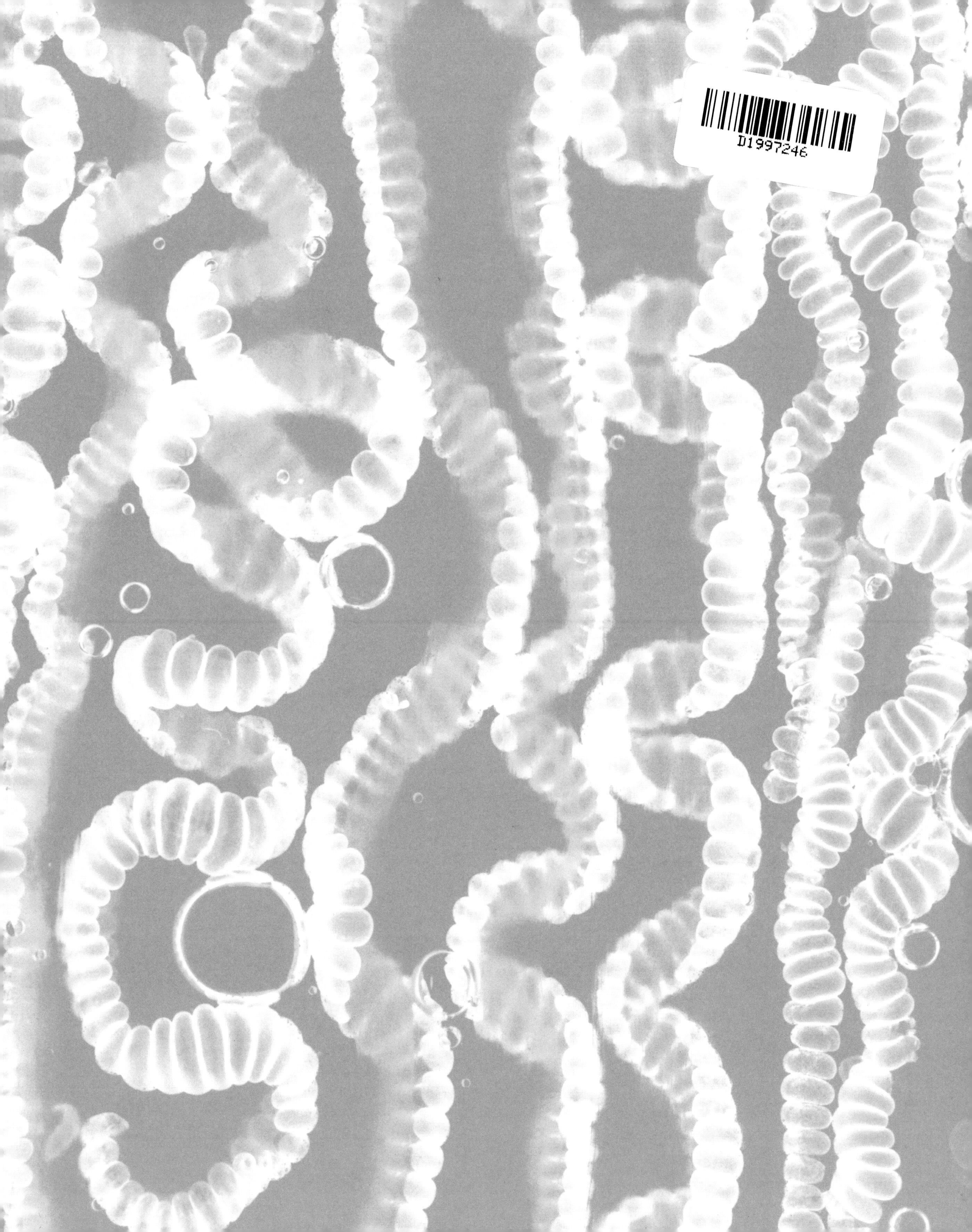

FAUNA

FAUNA

WUNDERWELT DER TIERE

DK | Penguin Random House

DK London / Delhi

Lektorat
Jonathan Metcalf, Liz Wheeler, Jemima Dunne, Steve Setford, Ruth O'Rourke-Jone, Kate Taylor, Rob Houston, Angeles Gavira Guerrero

Gestaltung und Bildredaktion
Karen Self, Arunesh Talapatra, Michael Duffy, Ina Stradins, Chhaya Sajwan, Anukriti Arora, Shipra Jain, Jomin Johny, Simon Murrell, Steve Woosnam-Savage, Phil Ormerod, Briony Corbett, Bianca Zambrea, Jaypal Singh Chauhan, Jagtar Singh, Surya Sarangi, Aditya Katyal

Umschlaggestaltung
Akiko Kato, Sophia MTT

Herstellung
Rob Dunn, Balwant Singh, Meskerem Berhane, Pankaj Sharma

Fotos
Gary Ombler

Für die deutsche Ausgabe:
Programmleitung Monika Schlitzer
Redaktionsleitung Dr. Kerstin Schlieker
Projektbetreuung Manuela Stern, Maike Hofma
Herstellungsleitung Dorothee Whittaker
Herstellungskoordination Claudia Rode
Herstellung Evely Xie

Titel der englischen Originalausgabe:
The Science of Animals

Übersetzung Michael Kokoscha
Lektorat Eva Sixt

ISBN 978-3-8310-4027-8

Druck und Bindung Leo Paper Products, China

FSC MIX
Papier aus verantwortungsvollen Quellen
www.fsc.org
FSC® C020056

www.dk-verlag.de

Hinweis
Die Informationen und Ratschläge in diesem Buch sind von den Autoren und vom Verlag sorgfältig erwogen und geprüft, dennoch kann eine Garantie nicht übernommen werden. Eine Haftung der Autoren bzw. des Verlags und seiner Beauftragten für Personen-, Sach- und Vermögensschäden ist ausgeschlossen.

Autoren

Jamie Ambrose ist Autorin, Redakteurin und Fulbright-Stipendiatin und ganz besonders an naturwissenschaftlichen Themen interessiert. Zu ihren Büchern gehört Dorling Kindersleys *Tiere der Wildnis*.

Derek Harvey ist Naturwissenschaftler. Er studierte an der University of Liverpool Zoologie mit Schwerpunkt Evolutionsbiologie, betreute viele Biologen und leitete Exkursionen nach Costa Rica, Madagaskar und Australien. Zu seinen Büchern gehören *Naturwissenschaften: Spannende Phänomene - grafisch erklärt* und *Die Natur*.

Esther Ripley, ehemals Redaktionsleiterin, schreibt über verschiedene Themen, auch über Kunst und Literatur.

Cover Giraffe *(Giraffa camelopardalis)*
Schmutztitel Eisbär *(Ursus maritimus)*
Titelseite Siebenpunkt-Marienkäfer *(Coccinella septempunctata)*
Oben Leuchtkäfer in einem Wald auf der Insel Shikoku, Japan
Inhaltsverzeichnis Blauer Leguan *(Cyclura lewisi)*

NATURAL HISTORY MUSEUM

Das Natural History Museum in London beherbergt eine Weltklasse-Sammlung mit 80 Millionen Präparaten. Diese umfassen 4,6 Milliarden Jahre, von der Entstehung des Sonnensystems bis zur Gegenwart. Das Museum ist außerdem ein führendes Forschungsinstitut mit wegweisenden Projekten in 68 Ländern. Mehr als 300 Wissenschaftler arbeiten in den Sammlungen, um das Leben auf der Erde besser zu verstehen. In jedem Jahr besuchen etwa fünf Millionen Menschen jeden Alters die Ausstellungen.

Inhalt

Die Welt der Tiere

Form und Größe

Skelette

Haut, Kleid und Panzer

Sinne

Mäuler und Kiefer

Beine, Arme, Tentakel und Schwänze

Flossen, Flipper und Fluken

Flügel und Flughäute

Eier und Jungtiere

KUBAFLAMINGO *Phoenicopterus ruber*

Vorwort

Schönheit erscheint uns verlockend und wir sind immer auf der Suche nach der Wahrheit. Indem wir Kunstwerke schaffen, reagieren wir in der reinsten Form auf diese Ideale. Doch was ist mit unserer Neugier, einer Eigenschaft, die wir nicht unterdrücken können? Für mich ist Neugier die Grundlage von Wissenschaft, die danach strebt, die Wahrheit und Schönheit zu verstehen. Dieses wunderbare Buch bietet eine Synthese, indem es die Kunst feiert, bemerkenswerte naturwissenschaftliche Tatsachen und Zusammenhänge erläutert und neugierig macht.

Bei Lebewesen hat jede Form des Körpers eine Funktion. Sie kann einen Übergang darstellen, doch sie hat immer einen Sinn. Wir untersuchen von Kindheit an den Aufbau natürlicher Dinge und stellen die Frage nach ihrem Zweck und ihrer Funktion. Ich erinnere mich, wie ich als Kind eine Feder untersuchte. Ich habe sie gewogen, gebogen und verdreht und dabei beobachtet, wie sich ihre Strukturfarben von Grün zu Violett veränderten. So versuchte ich zu verstehen, warum sie grundlegend für das Fliegen und das Verhalten der Vögel ist. Dinge zu untersuchen ist vielleicht die wichtigste Technik, die Naturforscher und moderne Wissenschaftler anwenden. Schließlich habe ich versucht, die Feder zu malen und einfach nur ihre Schönheit abzubilden.

Auch die Verwandtschaft der Arten können wir anhand ihrer Körperformen erforschen. Die Gestalt wirft ein Licht auf die Evolution. Arten können wir zu Gruppen zusammenfassen. Manche Arten täuschen uns jedoch, wie beispielsweise ein Säugetier, das Eier legt und zudem einen Schnabel besitzt! Es macht Spaß zu sehen, wie frühere Naturforscher sich verwirren ließen. Nun ist es an uns, auch den Sinn sehr bizarrer Körperformen zu ergründen.

Dieses Buch macht deutlich, dass die Natur viele Wunder bereithält, und es vermittelt, dass wir immer neugierig bleiben können. Es gibt noch unendlich viel über das Leben zu lernen.

CHRIS PACKHAM
NATURFORSCHER, FERNSEHMODERATOR,
AUTOR UND FOTOGRAF

Die Welt der Tiere

Tier. Ein lebender Organismus aus vielen Zellen, die gemeinsam Gewebe und Organe bilden. Er nimmt organische Substanz auf, wie Pflanzen oder andere Tiere, um sich davon zu ernähren.

Einzellige Verwandte
Viele komplexe einzellige Organismen wie dieses Wimpertierchen *Paramecium bursaria* stellte man früher als »Protozoen« zu den Tieren. Doch ihre DNA zeigt, dass sie mit den mehrzelligen Tieren nur entfernt verwandt sind.

Zoochlorellen sind Algen, die in der Zelle leben. Sie versorgen den Einzeller mit Nahrung, die sie bei der Fotosynthese produziert haben.

Haarähnliche Zilien (Wimpern) dienen der Fortbewegung.

Was ist ein Tier?

Tiere unterscheiden sich von den Pflanzen und Pilzen in ihrem Körperbau. Ihre Gewebe werden von speziellen Eiweißen, den Kollagenen, zusammengehalten. Mit Ausnahme der einfachsten Gruppen besitzen alle Tiere Nerven und Muskeln, mit denen sie sich bewegen. Manche Tiere leben wie Pflanzen an einer Stelle verankert, aber die meisten suchen sich ihre Nahrung selbstständig: Sie fressen andere Organismen, statt wie Pilze organische Reste zu absorbieren oder wie Pflanzen Fotosynthese zu betreiben.

DIE EINFACHSTEN TIERE

Schwämme sind die einfachsten heute lebenden Tiere. Anders als bei höher entwickelten Tieren sind ihre Zellen totipotent: Aus jeder Zelle kann ein neuer Körper heranwachsen. Einige Zellen der Schwämme (Choanozyten) strudeln mit schlagenden, haarähnlichen Geißeln Nahrung heran. Diese Geißeln stimmen weitgehend mit denen der einzelligen Kragengeißeltierchen überein und legen eine gemeinsame Abstammung nahe.

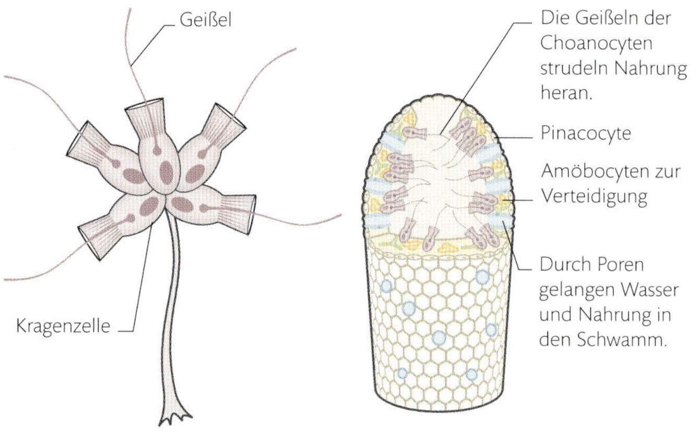

KRAGENGEISSELTIERCHEN-KOLONIE SCHWAMM

Räuberische Blüte

Manche Tiere ähneln mit zweigähnlichen Körperteilen, die einem Stängel entspringen, den Pflanzen. Doch dieser Haarstern ist wie viele Tiere ein Räuber. Mit seinen gefiederten Armen erbeutet er winzige Planktonorganismen und verarbeitet sie dann in seinem Verdauungssystem.

Als Pinnulae bezeichnet man die Armfortsätze, die fressbare Teilchen auffangen. Sie werden dann zum Mund in der Mitte des Tiers transportiert.

Die Fenestra antorbitalis, das Fenster vor der Augenhöhle, macht den Schädel leichter und ist auch bei den heutigen Vögeln vorhanden.

Das Tier besaß gesägte Zähne, anders als die heute lebenden zahnlosen Vögel.

Evolution

Alle heute lebenden Tiere sind im Lauf der Evolution aus Tieren der Vergangenheit entstanden. Dabei prägten sich während der unzähligen Generationen immer mehr Unterschiede innerhalb der Populationen aus. Mutationen, zufällige Veränderungen beim Kopieren genetischen Materials, führen zu Variationen, die an die Nachkommen vererbt werden. Andere Prozesse, wie die natürliche Selektion, bestimmen, welche Varianten überleben und sich vermehren. Im Verlauf von Jahrmillionen addieren sich die Veränderungen und neue Arten entstehen.

KLADOGRAMM

Gleiche Merkmale bei den Arten einer Tiergruppe lassen auf einen gemeinsamen Vorfahren schließen. Durch den Vergleich der Gruppen kann man Verwandtschaftsverhältnisse ermitteln. In Stammbäumen, die man als Kladogramme bezeichnet, werden sie dargestellt. Jeder Ast ist eine Klade. Hier wurde die Abstammung der Vögel von räuberischen Dinosauriern, den Theropoden, verdeutlicht.

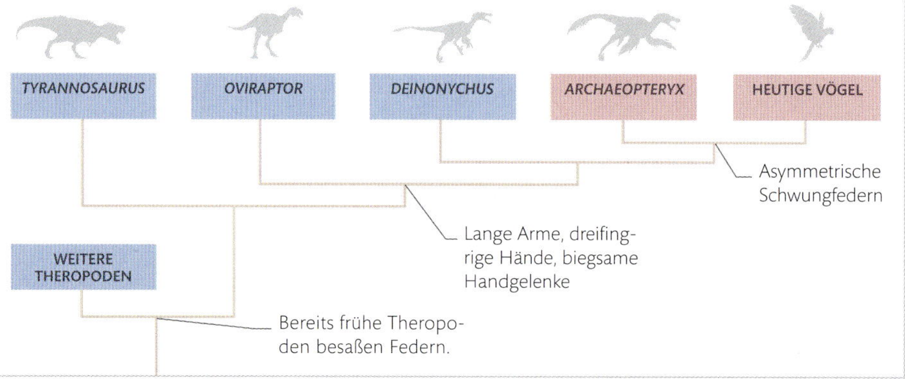

Die Wirbel und einige andere Knochen waren luftgefüllt, sodass Gewicht eingespart wurde. Bei heute lebenden Vögeln tragen die Hohlräume zur Atmung bei.

Das Laufen auf zwei Beinen war für Theropoden typisch. Sie haben dieses Merkmal an die heute lebenden Vögel vererbt.

Tiere der Vergangenheit

Die Fossilien prähistorischer Tiere können datiert, mit heutigen Tieren verglichen und zur Ermittlung von Verwandtschaften herangezogen werden. *Tyrannosaurus* lebte vor 66 Millionen Jahren, lief aufrecht und hatte Zähne, die Messerklingen ähnelten, was auf einen Räuber hindeutet. Einzelheiten des Skeletts lassen auf eine Verwandtschaft mit den heutigen Vögeln schließen.

Frühe Vögel

Fossilien des *Archaeopteryx* zeigen das Skelett eines kleinen Theropoden, doch andere Merkmale, wie die gut entwickelten, befiederten Flügel, weisen darauf hin, dass dieses Tier fliegen konnte.

Schlangenstern
Schlangensterne sind wie viele Stachelhäuter radiärsymmetrisch, stammen aber von bilateralsymmetrischen (spiegelsymmetrischen) Tieren ab. Sie teilen embryonale Entwicklungsmuster mit den Chordatieren, ihren nächsten Verwandten.

DIE WELT DER TIERE

Traditionell unterteilt man die Tiere in Wirbellose (ohne Wirbelsäule) und Wirbeltiere (mit Wirbelsäule), doch das entspricht nicht ihrer evolutionären Entwicklung. Den meisten Tieren fehlt die Wirbelsäule und ein Kladogramm (Stammbaum) zeigt, dass die Wirbeltiere eine Gruppe der Chordatiere sind – nur einer der Zweige des Stammbaums. Die frühesten Aufspaltungen traten mit Veränderungen der Körpersymmetrie auf.

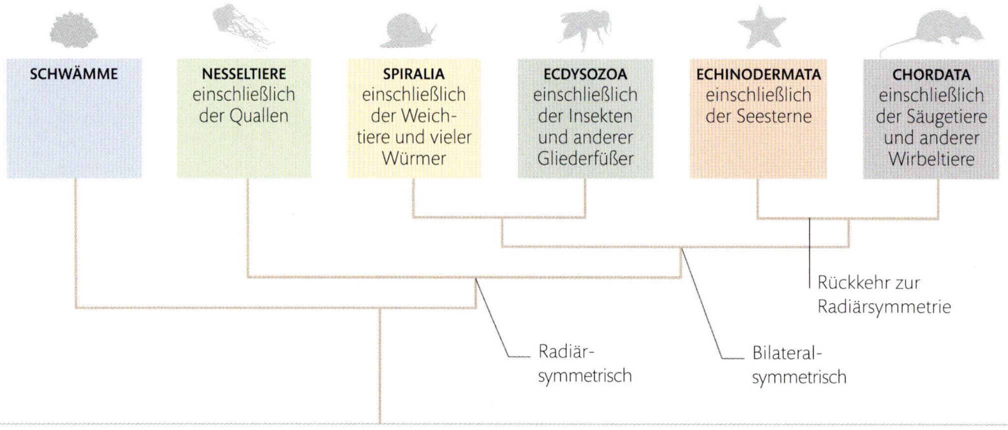

Röhrenschwamm
Schwämmen fehlt eine dauerhafte Ausprägung von Körpergeweben. Sie haben sich früh von den anderen Tieren getrennt und werden nun als ihre Schwestergruppe betrachtet, die noch keine spezialisierten Gewebe besitzt.

Seescheide
Die Wirbeltiere gehören wie die Seescheiden zu den Chordatieren. Seescheiden sitzen fest auf dem Untergrund, doch ihre kaulquappenähnlichen Larven schwimmen umher. Ihre Körper werden von einer Chorda gestützt, dem Vorläufer der Wirbelsäule.

Muschel
Weichtiere wie diese Muschel werden mit den Regenwürmern und ihren Verwandten in einer Gruppe zusammengefasst, die man als Spiralia bezeichnet. Bei den Embryonen vieler Arten der Gruppe sind die Zellen spiralförmig angeordnet.

Heuschrecke
Zur artenreichsten Tiergruppe Ecdysozoa gehören Gliederfüßer wie die Insekten und Krebstiere, aber auch die Fadenwürmer oder Nematoden. Um zu wachsen, müssen sich die Arten häuten, also ihre Kutikula oder ihr Exoskelett abwerfen.

Gestalt der Tiere

Wissenschaftler haben rund 1,5 Millionen Tiere beschrieben. Sie stellen sie nach den Eigenschaften, die auf eine gemeinsame Abstammung hindeuten, in Gruppen zusammen. Einige, wie die Stachelhäuter, zeigen eine sternartige Radiärsymmetrie. Andere haben Körper wie wir mit einem vom Rumpf abgesetzten Kopf. Die meisten Arten werden als Wirbellose bezeichnet, da sie keine Wirbelsäule besitzen. Doch ein Schwamm und ein Insekt haben kaum etwas gemeinsam und die Wirbellosen bilden keine natürliche Gruppe.

Familien
Es gibt rund 200 Käferfamilien. Die vier größten werden hier vorgestellt. Der größten Familie der Kurzflügler gehören 56 000 beschriebene Arten an, fast so viele, wie es Wirbeltierarten gibt. Zu den anderen drei Familien zählen jeweils 30 000 bis 50 000 Arten. Und vermutlich sind 90 % der Käferarten noch gar nicht entdeckt worden.

Kurze Flügeldecken

KURZFLÜGLER (STAPHYLINIDAE)
Metallisch blauer Kurzflügler
Plochionocerus simplicicollis

Fleischfresser mit starken Kiefern

LAUFKÄFER (CARABIDAE)
Sechspunkt-Laufkäfer
Anthia sexguttata

Metallisch gefärbte Flügeldecken sind typisch für Blattkäfer.

BLATTKÄFER (CHRYSOMELIDAE)
Buquets Blattkäfer
Sagra buqueti

Die Lebensräume
Fast jeder Lebensraum an Land und im Süßwasser mit Ausnahme der kältesten Polarregionen wird von Käfern bewohnt. In den Regenwäldern könnten noch Hunderttausende nicht beschriebener Arten vorkommen. Nur in den Meeren gibt es keine Käfer und auch kaum andere Insekten. Einige wenige Arten findet man an Küsten.

Nebel schlägt sich auf dem Käfer nieder, sodass er das Wassser trinken kann.

WÜSTE
Schwarz-weißer Nebeltrinker
Onymacris bicolor

Große Augen für die Jagd am Tag

HEIDEGEBIETE
Feld-Sandlaufkäfer
Cicindela campestris

Die Flügeldecken reflektieren das Licht und erscheinen golden.

REGENWALD
Goldkäfer
Chrysina resplendens

Verhalten der Käfer
Wie bei jeder Tiergruppe hängt der Erfolg der Käfer davon ab, ausreichend Nahrung zu finden. Mit ihren kräftigen Mundwerkzeugen können sie unterschiedlichste Dinge verzehren. Einige Arten fressen Pflanzenteile, andere jagen Beute. Manche ernähren sich von Bienenwachs, Pilzen und tierischem Kot.

Der Kopfschild schützt, wenn der Käfer mit Rivalen um Dunghaufen kämpft.

DUNGROLLER
Grüner Dungkäfer
Oxysternon conspicillatum

Die lamellenartigen Antennen werden bei der Nahrungssuche eingesetzt.

BLATT- UND WURZELFRESSER
Feldmaikäfer
Melolontha melolontha

Der Kopf schillert je nach Blickwinkel in einer anderen Farbe.

HOLZBOHRER
Gebänderter Prachtkäfer
Chrysochroa rugicollis

Vielfalt der Käfer

Auf der Erde lebt eine überwältigende Vielfalt an Tierarten, aber ein Viertel aller beschriebenen Arten gehört einer einzigen Insektengruppe an: den Käfern. Wie jede systematische Gruppe haben die Mitglieder viele Gemeinsamkeiten. Alle Käfer besitzen harte Flügeldecken, die sogenannten Elytren, und kauende Mundwerkzeuge. Doch in den 300 Millionen Jahren ihrer Evolution hat sich eine beeindruckende Formenvielfalt entwickelt.

Gekniete Antennen und der Rüssel sind typische Merkmale.

RÜSSELKÄFER (CURCULIONIDAE)
Schönherrs Rüsselkäfer
Eupholus schoenherri

Unter den Flügeldecken speichert der Käfer Luft, um unter Wasser atmen zu können.

SÜSSWASSERTEICHE
Gelbrandkäfer
Dytiscus marginalis

Leuchtende Farben warnen Räuber vor dem abscheulichen Geschmack.

JÄGER
Siebenpunkt-Marienkäfer
Coccinella septempunctata

Sammlerstücke
Die Vielfalt der Käfer regte viele Naturkundler an, Sammlungen anzulegen. Der österreichische Spezialist Karl Heller benannte den Bockkäfer *Rosenbergia weiskei* nach dem Deutschen Emil Weiske, der ihn 1898 auf Neuguinea entdeckt hatte.

Mit seinen Mundwerkzeugen trinkt das Insekt den Saft von Feigenbäumen.

Mit den überlangen Antennen spürt der Käfer Nahrungspflanzen auf.

Kopf und Körper können 5 cm lang werden.

Fische und Amphibien

Die ersten Wirbeltiere waren Fische und etwa die Hälfte der rund 69 000 heute lebenden Wirbeltiere besitzt die Fischform. Der typische Fisch kann sich mit seinem hydrodynamischen Körperbau gut im Wasser bewegen. Er hat eine schuppige Haut, steuert mit den Flossen und nimmt mit den Kiemen Sauerstoff auf. Doch viele Fische weichen von diesem Bauplan ab. Amphibien sind die Nachkommen einer Gruppe fleischflossiger Fische. Sie besiedelten als erste Wirbeltiere das Festland.

Der Schritt an Land
Die meisten Amphibien, wie dieser Flecken-Querzahnmolch (*Ambystoma maculatum*), besitzen als erwachsene Tiere Beine und Lungen. Doch zur Fortpflanzung müssen viele ins Wasser zurückkehren, ein Erbe der im Wasser lebenden Vorfahren.

An den Vorderfüßen sitzen vier Zehen wie bei den meisten heute lebenden Amphibien.

Hinterfüße mit fünf Zehen

Die Haut ist feucht und schuppenlos. Sie unterstützt die Lungen bei der Atmung.

Die Ursprünge im Meer
Erste Fische schwammen vor einer halben Milliarde Jahren im Meer. Der Winkel-Barrakuda (*Sphyraena putnamae*) unterscheidet sich wie viele heute lebende Fische sehr von seinen kieferlosen Vorfahren. Barrakudas und andere räuberische Schwarmfische haben stärkere Muskeln, Kiefer und eine Schwimmblase zur Auftriebskontrolle.

VOM WASSER AN LAND

Fische bilden keine natürliche Gruppe oder Klade. Kladen enthalten alle Nachkommen eines gemeinsamen Vorfahren, doch zu den Nachkommen der Fische gehören auch die Landwirbeltiere. Fische entsprechen einer Organisationsstufe, einem Wirbeltierkörper mit Flossen und Kiemen. Amphibien sind die Schwestergruppe der Fleischflosser, einer Gruppe, zu der heute nur die Lungenfische und Quastenflosser gehören.

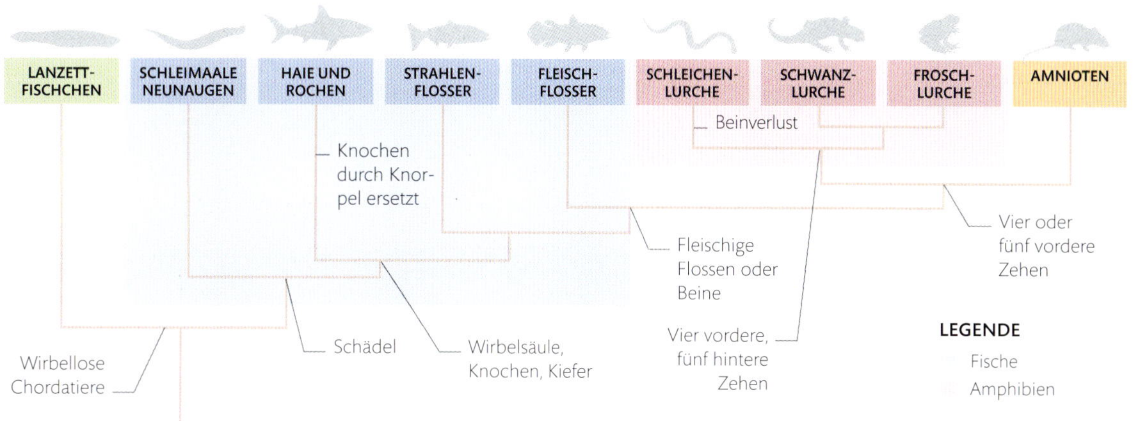

Die festen Schuppen haben sich in der Epidermis gebildet. Sie unterscheiden sich von den tiefer verankerten Fischschuppen.

Kriechende Fortbewegungsweise
Die frühen Reptilien hatten Füße mit fünf Zehen, doch viele heutige Arten, wie diese Anakonda (*Eunectes* sp.), haben ihre Beine im Verlauf der Evolution verloren. Alle Schlangen sind beinlos und auch Echsen verschiedener Familien haben unabhängig von ihnen die Beine verloren. Dies bezeichnet man als konvergente Entwicklung.

Schlangen haben keine Augenlider, anders als die meisten Echsen.

Reptilien und Vögel

Im Körperbau weisen Reptilien starke Veränderungen auf, die mit der Anpassung an das Leben an Land einhergingen. Verglichen mit ihren Amphibienvorfahren entwickelten diese Wirbeltiere eine festere, schuppige Haut und Eier mit robusten Schalen, die sich an Land entwickeln konnten. Als Dinosaurier beherrschten Reptilien die Erde 150 Millionen Jahre lang. Ihre Nachfahren, die Vögel, sind ebenso artenreich wie die heute lebenden Reptilien.

Bereit für den Flug
Am Federkleid erkennt man eindeutig, dass der Grauhals-Kronenkranich (*Balearica regulorum*) ein Vogel ist. Mit seinen zu Flügeln umgebildeten Vorderbeinen und den leichten, hohlen Knochen kann er fliegen.

REPTILIENVERWANDTSCHAFT

Wie Fische repräsentieren die Reptilien eine Organisationsstufe der Tiere (siehe S. 21) und keine Klade, da sich die Vögel und Säugetiere unter ihren Nachkommen befinden. Die ersten Reptilien teilten sich in zwei Äste auf, von denen einer zu den Säugetieren führte. Aus dem anderen gingen sowohl die heutigen als auch die prähistorischen Reptilien hervor, wie die Plesiosaurier, die Flugsaurier und die Dinosaurier. Vögel stammen von den Theropoden ab, aufrecht laufenden, räuberischen Dinosauriern (S. 14–15).

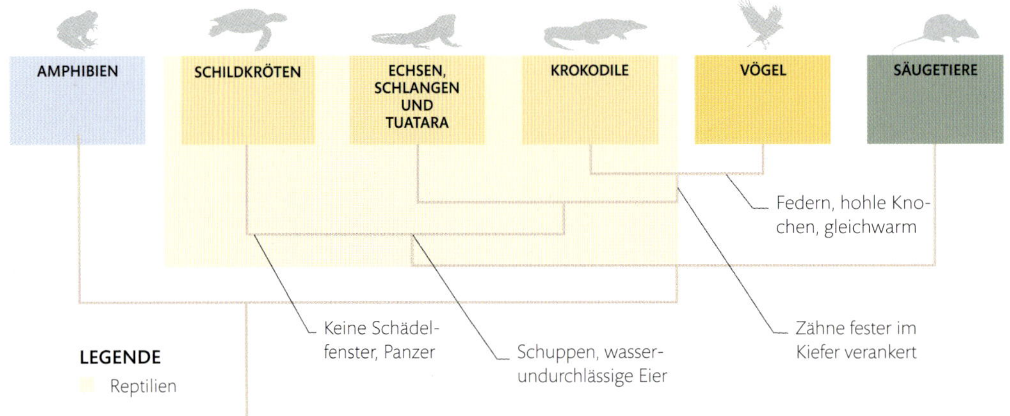

Die Farben dienen bei vielen Vögeln der Balz und der Revierverteidigung.
Federn bestehen aus dem Eiweiß Keratin und haben sich wahrscheinlich aus Reptilienschuppen entwickelt.

SÄUGETIERVERWANDTE

Wie die Vögel und die heutigen Amphibien, doch anders als Fische und Reptilien, bilden Säugetiere eine Klade. Diese natürliche Gruppe umfasst alle Nachfahren eines gemeinsamen Vorfahren. Die älteste Teilung der heutigen Säugetiere verläuft zwischen den Kloakentieren (Schnabeltier und Ameisenigel) und den lebendgebärenden Beutel- und Plazentatieren. Heute sind 95% der Säugetiere Plazentatiere.

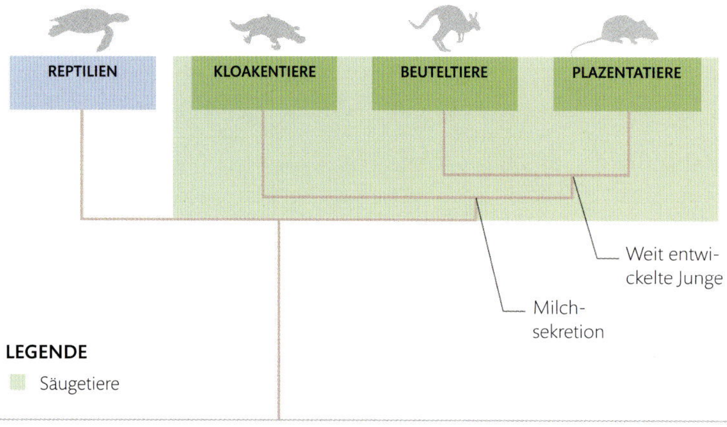

Gehirnentwicklung
Bei der konstanten Körpertemperatur konnten sich die Körpergewebe optimal ausbilden. Dies wirkte sich sicherlich auch auf die Gehirnentwicklung aus. Ein Mandrill (*Mandrillus sphinx*) kennt bessere Problemlösungsstrategien als eine Echse und kann sich auch besser um seine Jungen kümmern.

Säugetiere

Säugetiere stammen von einer Reptiliengruppe ab, deren Blütezeit vor der der Dinosaurier war. Die ersten echten Säugetiere mit einem Fell lebten zur Zeit der Dinosaurier, blieben aber klein und spitzmausartig. Ihre Diversifikation setzte erst nach dem Aussterben der Dinosaurier ein. Wie die Vögel waren die Säugetiere gleichwarm und mit ihrer gleichbleibend hohen Körpertemperatur konnten sie auch bei Kälte aktiv sein. Anders als die Vögel gaben sie das Eierlegen auf und brachten weit entwickelte Junge zur Welt, die sie mit Milch säugten.

Herden
Säugetiere besetzten viele der ökologischen Nischen, die von den Dinosauriern freigegeben wurden. Heute gehören die größten Landtiere dieser Gruppe an. Viele Pflanzenfresser, wie dieses Steppenzebra (*Equus quagga*), leben in Herden. Die enormen Ansammlungen tierischer Biomasse, die diese Herden darstellen, gehören zu den größten der Erde.

Das Muster des Fells hat vielleicht eine soziale Funktion oder dient der Tarnung.

Bisonkuh (etwa 16 000–14 000 v. Chr.)
Etliche der Bilder in der Höhle von Altamira sind weit mehr als primitive Malereien. An den Linien der Hörner und Hufe sowie den als Schatten aufgetragenen Farben wird dies deutlich.

Pferde und Stier (etwa 15 000–13 000 v. Chr.)
Im Saal der Stiere in der Höhle von Lascaux werden ein rotes und ein schwarzes Pferd von einem Stier und einer Gruppe kleiner Pferde begleitet. In diesem Saal befindet sich auch das größte in einer Höhle abgebildete Tier, ein 5,2 m langer Stier.

Tiere in der Kunst

Prähistorische Kunst

In den letzten 200 Jahren hat man Gemälde entdeckt, bei denen die Unterschiede zwischen paläolithischer und moderner Kunst verschwimmen. Viele Bilder von Tieren und Menschen, die Hunderte Höhlen in Westeuropa und weltweit schmücken, sind weit mehr als einfache Darstellungen. Sie zeigen, dass die Malerei seit über 30 000 Jahren ein menschliches Bedürfnis ist und sicherlich oft magische oder religiöse Vorstellungen zum Ausdruck brachte.

Es dauerte mehr als 20 Jahre, bis Experten belegen konnten, dass die Darstellungen in der Höhle von Altamira prähistorische Malereien sind. Nachdem man sie in den 1870er-Jahren in Kantabrien in Spanien entdeckt hatte, behauptete ein skeptischer Betrachter, die Farbe sei noch so frisch, dass man sie abwischen könne.

Rund 70 Jahre später zwängten sich in der Nähe von Montignac in Südfrankreich vier Teenager durch ein Fuchsloch in die Höhle von Lascaux. Nach 17 000 Jahren waren sie die Ersten, die das 235 m lange Gangsystem betraten. 2000 Tiere, Menschen und abstrakte Zeichen sind hier abgebildet. In beiden Höhlen wurden die Malereien bei Lampenlicht mit aus dem Boden gewonnenem Ocker und Manganoxid aufgebracht. Die Stellen sind oft schwer zugänglich, deshalb handelte es sich vermutlich um religiöse oder magische Handlungen. Die beiden Höhlen hat man auch als »Sixtinische Kapellen prähistorischer Kunst« bezeichnet.

»In der Höhle von Altamira erreichte die Malerei eine Perfektion, die nicht zu übertreffen ist.«

LUIS PERICOT-GARCIA ET AL., *PREHISTORIC AND PRIMITIVE ART*, 1967

Form und Größe

Form. Die äußere Gestalt oder der Umriss eines Tiers.
Größe. Die Dimensionen, Proportionen und das Ausmaß.

Symmetrie und **Asymmetrie**

Die meisten von uns gehen davon aus, dass jedes Tier ein Vorder- und ein Hinterende sowie eine Ober- und eine Unterseite besitzt. Für sehr einfach gebaute Körper wie die der Schwämme gilt dies jedoch nicht. Schwämmen fehlt die komplexe Zellorganisation, die zum Bau von Geweben und Organen nötig ist. Viele wachsen in wunderschönen Formen, die an Vasen, Fässer oder Bäume erinnern, doch es mangelt ihnen an Symmetrie. Tiere wie die Krustenanemonen haben dagegen eine höhere Organisation entwickelt. Ihre Körper sind radiärsymmetrisch.

Garten der Tiere
Hunderte weißer Krustenanemonen (*Parazoanthus* sp.) sitzen auf den leuchtend roten Ästen dieses Rotweißen Schwamms (*Trikentrion flabelliforme*). Auf den ersten Blick ähneln beide Arten Pflanzen, doch sie sind echte Tiere.

Die Tentakel der Krustenanemone werden von Nerven und Muskeln kontrolliert und bewegt.

Krustenanemonen erbeuten ihre Nahrung mit den Tentakeln.

Der Rotweiße Schwamm besitzt weder Nerven noch Muskeln für komplexe Bewegungen.

Die Radiärsymmetrie der Krustenanemonen ist möglich, weil die Zellen Gewebe wie Muskulatur und Epithel (Haut) bilden.

Formen der Schwämme
Zwischen ihren Zellen besitzen Schwämme Skelettelemente, die ihren Körper stützen. Bei den meisten bestehen sie aus Kalk, bei den Kieselschwämmen aus Kieselsäure und bei den Hornkieselschwämmen ist das Eiweiß Spongin beteiligt.

Spicula um die Öffnung herum schrecken Räuber ab.

KALKSCHWAMM

Das Gewebe enthält Kieselsäure-Spicula.

KIESELSCHWAMM

Asymmetrische Form aus einzelnen Lappen

HORNKIESELSCHWAMM

Der gesamte Tierstock entspringt einer gemeinsamen Basis am Fels.

Weichkorallenstock
Das Keniabäumchen (*Capnella imbricata*) profitiert von der Zusammenarbeit seiner einzelnen Polypen. Mit den Tentakeln sammeln sie Plankton. Die Nährstoffe daraus stehen über ein Netzwerk von Kanälen, die die Magenräume der Polypen miteinander verbinden, allen Einzeltieren zur Verfügung.

Jeder Polyp besitzt acht Tentakel, ein Merkmal dafür, dass das Keniabäumchen zur Gruppe Octocorallia gehört.

Die fleischigen Äste sind biegsam, sodass sie sich den starken Strömungen anpassen können.

Kleine Zweige können abbrechen, weggespült werden und an anderer Stelle neue Kolonien bilden.

DIE ENTWICKLUNG VON TIERSTÖCKEN

Viele Tiere leben in Kolonien zusammen, doch die Tierstöcke der Korallen stellen eine besonders enge Verbindung dar. Der gesamte Stock stammt von einem einzigen befruchteten Ei ab, sodass alle Äste und Polypen genetisch identische Teile eines weitverzweigten Tiers sind.

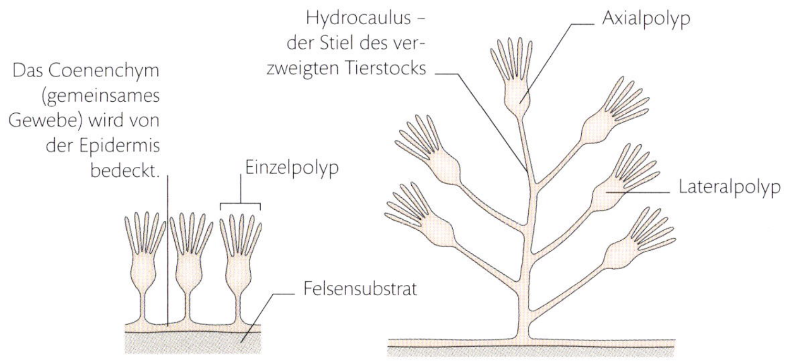

SEITLICHES WACHSTUM — **WACHSTUM IN DIE HÖHE**

Marine Tierstöcke

Erbeutet ein Tier seine Nahrung mit Tentakeln, ist es von Vorteil, wenn es möglichst viel Wasser in seiner Umgebung erreichen kann. Viele Nesseltiere bilden deshalb verzweigte Tierstöcke, die aus Polypen bestehen. Einige wachsen wie Bäume in die Höhe, andere bilden flache Matten und Steinkorallen sondern ein festes Fundament ab (siehe S. 64–65), das die Basis aller Korallenriffe ist.

Spezialisierte Polypen
Bei manchen der in Tierstöcken lebenden Arten wie der Hydrozoe *Obelia* sind die Polypen auf bestimmte Aufgaben spezialisiert. Einige sind auf das Fressen ausgerichtet, während andere Spermien und Eier zur Vermehrung erzeugen.

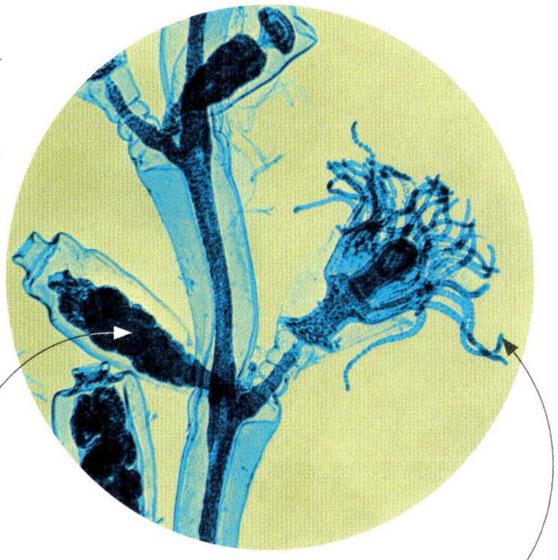

Flaschenartige Gonozoide dienen der Vermehrung.

Einziehbare Gastrozoide besitzen Tentakel, um Plankton einzufangen.

EINFACHES NERVENSYSTEM

Das Nervensystem der Nesseltiere, die weder über Kopf noch Schwanz verfügen, wird nicht wie bei anderen Tieren von einem zentralen Gehirn gesteuert. Stattdessen verfügen diese Tiere über ein einfaches Netz von Nervenzellen zwischen dem Magenraum und der Epidermis. Wie bei anderen Tieren steuern die Nerven die Muskeln über elektrische Erregungen, sodass das Verhalten koordiniert wird.

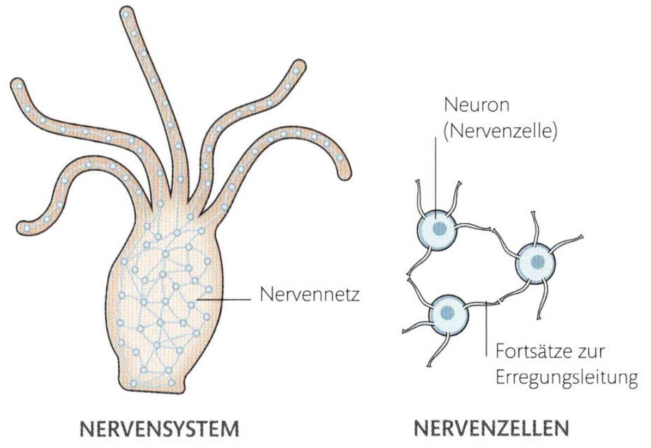

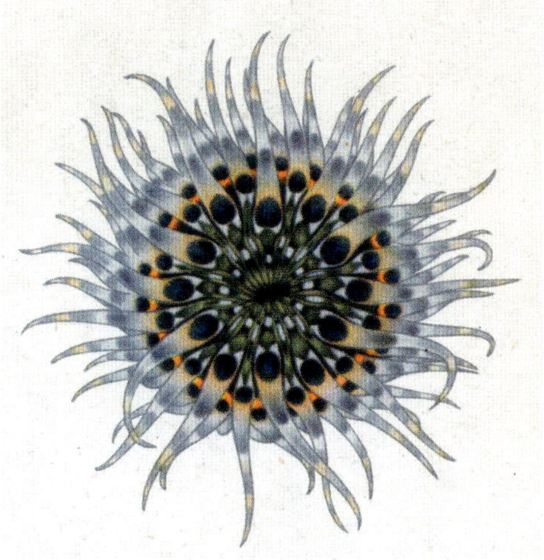

Blick auf die Achse
Der Körper einer Seeanemone ist um eine zentrale Achse herum aufgebaut. Hier liegt der Magenraum, der eine einzelne nach oben gerichtete Öffnung inmitten der Tentakel aufweist. Durch diese Öffnung wird Nahrung aufgenommen und Abfälle werden ausgeschieden.

Verändern der Körperform
Eine erwachsene Prachtanemone (*Heteractis magnifica*) ist um eine zentrale Achse herum aufgebaut. Doch wie viele andere Tiere mit Radiärsymmetrie hat sie ihr Leben als bilateralsymmetrische Larve begonnen.

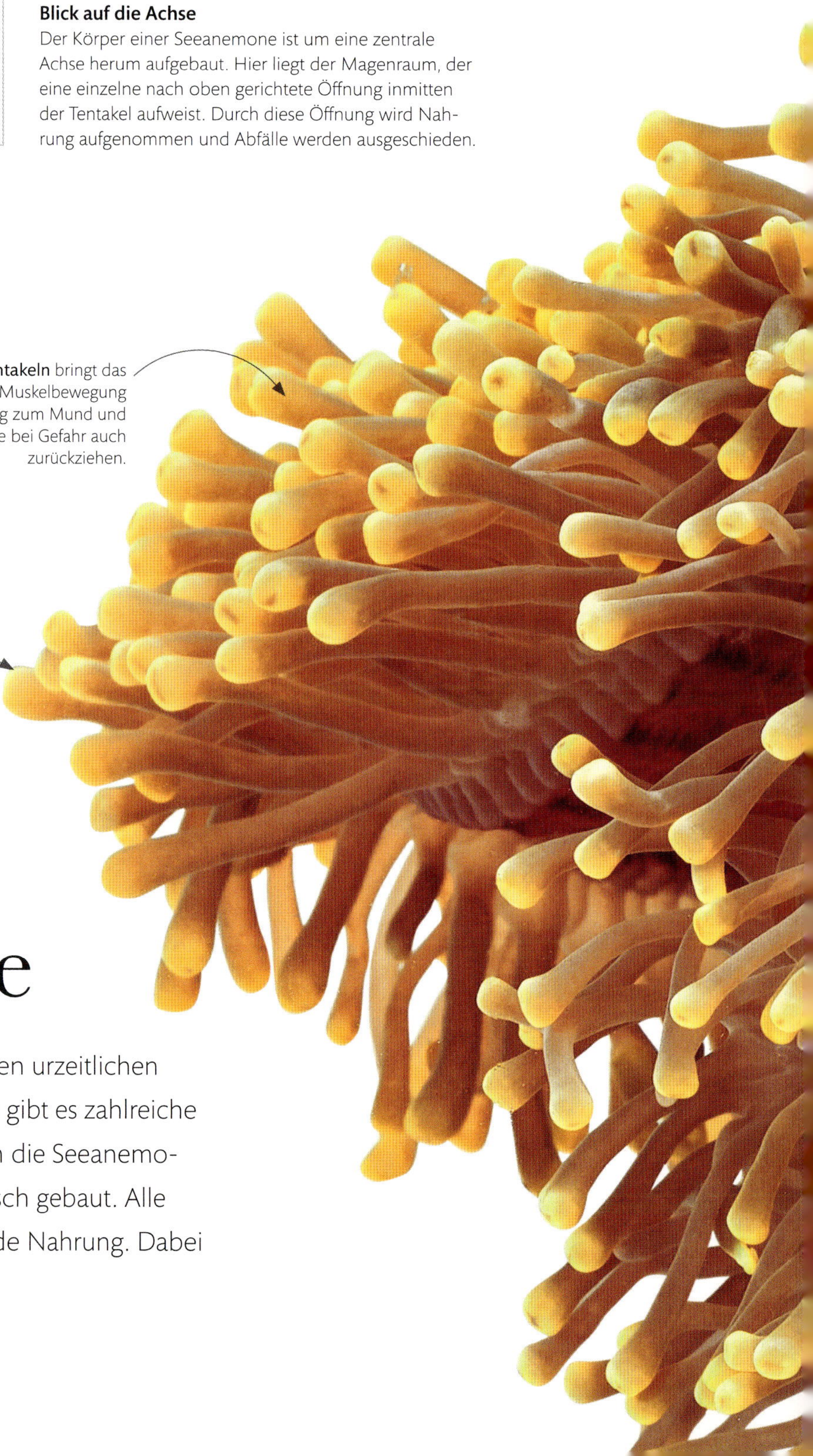

Mit den Tentakeln bringt das Tier durch Muskelbewegung Nahrung zum Mund und kann sie bei Gefahr auch zurückziehen.

Die Tentakelspitzen enthalten Nesselzellen (Nematozyten), die kleine Beutetiere lähmen.

Radiärsymmetrie

Viele der Tiere, die vor einer halben Milliarde Jahren in den urzeitlichen Meeren lebten, hatten Körper mit Tentakeln. Noch heute gibt es zahlreiche Tierarten, die Tentakel besitzen. Die Nesseltiere, zu denen die Seeanemonen, Korallen und Quallen gehören, sind radiärsymmetrisch gebaut. Alle Arten leben im Wasser und erbeuten vorbeischwimmende Nahrung. Dabei kommen die Tentakel zum Einsatz.

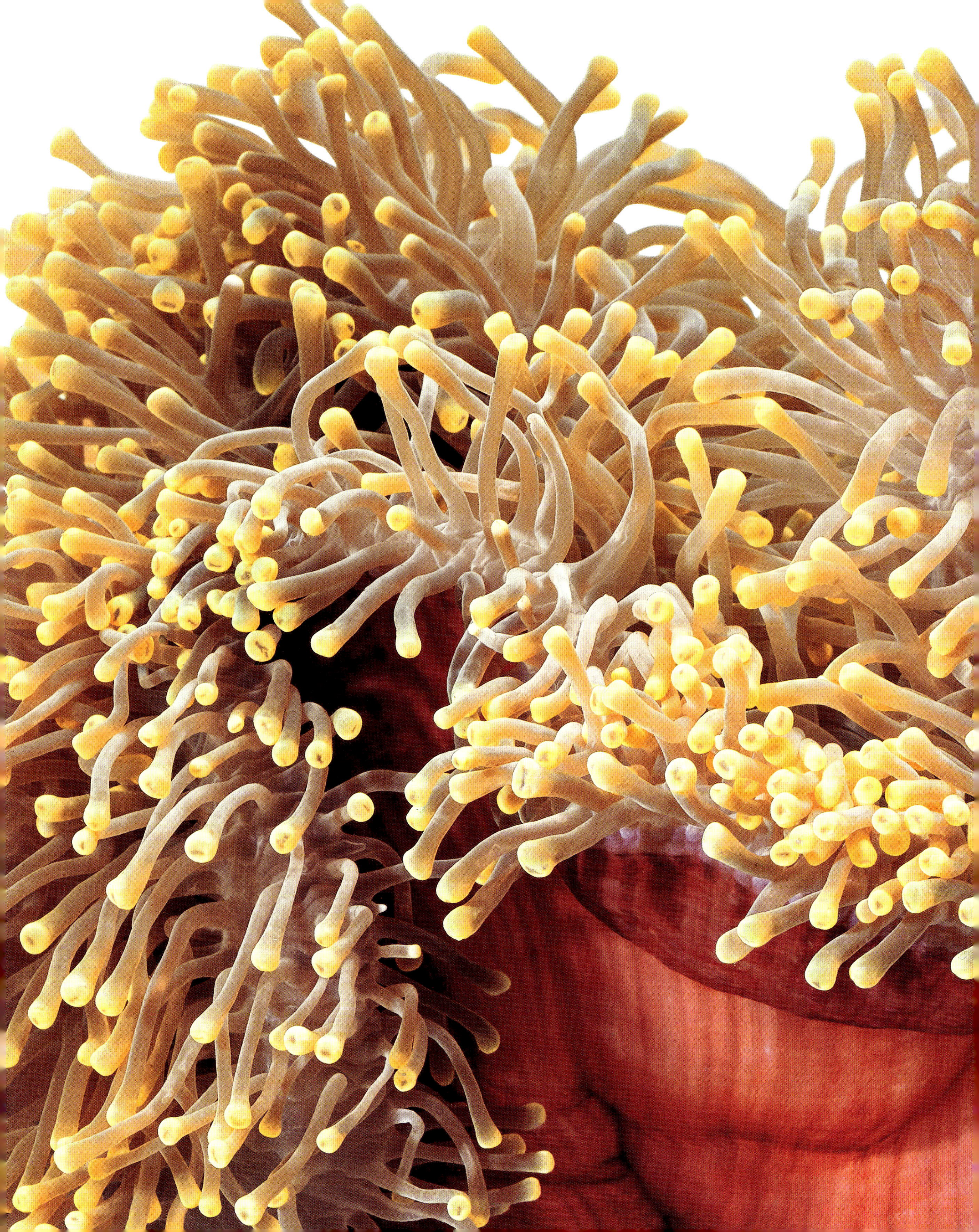

Schweben im Wasser

Kann ein Tier sich vom Meeresboden lösen und im freien Wasser leben, eröffnen sich ihm neue Möglichkeiten, aber es gibt auch neue Herausforderungen. Quallen sind frei schwimmende Verwandte der Seeanemonen. Die meisten besitzen ringförmig angeordnete Tentakel, die von einem schwebenden Schirm herabhängen. Ohne feste Verankerung wird die Qualle leicht abgetrieben, doch sie kann dies mit Muskelkraft verhindern.

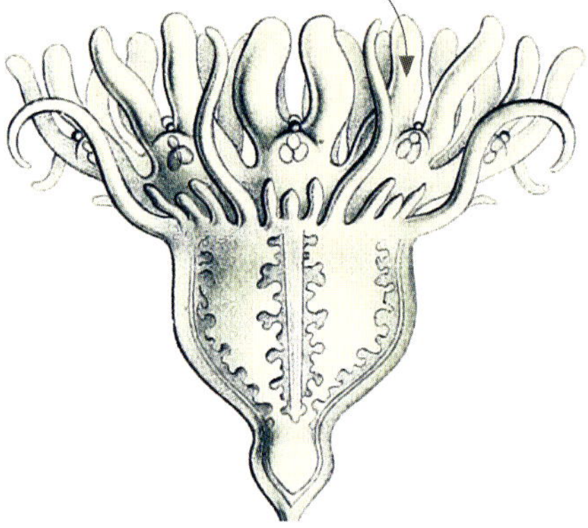

Polyp einer Qualle
Die schwimmenden Quallen haben den ersten Teil ihres Lebens als Polypen auf dem Meeresgrund verbracht. Junge Quallen schnüren sich von diesen Gebilden, die Seeanemonen ähneln, ab und schwimmen davon.

Frei schwimmender Räuber
Mit ihrem pulsierenden Schirm verschafft sich die Pazifische Kompassqualle (*Chrysaora fuscescens*) Antrieb, während sie ihre Tentakel hinterherschleppt. Der Qualle fehlen Sinnesorgane zur Verfolgung ihrer Beute. Sie muss sich darauf verlassen, dass sich kleine Fische und Krebstiere in ihren Tentakeln verfangen.

Der Rand des Schirms enthält Statocysten, die die Schwerkraft wahrnehmen und der Qualle anzeigen, wo oben ist.

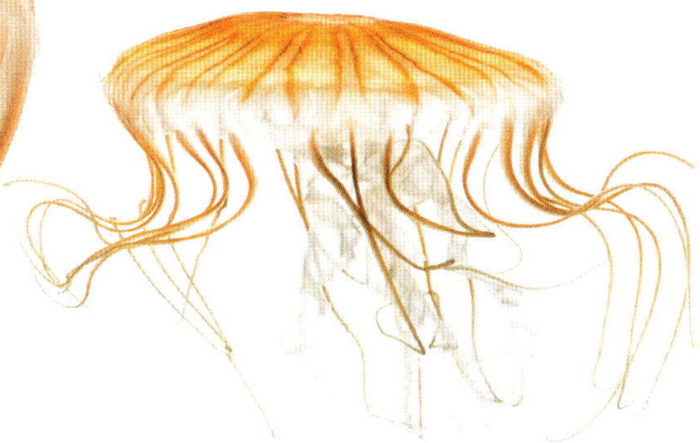

Mit den weißen Mundarmen transportiert das Tier Beute, die es mit den Tentakeln gefangen hat, zur Mundöffnung in der Mitte des Schirms.

Die Tentakel hängen vom Rand des Schirms herab. Sie enthalten Nesselzellen, die kleine Beute lähmen können.

Der Schirm mit einem Durchmesser von bis zu 1 m enthält eine dicke Gallerteschicht, in der sich kaum lebende Zellen befinden.

ANTRIEB EINER QUALLE

Quallen und andere Nesseltiere haben keine Muskelbündel wie andere Tiere, doch in ihrem Schirm sind muskelähnliche Fasern eingebettet, die Vortrieb erzeugen können. Ein Ring aus solchen Fasern, der Ringmuskel, umgibt den Rand des Schirms und kontrahiert, um die Qualle anzutreiben.

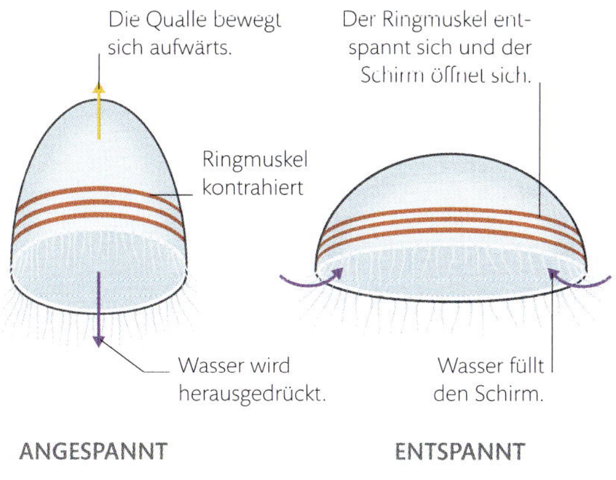

Gamochonia. — Trichterkraken.

Kopffüßer
Die Illustrationen des Biologen Ernst Heinrich Haeckel (1834–1919), darunter diese kunstvoll arrangierten Gamochonia (Kopffüßer), zeigten Tausende neuer Arten. In seinem 1904 veröffentlichten Hauptwerk *Kunstformen der Natur* untersuchte er die Symmetrie und die Organisationsstufen der Körperformen.

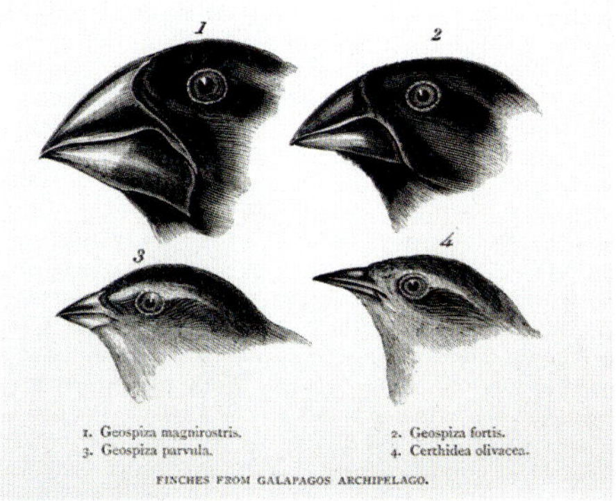

Darwinfinken (1845)
John Gould hatte beobachtet, dass die von Darwin auf unterschiedlichen Galápagos-Inseln gesammelten Vögel alle zur selben Familie gehören. Dies trug zu Darwins Theorie der natürlichen Selektion bei.

Tiere in der Kunst

Die Darwinisten

Darwin-Nandu (1841)
Der englische Ornithologe John Gould bestimmte viele der Vögel, die Darwin auf der Reise mit der H. M. S. *Beagle* begegneten, darunter eine kleine Nandu-Art, die er als *Rhea darwinii* beschrieb.

Im 19. Jahrhundert war das Studium der Naturwissenschaften für wohlhabende junge Herren eine Form der Selbstverwirklichung und bot Anlass, die Welt zu bereisen. Charles Darwins Berichte über die zoologische Forschung an Bord der H. M. S. *Beagle* und seine Theorie über die Abstammung des Menschen befeuerten diese Interessen zusätzlich.

Obwohl die meisten naturwissenschaftlichen Gesellschaften von Amateuren betrieben wurden, hatte die wissenschaftliche Methodik in den 100 Jahren nach Linnés Einführung eines Klassifizierungssystems für Pflanzen (1753) und Tiere (1758) Fuß gefasst. Unter diesem Einfluss bereisten Naturkundler auf Schiffen der British Royal Navy die Welt, um die Flora und Fauna zu erforschen. Charles Darwin reiste an Bord der H. M. S. *Beagle*.

Es entstand ein neuer künstlerischer Ansatz: Die Zeichnungen mussten so exakt sein, dass sie den Vergleich der Anatomie verschiedener Arten ermöglichten. Während des 19. Jahrhunderts gab die London Zoological Society Hunderte von Illustrationen in Auftrag. Zu den Künstlern gehörte John Reeves, ein Teehändler der Britischen Ostindien-Kompanie, der 1812 nach China reiste und 19 Jahre lang in Macao mit chinesischen Künstlern zusammenarbeitete.

Der Ornithologe und Präparator John Gould fertigte bedeutende Illustrationen für Darwins Buch *Die Fahrt der Beagle* (1839) an. Auch Reverend Leonard Jenyns, der zu einer Gruppe von in Cambridge ausgebildeten Naturkundlern gehörte, trug zu Darwins Werk bei. Jenyns setzte lokale Zeichner für sein *Notebook of the Fauna of Cambridgeshire* ein und stellte fest, dass das Interesse an seltenen Arten so groß war, dass Menschen der »unteren Klassen« sich etwas zu ihrem Lebensunterhalt hinzuverdienten, indem sie Insekten sammelten und verkauften.

In die Fußstapfen Darwins trat Ernst Haeckel, ein deutscher Universalgelehrter, der einen Stammbaum erstellte, biologische Fachbegriffe wie »Ökologie« und »Phylogenie« prägte und bahnbrechende Werke über Wirbellose verfasste. Seine bemerkenswert kunstfertigen biologischen Zeichnungen waren eine Inspirationsquelle für Jugendstilkünstler.

> »Die Ähnlichkeiten der Lebewesen einer Klasse werden manchmal als großer Baum dargestellt. Ich glaube, dass dieses Bild weitgehend stimmt.«
>
> CHARLES DARWIN, *ON THE ORIGIN OF SPECIES*, 1859

Eine kleine Art
Die nur 10–18 cm lange Rippenqualle *Leucothea multicornis* lebt meistens in den oberen Wasserschichten der Meere, vom Atlantik über das Mittelmeer bis in subtropische Gewässer.

Tiere im Blickpunkt

Rippenquallen

Manche Rippenquallen (Ctenophora), die in den Meeren treiben, sind klein, aber es gibt auch bis zu 2 m große Exemplare. Sie werden oft mit Quallen (siehe S. 36–37) verwechselt. Beide Gruppen existieren seit mindestens 500 Millionen Jahren, aber trotz ihrer Ähnlichkeit sind die Unterschiede groß.

Das Wort »Ctenophora« bedeutet »Kammträger« und bezieht sich auf die Wimpern oder Zilien, die dem Antrieb dienen. Rippenquallen sind die größten Organismen mit dieser Fortbewegungsweise. Die Zilien sind in kammartigen Wimpernplatten organisiert, die sich in acht Reihen (»Rippen«) über die Seiten des Tiers ziehen.

Wie die Körper der Quallen bestehen auch die der Rippenquallen aus 95 % Wasser und sind mit einer dünnen Zellschicht, der Epi- oder Ectodermis, bedeckt. Eine innere Zellschicht, die Endo- oder Gastrodermis, kleidet den Magenraum aus. Dazwischen befindet sich die gallertige Mesogloea, die bei Rippenquallen drei Zelltypen enthält: Muskel-, Nerven- und Mesenchymzellen. Das Mesenchym entwickelt sich bei höheren Tieren zu verschiedenen Geweben, dient hier jedoch nur als Bindegewebe.

Rippenquallen findet man in allen Meeren, vom Äquator bis in polare Gewässer. Es gibt nur 187 bekannte Arten in den verschiedensten Formen. Manche besitzen ausgefranste, einziehbare Tentakel, an denen ihre Beute kleben bleibt. Als Zwitter geben sie Spermien und Eier ab und verlassen sich darauf, dass die Meeresströmungen diese miteinander in Kontakt bringen. Die Räuber besitzen einen Mund an einem Ende und zwei Exkretionsporen am anderen. Manche können 500 Ruderfußkrebschen pro Stunde fressen und ganze Fischpopulationen auslöschen, weil sie den Fischen oder ihren Larven keine Nahrung übrig lassen.

Lightshow
Erwachsene Rippenquallen der Art *Leucothea multicornis* besitzen zwei transparente Lappen und Reihen von Wimpernplatten, die das Licht brechen und reflektieren.

Körper mit einfachen Köpfen

Tiere, die sich von einem Gehirn an der Körpervorderseite führen ließen, hatten einen Vorteil gegenüber im Wasser treibenden radiärsymmetrischen Lebewesen. Plattwürmer gehörten zu den ersten Gruppen, die sich so fortbewegten. Bei ihnen unterscheidet sich das Vorder- vom Hinterende, der Körper ist spiegelsymmetrisch. Zwar setzt ihr Körperbau diesen Tieren Grenzen, aber es haben sich dennoch große, auffallende Formen entwickelt.

Hauchdünne Schönheit
Mit dem breiten Kopf voran gleiten Plattwürmer wie Hymans Strudelwurm (*Pseudobiceros hymanae*) über felsige Riffe. Strudelwürmer besitzen einen weitverzweigten Darm, aus dem sich die Nährstoffe auch ohne Blutkreislauf über den Körper verteilen können.

DAS VORDERENDE FÜHRT AN

Tiere, die sich nach vorne bewegen, besitzen mehr Sinnesorgane am Vorderende, dem Kopf, denn hier werden sie benötigt. Plattwürmer sind die Tiere mit dem einfachsten Zentralnervensystem. Eine Ansammlung von Nervenzellen im Kopf verarbeitet ankommende Informationen und kommuniziert mit dem Rest des Körpers über Nervenstränge und Nerven.

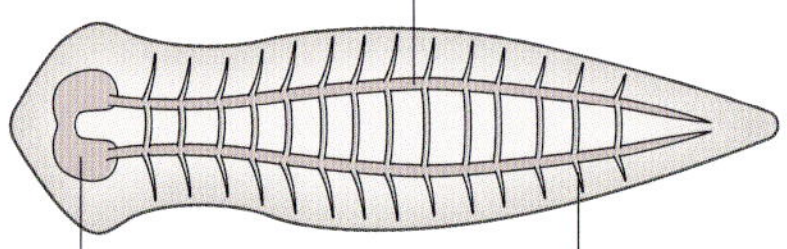

NERVENSYSTEM EINES PLATTWURMS

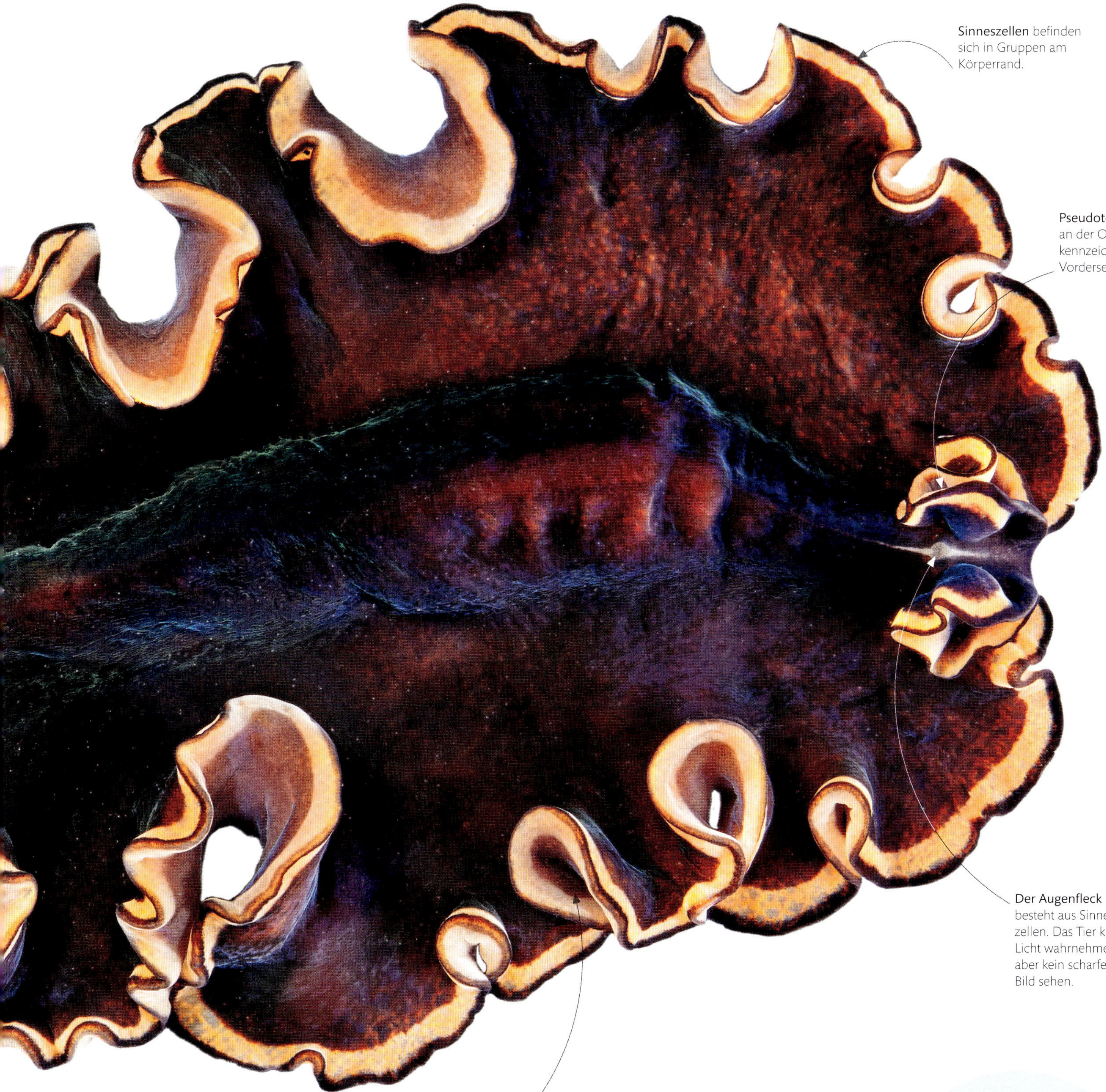

Sinneszellen befinden sich in Gruppen am Körperrand.

Pseudotentakel an der Oberseite kennzeichnen die Vorderseite.

Der Augenfleck besteht aus Sinneszellen. Das Tier kann Licht wahrnehmen, aber kein scharfes Bild sehen.

Die Unterseite ist mit winzigen, haarähnlichen Wimpern oder Zilien bedeckt, deren Schlag der Fortbewegung dient.

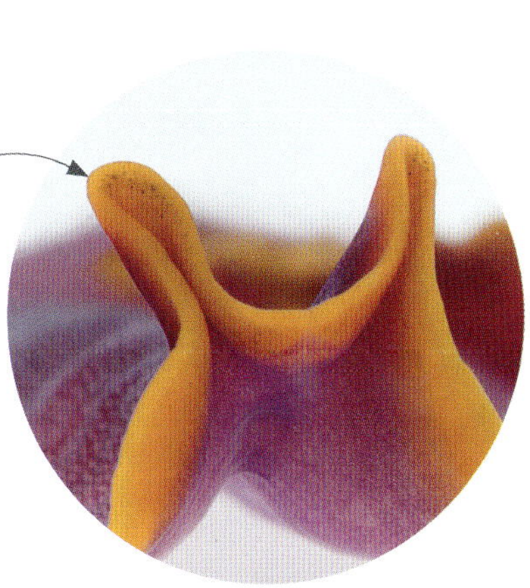

Die aufragenden Falten (Pseudotentakel) sind mit Sinneszellen bestückt.

Ein Kopf beginnt sich zu bilden
Die Falten am Kopfende des Rotvioletten Strudelwurms (*Pseudoceros ferrugineus*) sind der einzige Hinweis auf den Kopf des Tiers. Es besitzt weder Augen noch ein Maul.

Die Mähne schützt den Hals bei Kämpfen mit Rivalen.
Die Haare der Mähne können bis zu 16 cm lang werden. Einige Studien weisen darauf hin, dass sie bei erfolgreichsten Männchen am längsten sind.
Farbe und Länge der Mähne hängen von den Genen, dem Klima, Hormonen, Krankheiten, Verletzungen, der Ernährung und dem Alter ab.

Zwei Geschlechter

Abhängig von den Genen oder der Umgebung entwickeln sich die meisten Tiere zu einem von zwei Geschlechtern. Männchen und Weibchen sehen unterschiedlich aus, wenn sie geschlechtsreif sind, und dies zeigt an, dass die Tiere eigenen Nachwuchs bekommen können. Bei vielen Säugetieren sind die Männchen größer als die Weibchen, und je größer das Männchen ist, desto eher wird es von den Weibchen ausgewählt. Bei Fischen dagegen vermag ein größeres Weibchen mehr Eier zu legen oder größere Junge mit einer besseren Überlebenschance zur Welt zu bringen.

Jungtiere in der Entwicklung
Die Jungen ähneln sich, weil die Mähne erst im Alter von zwölf Monaten wächst. Das Geschlecht ist allerdings genetisch festgelegt. Wie bei allen Säugetieren besitzen die Männchen XY-Geschlechtschromosomen und die Weibchen XX-Chromosomen. Das Y-Chromosom macht den Körper männlich, seine Abwesenheit weiblich.

Männchen und Weibchen
Die Mähne des männlichen Löwen (*Panthera leo*) ist ein Hinweis darauf, dass er gesunde Jungtiere zeugen kann, da die Haarpracht mit dem Testosteronspiegel zusammenhängt. Eine vollere Mähne bedeutet höhere Fruchtbarkeit und Durchsetzungsfähigkeit und dies kann wiederum an die Jungen vererbt werden.

EXTREME UNTERSCHIEDE

Geschlechtlicher Dimorphismus ist bei manchen Tiefsee-Anglerfischen extrem ausgeprägt. Das Männchen ist etwa zehnmal kleiner als das Weibchen. Es heftet sich als Parasit an das Weibchen, ein Prozess, der beide Tiere zur Geschlechtsreife bringt. Erst nach der Befruchtung kann das Weibchen Eier bilden.

PÄRCHEN DES TIEFSEE-ANGLERFISCHS
Linophryne argyresca

1502

Kopf eines Bären (etwa 1480)
Aus den Zeichnungen Leonardo da Vincis kann man schließen, dass er von Bären fasziniert war. Zu seiner Zeit lebten noch viele der Raubtiere wild in den Bergen der Toskana und der Lombardei. Diese kleinformatige Metallstiftzeichnung stellt vermutlich einen gefangenen Bären dar.

Tiere in der Kunst

Mit dem Blick der Renaissance

Neben ihren großen Werken schufen die Künstler der Renaissance Aquarelle und Zeichnungen von Tieren, die ein profundes Naturverständnis verraten. Die Naturkunde war gleichsam die Religion der Renaissance und neue Übersetzungen alter griechischer Texte regten zu einer ethisch vertretbaren und wissenschaftlichen Herangehensweise an.

Das Genie der Renaissance, Leonardo da Vinci, bereitete sich mit Skizzen und anatomischen Studien von Tieren auf seine großen Werke vor. Auch ihr Verhalten berücksichtigte er. Im Norden fertigte Albrecht Dürer Aquarelle von Flora und Fauna an. Es waren Vorstudien für seine Gemälde, Holzschnitte und Stiche, die Szenen aus der Heiligen Schrift darstellen. Sie machen deutlich, wie intensiv Dürer sich mit der Natur auseinandersetzte.

Drei Studien eines Gimpels (1543)
Die Aquarelle Albrecht Dürers zeichnen sich durch eine perspektivische Darstellung und genaue anatomische Kenntnisse aus. Viele dieser Bilder sind Vorstudien für seine großen Werke.

Ein neues Interesse an Tieren kam auf, als man die Werke griechischer Philosophen wie Aristoteles wiederentdeckte. Aristoteles' Sicht der Tiere unterschied sich fundamental von mittelalterlichen Texten, in denen Tiere als gefühllose Wesen oder gar abscheuliche Bestien dargestellt wurden. Die Naturwissenschaften blühten nun auf. Der Schweizer Conrad Gessner bezog sich in seinem fünfbändigen Werk *Historia Animalium* (1551–1558), in dem alle Tiere und Fabelwesen aufgeführt werden sollten, auf Aristoteles' Werk. Eine der Illustrationen ist Dürers berühmter Holzschnitt eines Nashorns. Dürer hat das Tier allerdings nie selbst gesehen. Es war ein Geschenk des portugiesischen Königs an Papst Leo X. und ertrank 1516 bei einem Schiffsunglück.

Feldhase (1502)
Der junge Hase mit seinem geradezu spürbar weichen Fell und dem Leben in den Augen ist eines der bekanntesten Werke Albrecht Dürers. Er verwendete in seinem Atelier in Nürnberg Gouache- und Aquarellfarben. Wahrscheinlich ergänzte er seine Beobachtungen in der Natur mit präparierten Tieren.

»Jede einzelne Tierart bringt uns etwas über die Natur und die Schönheit nahe.«

ARISTOTELES, *DE PARTIBUS ANIMALIUM, BUCH 1*, 350 V. CHR.

Ein harmloser Riese
Doppelfüßer besitzen verschmolzene Doppelsegmente mit je vier Beinen. Der bis zu 38 cm lange Afrikanische Riesenschnurfüßer (*Archispirostreptus gigas*) hat mehr als 250 Beinpaare.

Gegliederte Körper

Manche Tiere wachsen, indem sie wiederholt Teile ihres Körpers duplizieren. Bei der Evolution der Würmer führte diese Gliederung dazu, dass Körperteile unabhängig voneinander bewegt werden konnten (siehe S. 66–67). Die gepanzerten Gliederfüßer, darunter die Hundert- und Doppelfüßer, erbten diese Segmentierung von ihren wurmähnlichen Vorfahren, entwickelten aber gegliederte Beine und wurden zu Läufern.

Schneller Räuber
Anders als die verwandten Doppelfüßer besitzen Hundertfüßer wie der Asiatische Riesenläufer (*Scolopendra subspinipes*) nur ein Beinpaar pro Segment. Alle Hundertfüßer sind Räuber mit Giftklauen.

Lange, seitlich am Körper sitzende Beine ermöglichen große Schritte, sodass das Tier schnell laufen kann.

Die Giftklauen sind modifizierte Beine, die am ersten Rumpfsegment sitzen. Mit ihnen kann die Beute getötet werden.

Mit dem Antennenpaar riecht und ertastet das Tier seine Beute.

Das Exoskelett ist nicht durch Kalzium verstärkt.

SEGMENTIERUNG

Die Segmente eines Regenwurms sind mit Ausnahme der Spitzen gleich, doch bei Gliederfüßern werden sie in Tagmata gruppiert. Tausendfüßer wie die Hundert- und Doppelfüßer besitzen zwei Tagmata: einen Kopf und einen mit vielen Beinen versehenen Körper. Bei Insekten ist der Körper in Brust und Hinterleib unterteilt.

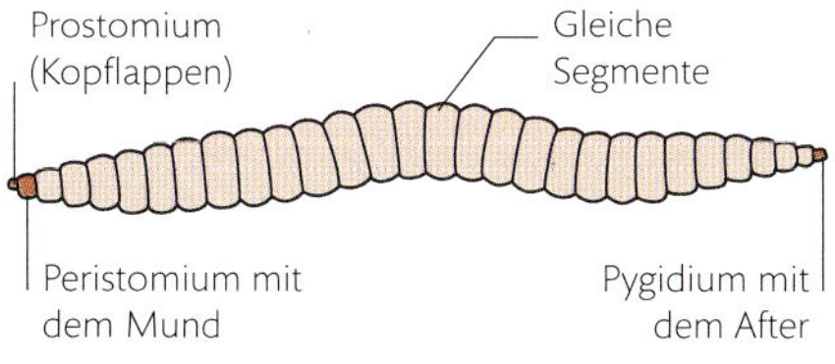

REGENWURM

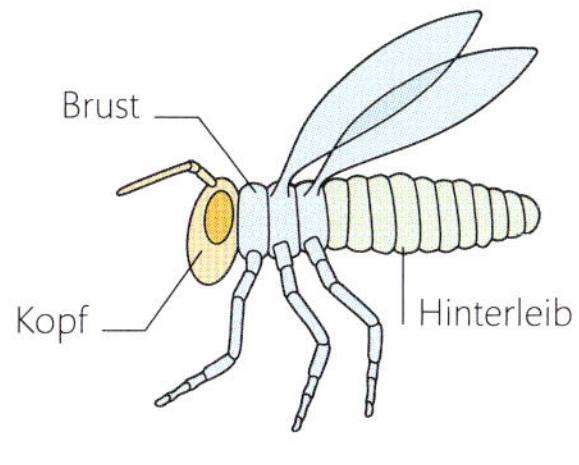

INSEKT

Wirbelsäulen

Eine Wirbelsäule verleiht dem Körper Halt, ist aber so flexibel, dass er sich beugen kann. Das ist möglich, weil sie sich aus gelenkig verbundenen Bausteinen zusammensetzt. Diese Wirbel bestehen aus Knochen oder Knorpel. Die Kraft zum Beugen liefern die Muskelsegmente oder Myomeren, die sich seitlich der Wirbelsäule befinden. Bei den ersten Wirbeltieren, den Fischen, bewegte sich die Wirbelsäule von einer Seite zur anderen. Diese Bewegung führte zu ihrem Erfolg im Wasser. Ihre vierbeinigen Nachfahren konnten sich auf diese Weise an Land fortbewegen.

MUSKELN ZUM SCHWIMMEN

Ein weicher Körper würde sich bei Muskelkontraktionen nur zusammenziehen. Ein Fisch mit einer Wirbelsäule kann sich dagegen zu beiden Seiten krümmen. Wenn die Muskeln abwechselnd kontrahieren, schwingt der Körper zuerst zur einen und dann zur anderen Seite, sodass er nach vorn geschoben wird.

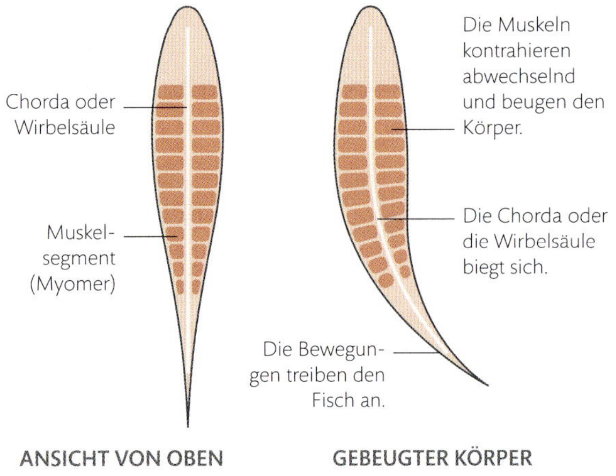

Lanzettfischchen
Der Rücken des Lanzettfischchens *(Branchiostoma lanceolatum)* wird durch eine Chorda dorsalis gestützt, den Vorläufer der knorpeligen oder knochigen Wirbelsäule. Die Chorda entwickelt sich auch bei den Embryonen der Wirbeltiere noch, wird aber später durch eine Wirbelsäule ersetzt.

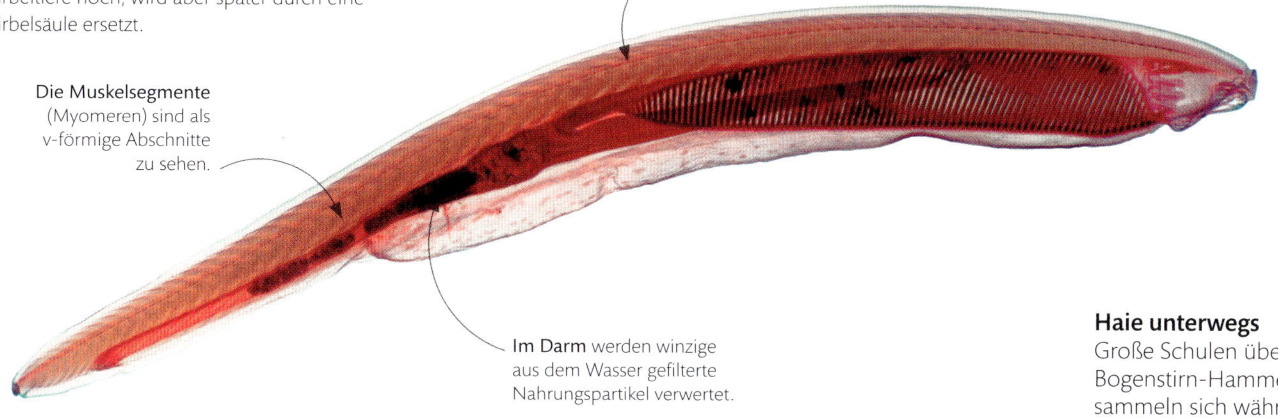

Der Rücken wird von der Chorda, die zwischen den Myomeren liegt, gestützt.

Die Muskelsegmente (Myomeren) sind als v-förmige Abschnitte zu sehen.

Im Darm werden winzige aus dem Wasser gefilterte Nahrungspartikel verwertet.

Haie unterwegs
Große Schulen überwiegend weiblicher Bogenstirn-Hammerhaie (*Sphyrna lewini*) sammeln sich während des Tages um die Galápagos-Inseln. In der Nacht jagen sie allein. Dabei verschaffen sie sich mit Schwanzschlägen Antrieb, genau wie die ersten Wirbeltiere vor einer halben Milliarde Jahren.

Evolution der Frösche
Die Körperform der Froschlurche entstand vor allem wegen einer Reduktion der Wirbel auf neun oder acht. Die wenigen rezenten Frösche mit neun Wirbeln gehören zu den »Urfröschen« (Archaeobatrachia). Zwei Arten besitzen noch einen Schwanz, der ein knochenloses Paarungsorgan ist. Die zu den Mesobatrachia, einem mittleren Entwicklungsstadium, und den Neobatrachia (»neue Frösche«) gehörigen Arten sind typischer. »Neue Frösche« haben eine Zunge und eine Stimme.

Der Schwanz ist Teil der Kloake und dient der inneren Befruchtung.

ARCHAEOBATRACHIA
Küsten-Schwanzfrosch
Ascaphus truei

Im Maul befindet sich keine bewegliche Zunge wie bei vielen Arten der Mesobatrachia.

MESOBATRACHIA
Afrikanischer Krallenfrosch
Xenopus laevis

Ein Trommelfell ist vorhanden.

NEOBATRACHIA
Grasfrosch
Rana temporaria

Lebensweise
Obwohl sie ihre Haut feucht halten müssen, konnten Frösche und Kröten eine Vielzahl von Lebensräumen besiedeln. Die meisten benötigen zur Vermehrung eine Wasserquelle (siehe S. 316–317), doch man findet sie auch in Wüsten, wo grabende Arten Trockenzeiten unterirdisch überstehen, oft von einem Kokon geschützt. Viele jagen ihre Beute auf dem Waldboden und andere klettern bei der Jagd auf Bäume.

Haftscheiben an den Zehen helfen beim Klettern.

FLIEGENFÄNGER
Rotaugenlaubfrosch
Agalychnis callidryas

Die Zeichnung imitiert Falllaub, zwischen dem sich der Frosch tagsüber verbirgt.

WURMFRESSER
Indischer Ochsenfrosch
Kaloula pulchra

Das breite Maul ist ideal für einen zahnlosen Lauerjäger, der seine Beute im Ganzen schlucken muss.

MÄUSEFÄNGER
Schmuck-Hornfrosch
Ceratophrys ornata

Größenunterschiede
Frösche und Kröten sind vielfältig und artenreich und Wissenschaftler entdecken immer wieder neue, noch kleinere Arten. Der kleinste bekannte lebende Frosch ist *Paedophryne amauensis* auf Papua-Neuguinea, der nur 7,7 mm lang ist. Mit 30 cm Länge und bis zu 3,3 kg Gewicht ist der westafrikanische Goliathfrosch (*Conraua goliath*) die größte Art.

Die Farbe ändert sich in der Sonne zu Weiß mit gelben, schwarz gerandeten Flecken.

3–3,3 CM
Gelbpunkt-Riedfrosch
Heterixalus alboguttatus

Mit seinem langen »Hals« kann der Frosch den Kopf drehen.

4,1–6,2 CM
Roter Wendehalsfrosch
Phrynomantis microps

Die Haut regelt die Verdunstung, sodass diese Art sich an trockene und feuchte Umgebungen anpassen kann.

7–11,5 CM
Korallenfinger-Laubfrosch
Litoria caerulea

Ein bunter Kletterer
Der Goldbaumsteiger (*Dendrobates auratus*), der in mittel- und südamerikanischen Regenwäldern vorkommt, lebt vor allem auf dem Boden. Doch er kann über 50 m hoch klettern, um in die wassergefüllten Blattachseln der Bromelien zu gelangen.

Mit ihren Haftscheiben an den Zehen sind Frösche gute Kletterer, obwohl sie überwiegend auf dem Waldboden leben.

Leuchtende Farben sind eine Warnung vor den Hautgiften.

Die kurze, stumpfe Nase ist ideal, um auf der Suche nach Beute in Termitenbauten einzudringen.

AMEISENFRESSER
Nasenkröte
Rhinophrynus dorsalis

Die Ohrdrüsen hinter den Augen enthalten ein giftiges Sekret.

BIS ZU 22 CM
Aga-Kröte
Rhinella marina

Froschkörper

Als erfolgreichste Amphibien der Welt leben Frösche und Kröten auf jedem Kontinent außer auf Antarktika. Ihre Körperform hat sich seit 250 Millionen Jahren nicht verändert. Der Kopf ist über einen einzigen Halswirbel mit dem Körper verbunden, die Hinterbeine sind verlängert und bei erwachsenen Tieren ersetzen verschmolzene Wirbel (das Urostyl) den Schwanz.

Die Gestalt verändern

Starke Muskeln und eine gewisse Flexibilität sind alles, was ein Tier braucht, um seine Gestalt zu verändern. Doch manche Tiere können ihr Aussehen geradezu dramatisch abwandeln, wenn Gefahr droht. Bei Gürteltieren ist die Oberseite des Körpers ohnehin mit schützenden Knochenplatten bedeckt. Bei einer Bedrohung legen sie sich flach auf den Boden und ziehen die Beine an. Die beiden Arten der Kugelgürteltiere können sich sogar zu einer Kugel zusammenrollen.

Unter dem Panzer ist genug Platz für die Beine, wenn sich das Tier zusammenrollt.

Der Schwanz ist der einzige Körperteil, der auf der Ober- und Unterseite mit Schuppen bedeckt ist.

Ein Panzer bietet Schutz
Der Panzer des Südlichen Kugelgürteltiers (*Tolypeutes matacus*) besteht aus Knochenplatten oder Osteodermen, die mit einer verhornten Epidermis bedeckt sind. Die Schuppen liegen dem Körper nicht überall an, sodass das Tier die Beine in den Panzer einziehen kann, wenn es sich zu einer Kugel zusammenrollt.

NUR NICHT VERHUNGERN

Weil ein Elefant einen gewaltigen Körper hat, verfügt er bei Nahrungsmangel über Reserven. Er bewegt sich meist langsam und kann auch mit wenig Futter wochenlang überleben. Die kleinsten gleichwarmen Tiere hingegen, wie die Spitzmäuse, wiegen nur etwa 2 g. Sie haben keine Reserven und verlieren im Verhältnis viel mehr Energie durch Wärmeabgabe. Um nicht zu verhungern, müssen sie nahezu ständig fressen.

SPITZMAUS (FAMILIE SORICIDAE)

Die Ohren eines Afrikanischen Steppenelefanten können 2 m hoch werden.

Ein Netzwerk aus Blutgefäßen befördert das Blut zur Haut, wo es sich abkühlen kann.

Die Oberhaut (Epidermis) der Ohren ist nur 2 mm dick, zehnmal dünner als in anderen Bereichen des Körpers.

An charakteristischen kleinen Verletzungen kann man die einzelnen Tiere erkennen.

Ein Leben in den Tropen

Die Haut des Afrikanischen Steppenelefanten (*Loxodonta africana*), des größten Landtiers der Welt, ist wegen des großen Körpers, der viel Wärme produziert, nur spärlich behaart. Da ein Elefant keine Talgdrüsen besitzt, nimmt er Schlammbäder, denn der Schlamm schützt die Haut. In den Hautfalten hält sich die Feuchtigkeit länger.

Groß und Klein

Elefanten und Wale, die größten heute lebenden Tiere, sind gewaltig im Vergleich zu den kleinsten Wirbellosen, von denen viele auf einem Stecknadelkopf Platz nehmen könnten. Größe hat Vorteile, denn große Tiere können Räuber und Konkurrenten vertreiben, doch sie benötigen mehr Nahrung und Sauerstoff. Auch die Schwerkraft wirkt sich deutlich aus. Deshalb brauchen sie starke Knochen und Muskeln, um sich bewegen zu können.

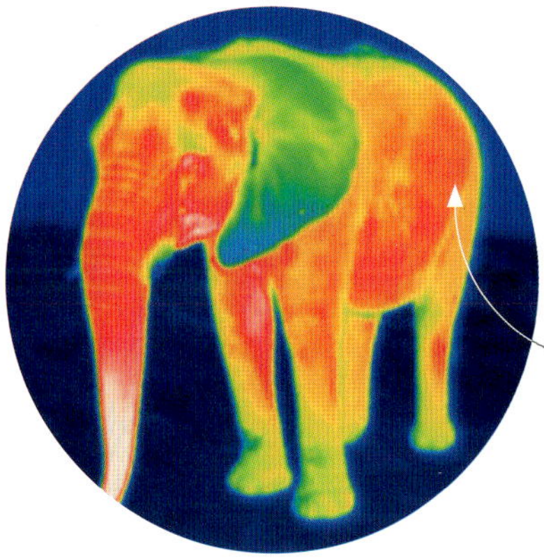

Das Wärmebild zeigt, dass der Elefantenkörper warm (rot) ist, während die Spitzen der Ohren kühl (blau) sind.

Säugetiere erzeugen Wärme, um ihre Körperfunktionen aufrechtzuerhalten. Überhitzung könnte für Riesen zu einem Problem werden. Wenn Elefanten mit ihren Ohren wedeln, wird das Blut gekühlt, das durch die Blutgefäße fließt.

Ein Einhorn aus Malabar
Der italienische Entdecker Marco Polo behauptete, während seiner 24-jährigen Asienreise auf ein Einhorn getroffen zu sein, doch seine Beschreibung eines hässlichen, sich im Schlamm suhlenden Tiers deutet auf ein Nashorn hin. Für die im 15. Jahrhundert erschienene Ausgabe von Polos *Livre des Merveilles du Monde* (*Die Wunder der Welt*) entschied sich der Zeichner für ein eher traditionelles Einhorn und einige heimische Tiere aus dem indischen Malabar.

Fantasievolle Elefanten
Die Elefanten im *Rochester Bestiary* aus dem 13. Jahrhundert sind in verschiedenen Farben und mit trompetenförmigen Rüsseln dargestellt. Sie erinnern eher an Wildschweine. Dieser Kriegselefant trägt Soldaten in einer Sänfte.

Tiere in der Kunst

Fantastische Tiere

In den mittelalterlichen Bestiarien beschrieb man Tiere, von denen man damals annahm, dass sie gottgegebene Eigenschaften besäßen. Sogar Steinen sprach man ein solches Wesen zu. Legenden über Tiere, die Gutes wie Böses verkörpern, waren schon damals leicht verständlich. Viele Bestiarien sind prachtvolle, üppig illustrierte Werke, deren Bilder sich in den Köpfen der leseunkundigen Menschen des Mittelalters festsetzten.

Viele der europäischen Bestiarien, die überwiegend in Latein oder in Frankreich in Französisch verfasst waren, leiteten sich vom *Physiologus* ab. Dieser alte Text beschrieb 50 Tiere und entstand vermutlich zwischen dem zweiten und vierten Jahrhundert. Hier sagte man Tieren Verhaltensweisen oder Eigenschaften nach, die sie mit Christus oder dem Teufel in Verbindung brachten. Der Pelikan sollte demnach tote Küken mit seinem eigenen Blut wiederbeleben und galt als ein mächtiges Symbol der Auferstehung.

In den Bestiarien des 13. Jahrhunderts ist der Wal als vielflossiger Fisch dargestellt, der einer Insel ähnelt und Schiffe auf seinen Rücken lockt. Wenn die ahnungslosen Seeleute ein Feuer auf seiner sandigen Haut entfachten, zog er sie in die Tiefe. Dies sollte die Menschen ermahnen, sich nicht vom Teufel in Versuchung führen zu lassen, um dem Sturz in die Hölle zu entgehen. Außerdem tragen Igel auf ihren Stacheln aufgespießte Weintrauben zu ihren Jungen und ein brüllender Panther lockt mit seinem süß duftenden Atem andere Tiere an.

Die meisten Illustrationen stammten von ungeschulten Mönchen, deren Kenntnisse exotischer Tiere auf mündlichen Berichten oder Schnitzereien beruhten. Unter den Fantasiegestalten sind Einhörner und Krokodile mit Hundeköpfen.

Auch Marco Polo trug im 13. Jahrhundert wenig zur Kenntnis der Tiere ferner Länder bei. Der venezianische Reisende diktierte die Erlebnisse seiner 24-jährigen Reise Rustichello da Pisa, der mit ihm in Genua im Kerker saß. Der mit fantasievollen Tierbildern ausgeschmückte Bericht von »allem unterschiedlichen … und in Größe und Schönheit übertreffenden« wurde jedoch mit Skepsis aufgenommen.

> »Um ein Einhorn zu zähmen, sodass man es fangen kann, wird eine Jungfrau in seinen Weg gesetzt.«
>
> *ROCHESTER BESTIARY*, 13. JAHRHUNDERT

Große Tiere

Wenn sich der Kopf in großer Höhe befindet, kann ein Tier Feinde, die näher rücken, frühzeitig bemerken. Außerdem erreicht es Nahrung, an die Konkurrenten nicht herankommen. In dieser Hinsicht ist die Giraffe unschlagbar. Sowohl ihr Hals als auch ihre Unterschenkel sind außerordentlich lang. Weil der hohe Körper mit der Schwerkraft zurechtkommen muss, hat die Giraffe ein sehr kräftiges Herz. Ihr Blutdruck ist doppelt so hoch wie der eines typischen Säugetiers.

Höher als alle anderen
Giraffen (*Giraffa camelopardalis*) sind die höchsten heute lebenden Tiere. Bullen können 6 m erreichen. Verschiedene Faktoren haben zu dieser Entwicklung beigetragen. Ein hohes Tier hat einen besseren Überblick und kann ungewöhnliche Nahrungsquellen nutzen. Über die große Körperoberfläche wird viel Wärme abgegeben.

BLUTKREISLAUF
Wenn eine Giraffe den Kopf senkt, dehnt sich ein Netzwerk elastischer Gefäße (Wundernetz) an der Basis des Gehirns aus. Es nimmt den Blutanstrom auf, der es ansonsten beschädigen könnte. Eine Reihe von Klappen in der Jugularvene verhindert den Rückfluss des Bluts unter dem Einfluss der Schwerkraft.

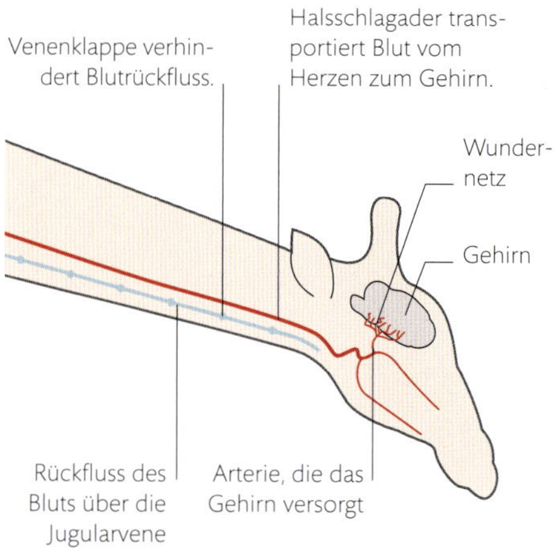

BLUTFLUSS BEI GESENKTEM KOPF

Trinken ist riskant

Die Beine der Giraffe sind so lang, dass sie sie spreizen muss, um trinken zu können. In dieser Haltung ist sie sehr angreifbar. Deshalb trinken die Tiere oft in der Gruppe, um gemeinsam Raubtiere fernzuhalten.

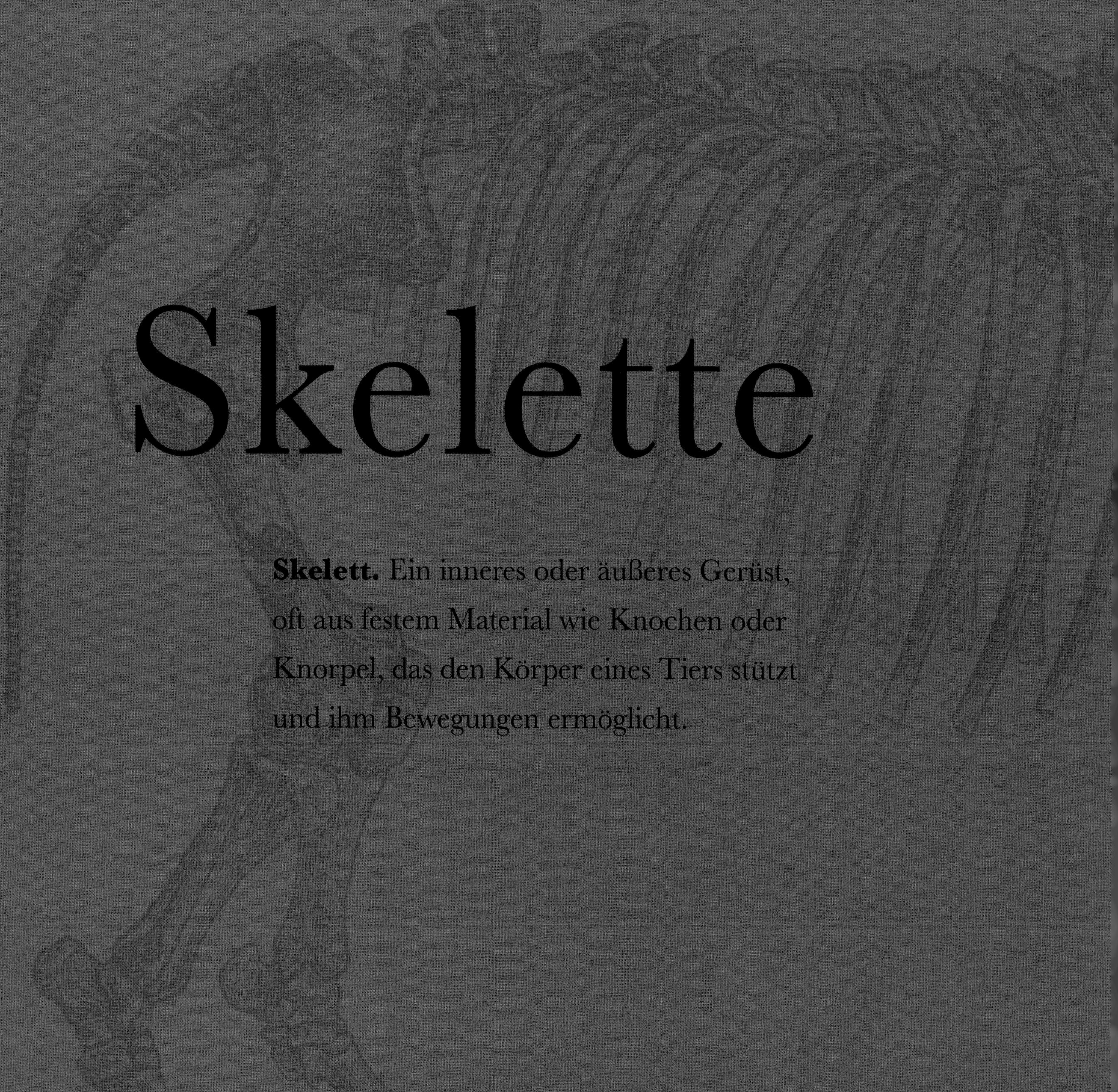

Skelette

Skelett. Ein inneres oder äußeres Gerüst, oft aus festem Material wie Knochen oder Knorpel, das den Körper eines Tiers stützt und ihm Bewegungen ermöglicht.

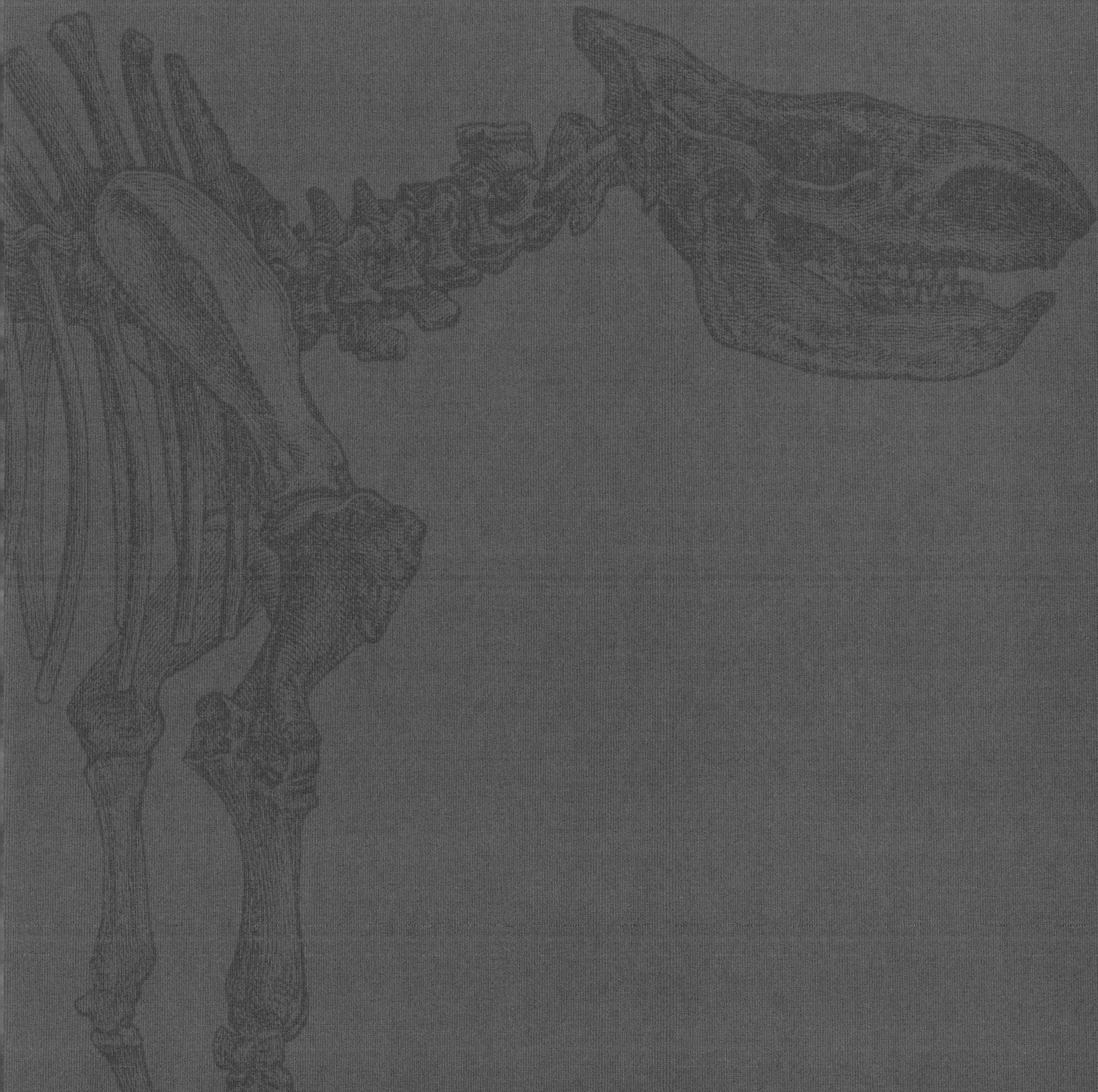

Gorgonien

Die Strauchgorgonie (*Muricea* sp.) wird von einem hornartigen Material namens Gorgonin gestützt. So kann sie den Meeresströmungen standhalten. Die Riesenfächergorgonie *(Annella mollis)*, widersteht ihrer Form wegen ebenfalls der Strömung.

Dank des gemeinschaftlichen Skeletts kann der Tierstock seine Polypen zum Planktonfang in der Wasserströmung positionieren.

Gorgonien mit dichten, federartigen Tierstöcken werden von starken Strömungen leicht beschädigt. Sie leben deshalb in tieferem, ruhigerem Wasser.

Polypen

Das Skelett einer Koralle oder einer Gorgonie ist nicht lebendig, trägt aber lebende Polypen auf der Oberfläche. Jeder Polyp sitzt in einem festen Becher, sodass sein weicher Körper geschützt ist.

In jedem Tentakel befinden sich Nesselzellen zum Betäuben der Beute.

STEINKORALLENSKELETTE

Die meisten Korallen bilden ein Kalkskelett, das zum gewaltigen Fundament eines Riffs werden kann. Alles beginnt mit einem einzelnen winzigen Polypen, der mit Mineralien auf dem Untergrund verankert ist. Wenn sich das Tier vermehrt, setzen sich weitere Polypen fest. Sie lagern mehr Mineralien ab und ein Tierstock wächst heran.

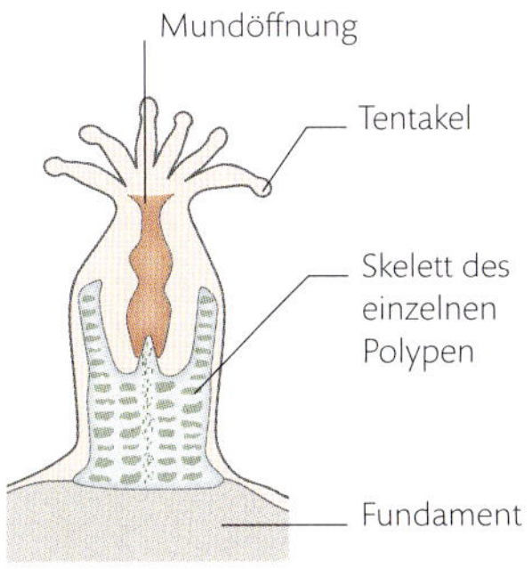

EINZELNER POLYP

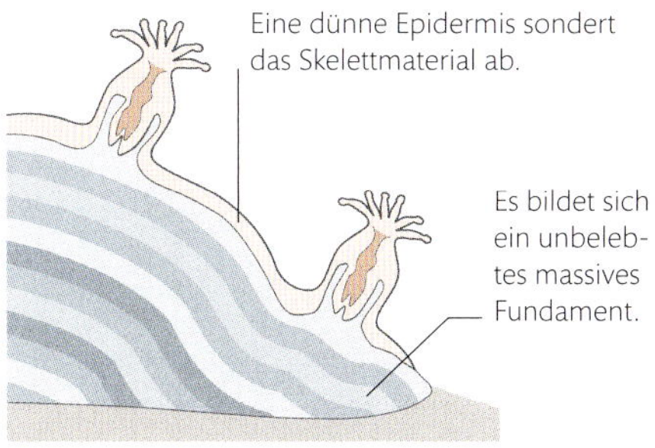

KORALLENRIFF

Gemeinsame Skelette

Manche Tierstöcke besitzen Skelette, die an den stützenden Stamm und die Äste eines Baums erinnern. Viele Korallen und ihre Verwandten bilden massive Skelettstrukturen aus, in denen Tausende winziger Polypen leben (siehe S. 32–33). Die Skelette bestehen aus Eiweißen, Mineralien oder Chitin (dem Material, das im Außenskelett der Krebse enthalten ist). Sie sind mit einer dünnen Hautschicht bedeckt. Die Haut verbindet alle Polypen miteinander, die an der Oberfläche des Stocks leben.

Die Polypen sind durch Gewebe miteinander verbunden und sitzen dem Skelett auf.

Mit ihren fächerförmigen Ästen fangen Gorgonien Plankton ein. Dabei stehen sie mit ihrer Breitseite in der vorherrschenden Strömung.

Im ersten Segment oder Peristomium befinden sich die Mundwerkzeuge.
Mit den fleischigen Palpen fühlt und schmeckt der Wurm die Nahrung.
Die Kiefer sind in ihrem Segment verborgen, werden aber hervorgeschoben, wenn der Wurm Algen frisst.
Die Segmente sind beweglich miteinander verbunden.

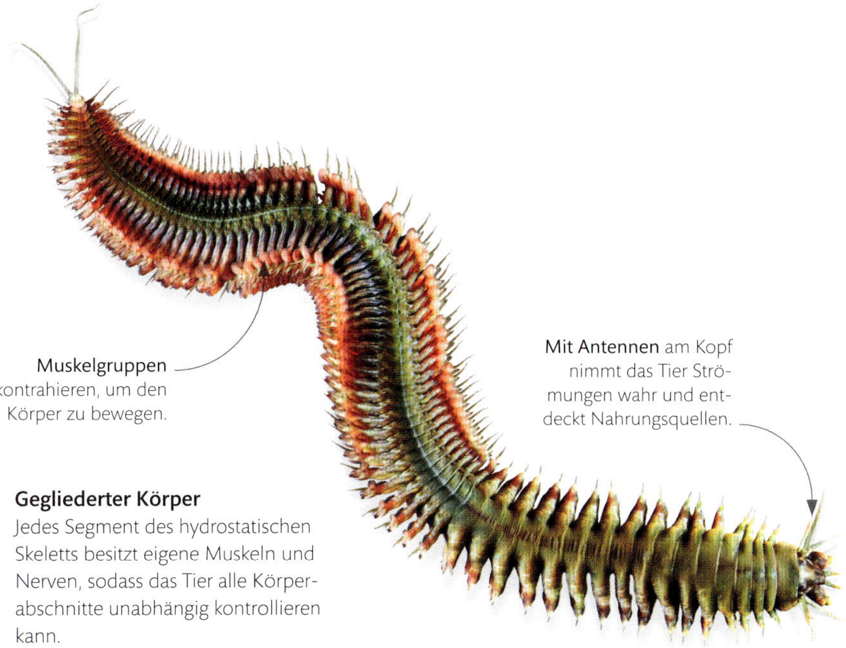

Gegliederter Körper
Jedes Segment des hydrostatischen Skeletts besitzt eigene Muskeln und Nerven, sodass das Tier alle Körperabschnitte unabhängig kontrollieren kann.

Hydroskelette

Die Körper der Anneliden, der Tiergruppe, zu der die Regenwürmer gehören, werden nicht von Knochen oder einem Außenskelett gestützt. Stattdessen besitzen diese Tiere wassergefüllte Hydroskelette. Wasser kann der perfekte Skelettbestandteil sein, da es nicht komprimierbar ist und jede Form ausfüllen kann. Die Muskeln eines Tiers arbeiten koordiniert gegen den Wasserdruck des Körpers. So bewegt sich das Tier vorwärts.

WELLENBEWEGUNG

Indem er Muskeln auf einer Körperseite kontrahiert und entsprechende Muskeln auf der anderen Seite entspannt, kann der Wurm Wellen erzeugen, die durch seinen Körper verlaufen. So bewegt er sich auf dem Sand oder durch das Wasser fort.

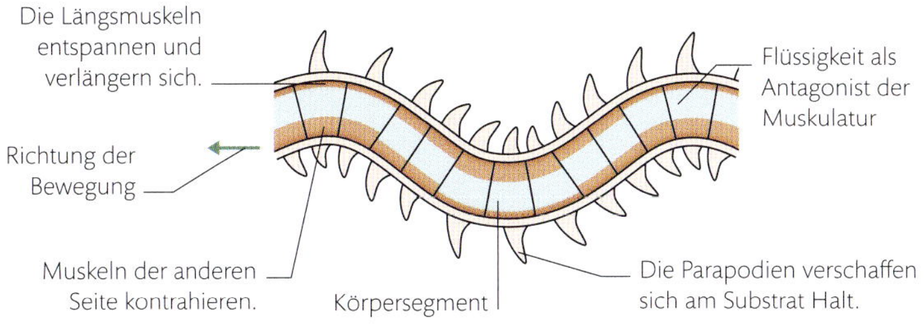

KRIECHENDER ODER SCHWIMMENDER RINGELWURM

Ein beeindruckender Wurm
Der Grüne Seeringelwurm (*Alitta virens*) besitzt ein hydrostatisches Skelett, das aus wassergefüllten Segmenten besteht. Muskelgruppen spannen sich gegen den Wasserdruck an, sodass der Wurm sich durch Wasser und Sedimente bewegen kann. Mit den Parapodien findet er am Boden Halt.

Ein Überlebender aus der Urzeit
Der Mangroven-Pfeilschwanzkrebs (*Carcinoscorpius rotundicauda*) ist ein lebendes Fossil. Er gehört einer der ersten Gruppen gepanzerter Wirbelloser an, die bereits vor einer halben Milliarde Jahren lebten.

Falscher Krebs
Trotz ihres Namens sind die Pfeilschwanzkrebse näher mit den Spinnentieren als mit den Krebsen verwandt. Wie die Spinnentiere haben sie keine Antennen und der Körper umfasst zwei Teile: das Prosoma (verschmolzene Kopf- und Brustteile) und das Opisthosoma (Hinterleib).

Ein Gelenk zwischen den Körperteilen macht eine Beugung in der Mitte möglich.

OBERSEITE

Das steife Telson hilft dem Tier bei der Steuerung und enthält lichtempfindliche Zellen.

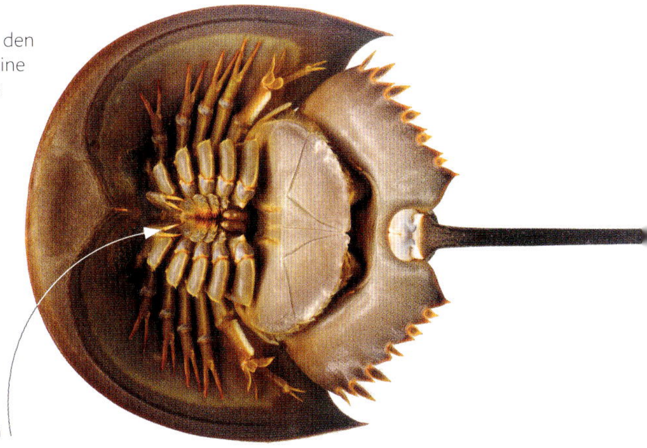

Mit den Cheliceren ergreift der Pfeilschwanzkrebs Beute und führt sie zum Mund.

UNTERSEITE

Das Außenskelett der Pfeilschwanzkrebse enthält keinen Kalk, anders als bei vielen anderen Gliederfüßern, die im Wasser leben.

Außenskelette

Viele im Wasser lebende Tiere mit weichen Körpern werden vom Wasser gestützt, sowohl von innen als auch von außen. Doch ein festes Skelett eignet sich besser dazu, die Form des Tierkörpers zu bewahren. Tiere mit einem Außen- oder Exoskelett können ihre Bewegungen besser kontrollieren, sich schneller bewegen und auch größer werden. Exoskelette umgeben den Körper wie eine Rüstung und müssen daher regelmäßig abgestoßen und erneuert werden, damit das Tier wachsen kann.

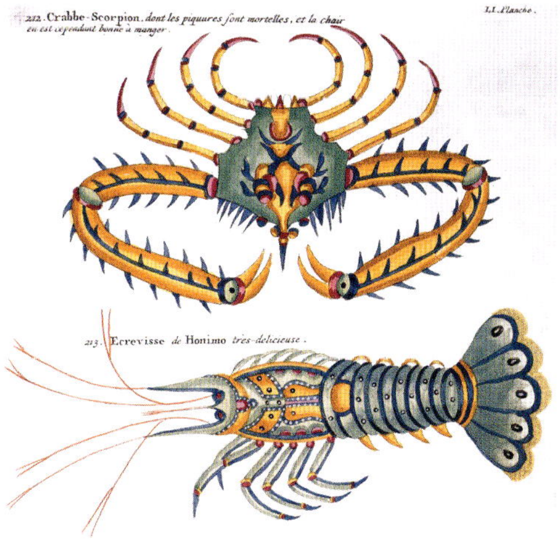

Verstärkte Außenskelette
Arthropoden haben feste Exoskelette, in die die Substanz Chitin eingelagert ist. Die Außenskelette vieler wasserbewohnender Gliederfüßer, besonders die der Krebstiere, sind zusätzlich mit Mineralien wie Kalk verstärkt, sodass sie stabiler, aber auch schwerer werden. Allerdings gleicht der Auftrieb im Wasser das Gewicht des Außenskeletts aus.

Außenskelette an Land

Die Tiere, die das Land vor einer halben Milliarde Jahren eroberten, hatten ein hartes Außen- oder Exoskelett mit beweglichen Gelenken. Es schützte sie vor Verletzungen und mit einer wachsartigen Beschichtung vor Dehydrierung. Doch es gab einen großen Nachteil: Die Rüstung war ohne den Auftrieb des Wassers schwer. Auch heute noch findet man die größten Gliederfüßer im Meer (siehe S. 68–69). Diejenigen, die das Land bewohnen, wie die Asseln, sind nur klein. Doch die Spinnentiere und vor allem die Insekten mit ihrer erhöhten Wasserdichtigkeit und ihren Stigmen (siehe Kasten) machen das in Anzahl und Vielfalt wett.

EXOSKELETTE DER INSEKTEN

Skelettentwicklungen trugen dazu dabei, dass die Insekten die dominierenden Gliederfüßer an Land wurden. Ihre Außenskelette haben nicht nur eine hohe Wasserdichtigkeit, sondern sie werden auch von Stigmen durchbrochen. Diese Atemöffnungen versorgen ein Tracheensystem unmittelbar mit Sauerstoff.

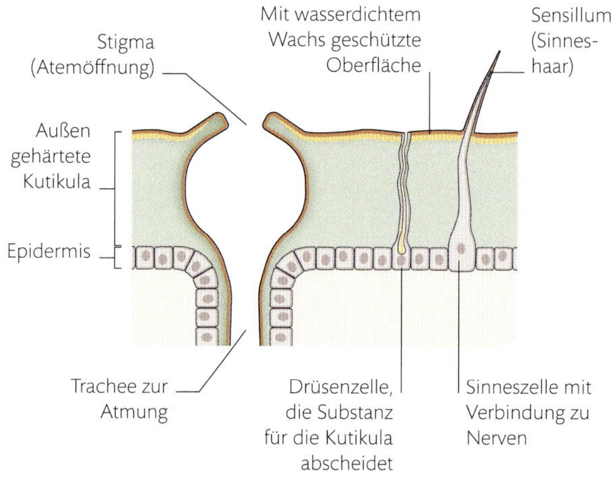

SCHÜTZENDE HÜLLE EINES INSEKTS

Die Brustregion ist mit sieben Platten geschützt. An jedem Segment entspringt ein Beinpaar.

Sechs Hinterleibsplatten schützen die kiemenartigen Atmungsorgane.

Verteidigung
Kugelasseln können sich zu einer Kugel zusammenrollen, daher ihr Name. Wenn sie dieses Verhalten zeigen, sind sie vor Fressfeinden gut geschützt.

Ein Krebstier, das Luft atmet

Obwohl sie nicht so gut wie die Insekten an das Landleben angepasst ist, gehört die Kugelassel (*Armadillidium vulgare*) zu den erfolgreichsten landlebenden Krebstieren. Sie ist auffälliger gepanzert als Insekten und Spinnentiere und hat die Kiemen ihrer garnelenartigen Vorfahren modifiziert, sodass sie auch Sauerstoff aus der Luft aufnehmen kann.

Bewegliche Stacheln
Ein Skelett aus Platten, die zu einer Kugel zusammengesetzt sind, schränkt die Mobilität ein. Doch Arten wie der Diademseeigel (*Diadema setosum*) bewegen ihre Stacheln mit Muskeln, um Eindringlinge abzuwehren und kriechen mit saugnapfähnlichen Röhrenfüßchen (siehe S. 212–213) über den Meeresgrund.

Die Basis eines jeden Stachels ist beweglich mit dem Skelett verbunden, sodass er von einer Seite zur anderen bewegt werden kann.

SEITENANSICHT

Kalkskelette

Seesterne und Seeigel gehören zur Gruppe der Stachelhäuter oder Echinodermata. Der Name bezieht sich auf ihr einzigartiges Kalkskelett, das bei den Seesternen aus lose in die Haut eingebetteten Calcitkristallen besteht und bei den Seeigeln eine Schale bildet. Trotz ihrer Radiärsymmetrie gehören diese Tiere zu den nächsten heute lebenden Verwandten der Wirbeltiere.

An den langen Röhrenfüßchen sitzen Saugnäpfe. Sie können über die Stacheln hinausragen und dann zum Laufen eingesetzt werden.

Die Stacheln sind hohl und spröde. Sie setzen ein schwaches Gift frei, wenn sie zerbrechen.

FÜNFSTRAHLIGER KÖRPERBAU

Die meisten Stachelhäuter weisen eine fünfstrahlige Radiärsymmetrie (Pentamerie) auf. Das lässt sich gut an den fünf Armen des Seesterns sehen, doch man erkennt es auch am Skelett eines toten Seeigels, der seine Stacheln verloren hat. Man kann die Pentamerie auch an verwandten Tieren wie den Schlangensternen (siehe S. 212–213) und den Seegurken feststellen.

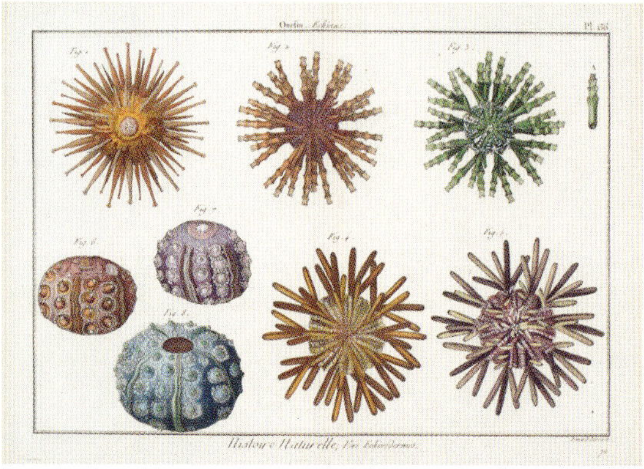

SEEIGEL UND IHRE SKELETTE

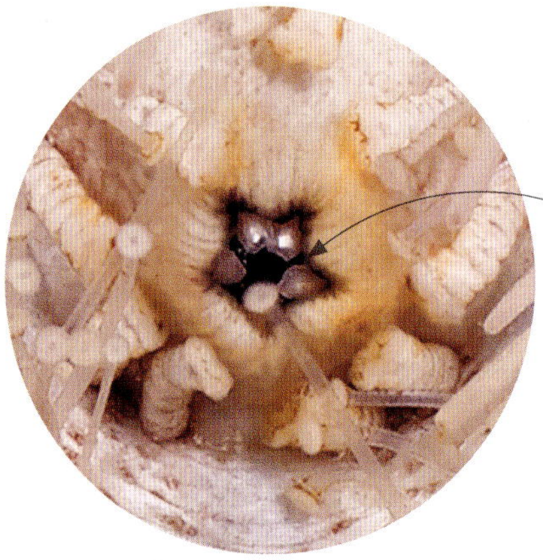

Mit fünf Zähnen raspelt das Tier Algen ab, die auf Felsen wachsen.

KIEFERAPPARAT

Innenskelette

Wirbeltiere besitzen ein solides, gelenkiges Skelett, das mit Muskeln ausgestattet ist. Anders als ein Außenskelett liegt es innerhalb des Körpers. Da es mit dem Körper wächst, muss es nicht ersetzt werden. Das ist möglich, weil sich harte Knochen und elastische Knorpel entwickelt haben. Diese lebenden Gewebe können während des Wachstums ihre Form verändern.

Gefärbte Bestandteile
Wie bei den meisten Wirbeltieren besteht das Skelett des erwachsenen Schildbauchs (*Gobiesox* sp.), der nach seinen saugnapfähnlichen Bauchflossen benannt wurde, überwiegend aus Knochen (violett gefärbt). Knorpelteile (blau) stammen noch vom Embryo.

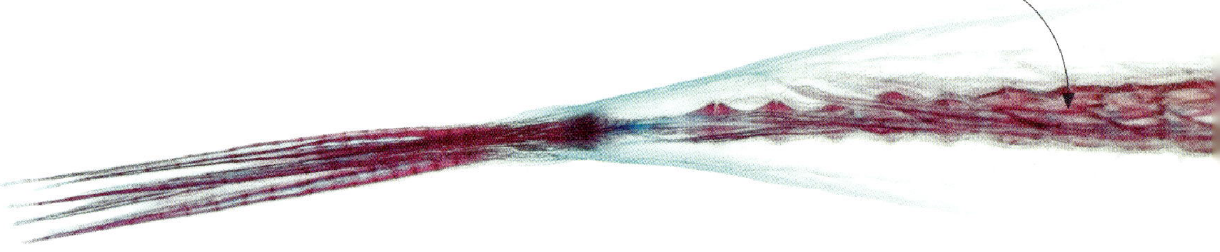

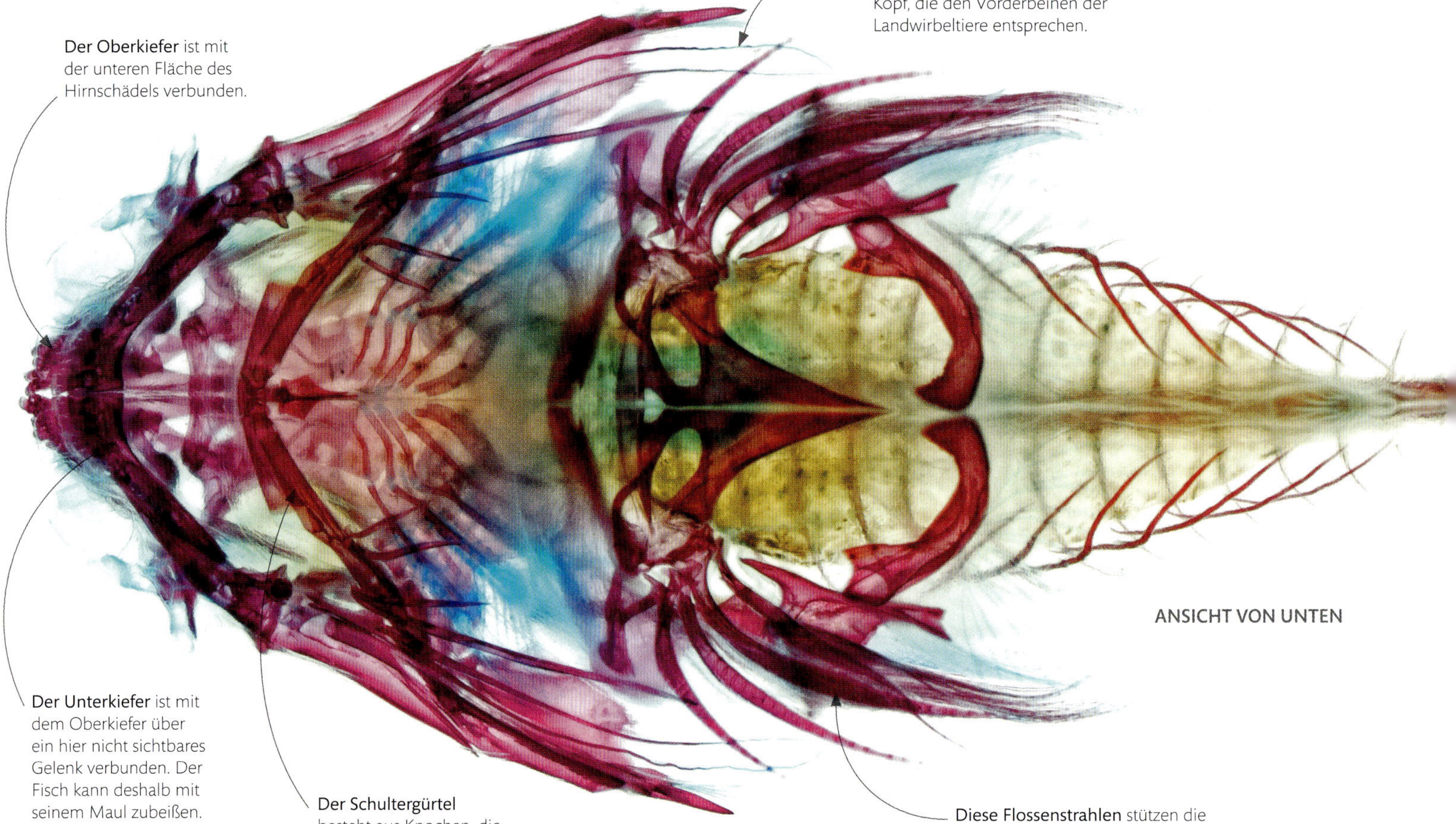

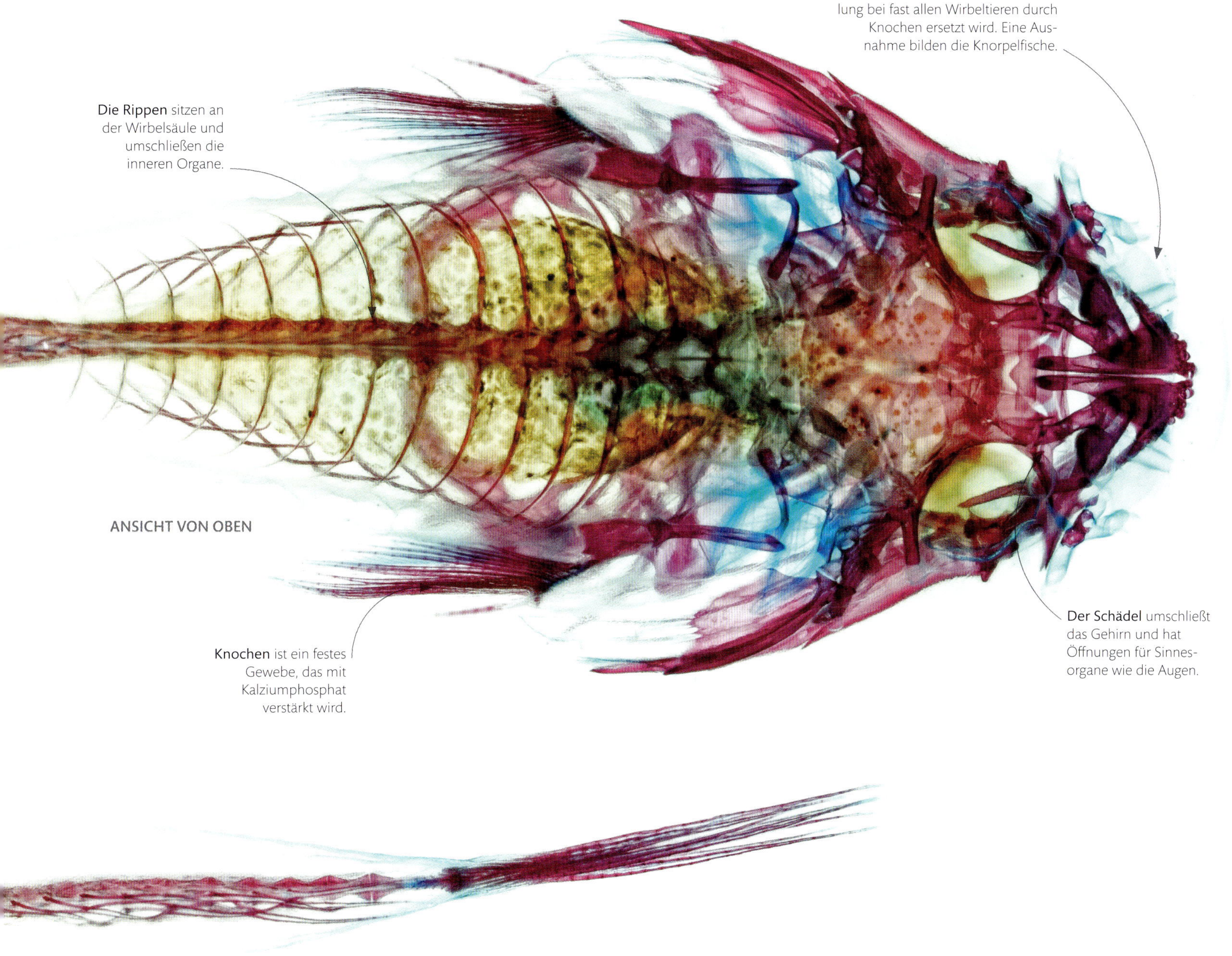

WIRBELTIERSKELETT

Die Wirbelsäule stützt den Körper auf seiner ganzen Länge. Sie enthält das Rückenmark und der Schädel umschließt das Gehirn. Zusammen mit dem Brustkorb bilden Schädel und Wirbelsäule das Achsenskelett. An ihm setzen die Skelettteile an, die der Fortbewegung dienen, das sogenannte Anhangsskelett. Die ersten Wirbeltiere waren Fische. Sie besaßen Flossen, aus denen sich später Beine zum Laufen entwickelten.

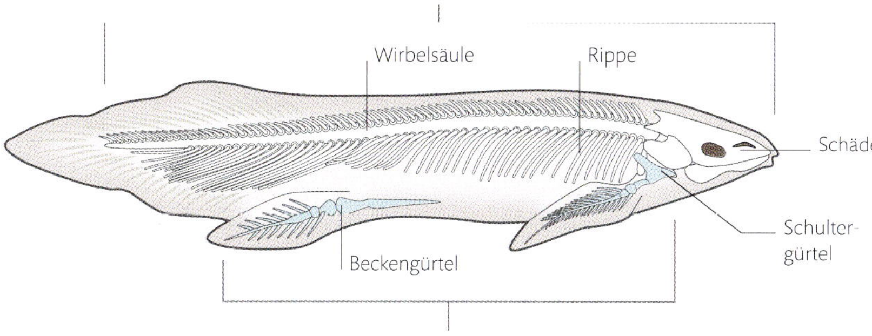

AUSTRALISCHER LUNGENFISCH
Neoceratodus forsteri

Tiere in der Kunst

Kunst der Aborigines

Bemalte Steinwände, oft unter Felsüberhängen, boten den australischen Aborigines jahrtausendelang Schutz. Sie erzählen die Geschichte der Tiere, von denen sich diese Menschen ernährten. Ähnlich wie auf Röntgenbildern erkennt man bei vielen der Malereien den inneren Aufbau der Tiere. Dies zeigt, wie genau diese Jäger wussten, wie ihre Beute beschaffen war.

Die ersten Menschen erreichten Australien vor mehr als 50 000 Jahren und begründeten die älteste niemals unterbrochene Zivilisation, die wir kennen. Zu den frühesten Zeugnissen gehören mehr als 20 000 Jahre alte Holzkohle-Zeichnungen von heute ausgestorbenen Tieren wie Beutelwölfen. Die jüngeren Darstellungen in den Ubirr-Höhlen in Arnhemland in Nordaustralien erzählen uns vieles, was auf die Lebens- und Glaubensvorstellungen der Aborigines schließen lässt.

Auf den Wänden der Höhlen sind die Tiere des nahe gelegenen East Alligator River und des Nadab-Überschwemmungsgebiets im typischen Röntgenstil dargestellt. Die Bilder reichen 8000 Jahre zurück. Die meisten entstanden in einer 2000 Jahre währenden Süßwasserperiode und zeigen Fische, Muscheln, Wasservögel, Wallabys, Warane und Ameisenigel.

Schlangenhals-Schildkröten
Die beiden Schlangenhals-Schildkröten auf einem Rindenstück sind in verschiedenen Techniken dargestellt. Nach dem Glauben der Aborigines verleihen die Schraffuren, die man als »Rarrk« bezeichnet, den Schildkröten spirituelle Kraft.

Die Farben wurden aus Holzkohle und Ocker hergestellt, einer Mineralmischung, die rot (die dauerhafteste Farbe), rosa, weiß, gelb und gelegentlich blau gefärbt sein konnte. Sie wurde zu einem Pulver zermahlen und mit Eiern, Wasser, Pollen, Tierfett oder Blut zu Farbe angerührt. Die Knochen und Organe, mit denen die Jäger vertraut waren, zeichneten die Künstler in die Umrisse eines jeden Tiers ein. Im Lauf der Jahrhunderte entwickelte sich die Kunst der Aborigines in verschiedene Richtungen. In den zentralen und westlichen Wüstengebieten findet man abstrahierte Malereien aus Punkten, im Northern Territory den Röntgenstil und die »Rarrk-Zeichnungen« in Arnhemland sind fein schraffiert. Heute bemalen Aborigines-Künstler oft die Innenseite eines Rindenstücks. Sie benutzen feine Pinsel aus Schilf oder Menschenhaar, um die Umrisse ihrer Tierzeichnungen zu schraffieren. Diese Technik soll den Bildern Spiritualität verleihen.

Das Verhältnis der Menschen zur Tierwelt ist im Schöpfungsmythos der Traumzeit begründet. Er beruht auf dem Glauben, dass Flüsse, Bäche, Hügel, Felsen, Tiere, Pflanzen und Menschen von Geistern geschaffen wurden, die jedem Clan Werkzeuge, Land, Totems und das Träumen gaben. Heilige Regeln für das Verhalten im Clan, Moral- und Glaubensvorstellungen wurden durch das Erzählen von Geschichten, Tanz, Malerei und Gesänge weitergegeben. In vielen Höhlen malte man jahrhundertelang, doch die zentralen Botschaften änderten sich kaum.

> »Höhle ... bewegt sich nicht. Keiner kann die Höhle bewegen, sie ist Traum – Geschichte, Gesetz.«
>
> BIG BILL NEIDJIE, BUNIDJ-CLAN

Wallaby-Felsenkunst
Ein Wallaby mit Schwanzwirbeln und Wirbelsäule schmückt eine Höhlenwand bei Ubirr, Kakadu (Northern Territory). Dies ist eine der Schutzhöhlen, die am längsten ohne Unterbrechung bewohnt waren. Jahrtausendelang malten Menschen hier die Tiere an die Wände, von denen sie sich ernährten.

Innereien eines Ameisenigels
Zwei auf die Innenseite eines Rindenstücks gemalte Ameisenigel zeigen ihren Körperbau. Herz, Magen und Därme sind wie auf einem Röntgenbild des 20. Jahrhunderts zu erkennen. Das Bild wurde im westlichen Arnhemland angefertigt.

Anpassungen des Skeletts
Manche Tiere haben besondere Strukturen entwickelt, die Teile des Skeletts sind, wie Helme, Hörner und Panzer. Bei anderen sind bestimmte Knochen vergrößert oder verformt.

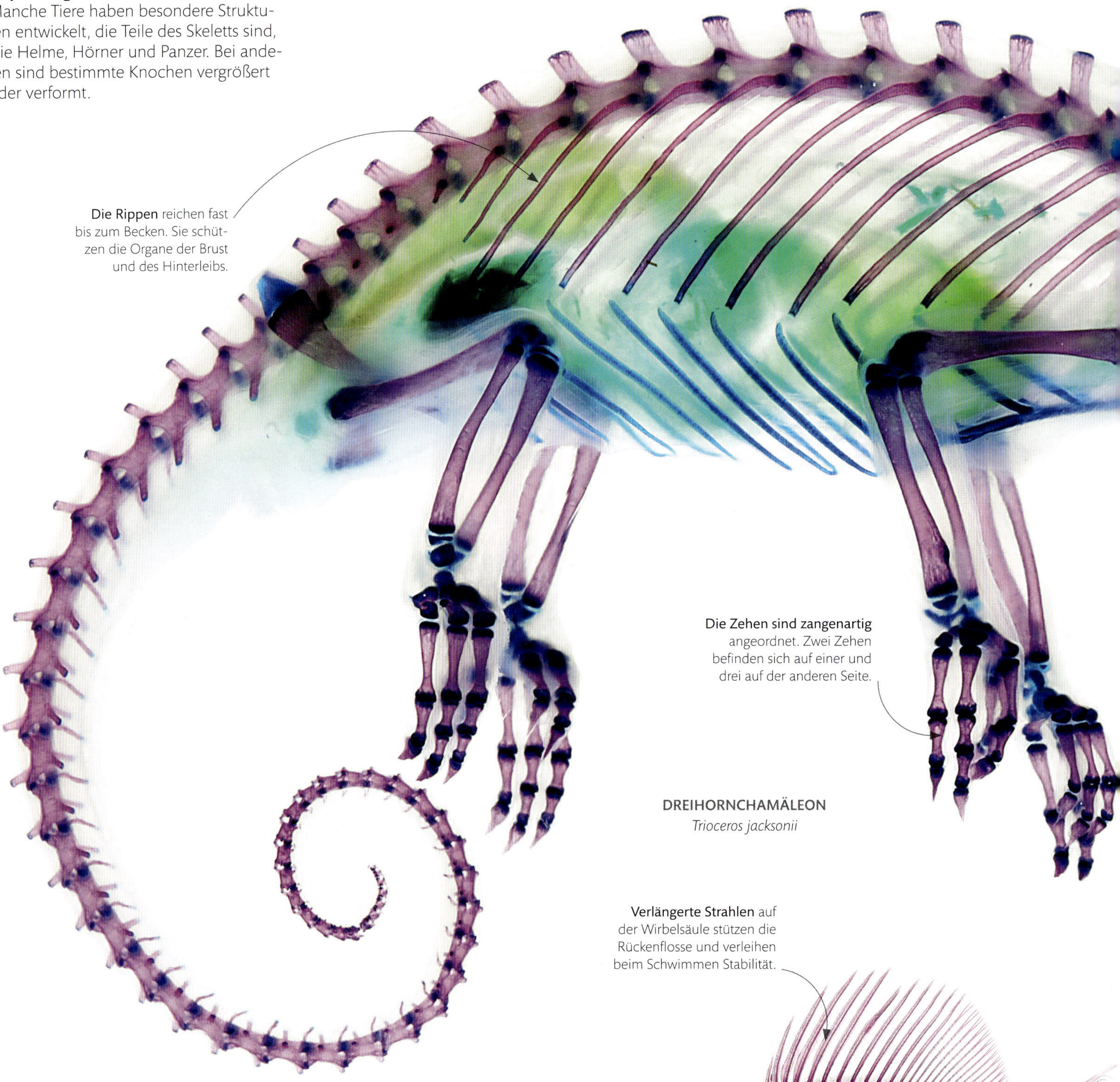

DREIHORNCHAMÄLEON
Trioceros jacksonii

GELBER MASKENPINZETTFISCH
Forcipiger flavissimus

Wirbeltierskelette

Bei allen Wirbeltieren befindet sich das Skelett im Inneren des Körpers. Ein Achsenskelett verläuft vom Kopf bis zum Schwanz. Es besteht aus dem Schädel, der Wirbelsäule und den Rippen. An ihm ist das Anhangsskelett verankert. Bei vierbeinigen Tieren stützt es die Beine, bei Fischen die Flossen und bei Vögeln die Flügel.

Der Helm leitet Wassertröpfchen in das Maul des Tiers.

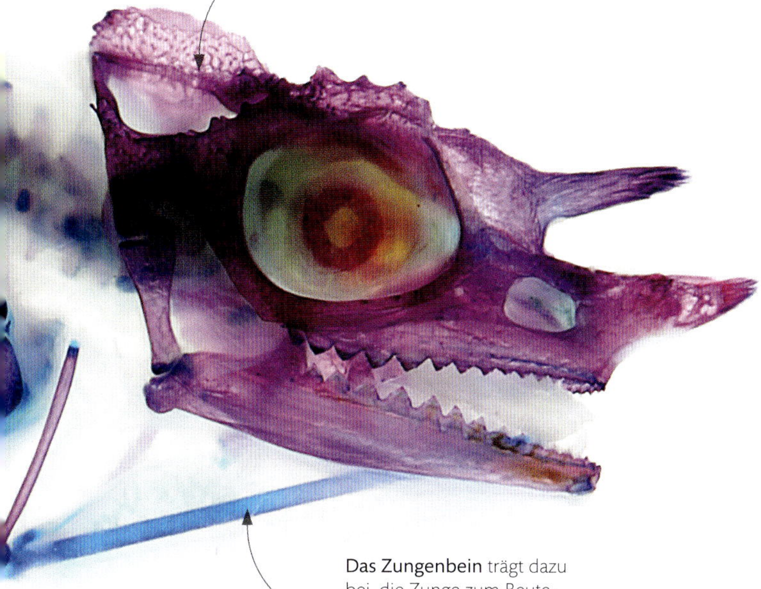

Das Zungenbein trägt dazu bei, die Zunge zum Beutefang auszuschleudern.

Die Kniegelenke bestimmen den Absprungwinkel, sodass der Frosch nach oben und nach vorn springen kann.

JAPANISCHER LAUBFROSCH
Hyla japonica

Der Mäuseschädel ist nur 6 mm hoch.

Mit ihrem flexiblen Brustkorb kann die Maus durch jede Öffnung schlüpfen, wenn ihr Kopf hindurchpasst.

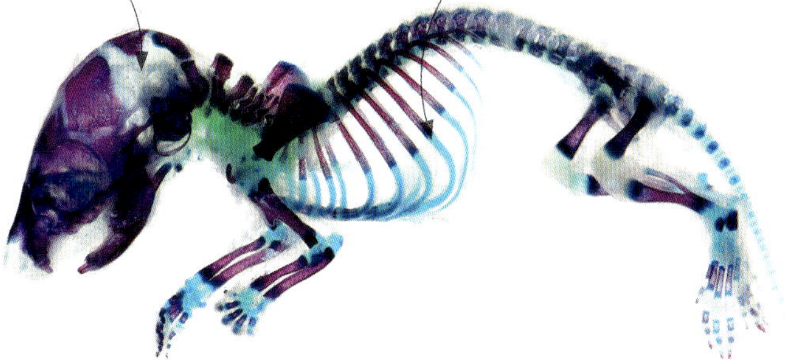

HAUSMAUS
Mus musculus

Zusätzliche Halswirbel verleihen dem Hals Beweglichkeit und erleichtern das Putzen.

Luftgefüllte Hohlräume in Schnabel und Schädel verringern das Gewicht des Kopfs.

Wegen ihrer hohlen Knochen sind Vögel so leicht, dass sie fliegen können.

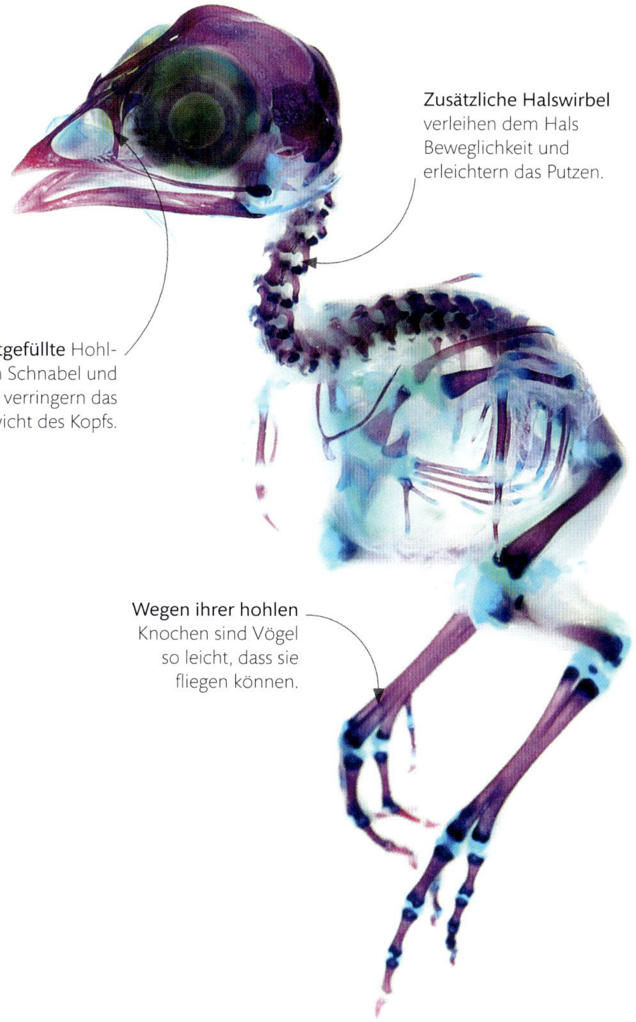

JAPANWACHTEL
Coturnix japonica

Der Panzer enthält Knochen und schützt das Skelett und die inneren Organe.

JAPANISCHE SUMPFSCHILDKRÖTE
Mauremys japonica

Knochenpanzer
Der Rücken- (Carapax) und der Bauchpanzer (Plastron) einer Indischen Sternschildkröte (*Geochelone elegans*) setzen sich aus ineinandergreifenden Platten zusammen. Es handelt sich dabei um in der Haut entstandene Deckknochen. Darüber ist eine pigmentierte Hornschicht aus Keratin ausgebildet.

Jeder Schild trägt eine sternförmige Zeichnung. Diese Gebilde aus Horn bedecken die Knochenplatten.

Der Rückenpanzer (Carapax) ist wie bei allen Landschildkröten kuppelförmig aufgewölbt.

Die Beine sind stämmig und mit den Krallen findet das Tier am Boden Halt.

Wirbeltierpanzer

Die Panzer der Schildkröten bieten einen einzigartigen Schutz. Ein großer Teil des Wirbeltierkörpers ist mit Knochen bedeckt. So sind die Tiere gut gegen Räuber geschützt, wegen des Gewichts und der Festigkeit des Panzers jedoch in ihrer Beweglichkeit eingeschränkt. Ihre Hälse müssen länger und biegsamer als bei anderen Reptilien sein, damit sie an Futter gelangen können. Starke Beinmuskeln sorgen an Land oder im Wasser für den Antrieb.

Die Panzeröffnungen sind so groß, dass sich die Beine gut nach vorn und hinten bewegen können.

Der Bauchpanzer (Plastron) ist flach. Er besteht aus den abgeflachten Rippen und dem Brustbein.

KÖRPERPANZER

Bei Schildkröten sind die Wirbelsäule und die Rippen sowie Schulter- und Beckengürtel mit dem Panzer verwachsen. So ist der Körper hervorragend geschützt. Viele Arten können sogar die Beine und den Kopf einziehen. Allerdings kann sich der Brustkorb beim Atmen nicht bewegen. Stattdessen bewegt sich der Schultergürtel vor und zurück, wenn das Tier ein- und ausatmet.

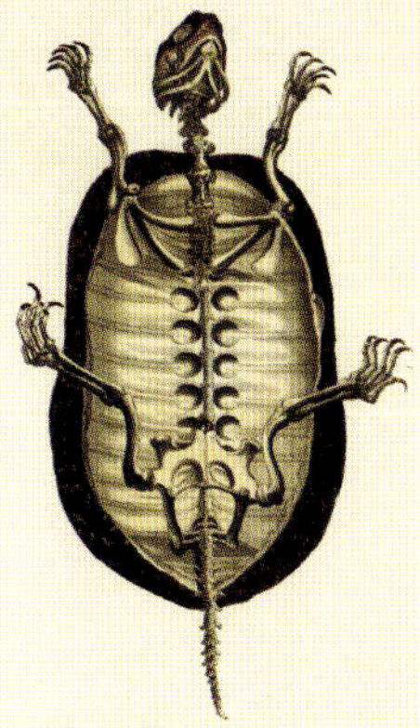

LANDSCHILDKRÖTENSKELETT (PLASTRON ENTFERNT)

Das Reptil kann seinen Kopf zur Seite biegen, sodass er unter dem Panzerrand geschützt ist.

Den Kopf einziehen

Manche Schildkröten ziehen den Kopf ein, indem sie den Hals s-förmig krümmen. Andere, wie diese Buckelschildkröte (*Mesoclemmys gibba*), legen Hals und Kopf seitlich an

Vogelskelette

Obwohl es insgesamt mehr als 10 000 Vogelarten gibt, ähnelt sich der Körperbau der meisten Vögel weitgehend. Dies hat mit den nötigen Voraussetzungen für das Fliegen zu tun. Vögel besitzen zwei Beine zum Laufen und ihre Vordergliedmaßen sind zu Flügeln umgewandelt. Einige Knochen der Wirbelsäule, des Schulter- und des Beckengürtels sind miteinander verschmolzen, sodass die Belastungen beim Landen geringer sind. Die meisten Knochen sind hohl und leicht (siehe Kasten). Deshalb benötigt ein Vogel beim Abheben weniger Energie und zerdrückt seine Eier nicht, während er sie ausbrütet.

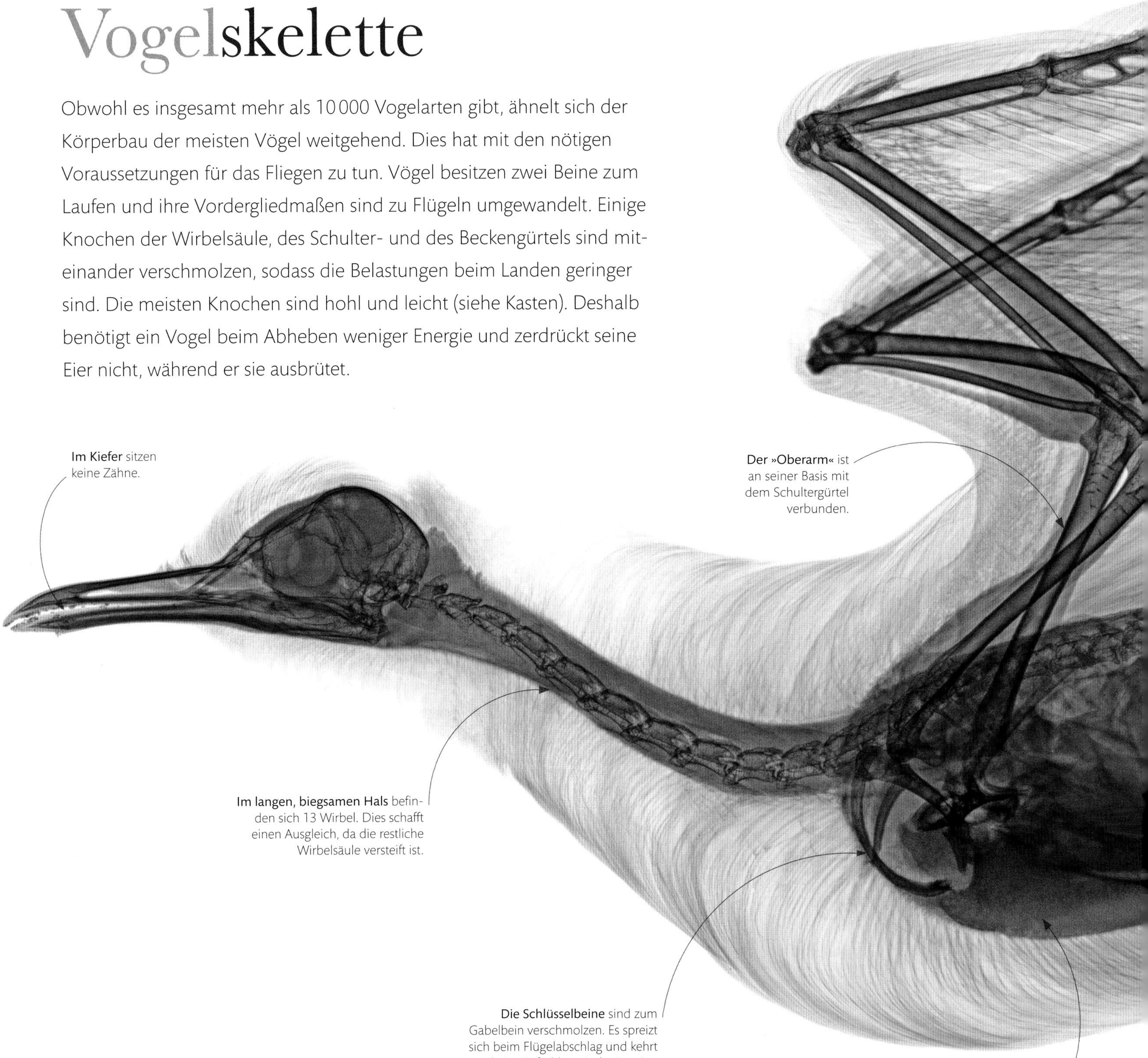

Das Skelett eines Fliegers
An dieser präparierten Schwarzkopfmöwe (*Larus melanocephalus*) kann man erkennen, wie die Flügel sich um die Knochen des Schultergürtels drehen. Das Vogelskelett ist im Vergleich zu dem der Reptilienvorfahren kürzer und kompakter, sodass sein Schwerpunkt oberhalb der Beine liegt.

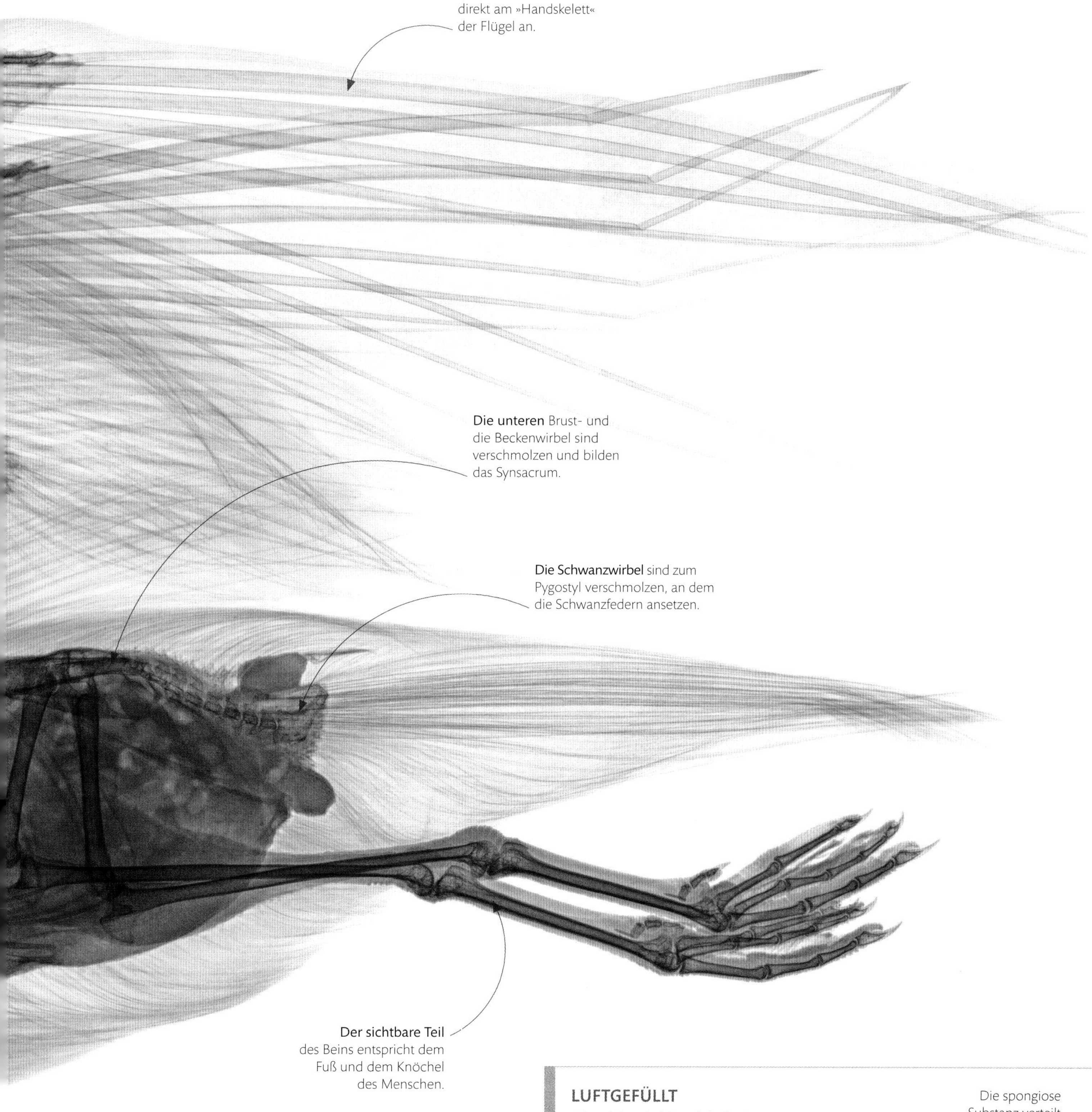

LUFTGEFÜLLT

Obwohl sie hohl sind, befinden sich in den größeren Knochen, wie im Oberarm und Oberschenkel, verstärkende Bälkchen. Deshalb sind sie so stabil wie Säugetierknochen. Die luftgefüllten Hohlräume machen den Knochen leichter und sind mit den Luftsäcken verbunden. Diese sind Teil des effektiven Atmungssystems der Vögel, das der Luft mehr Sauerstoff entziehen kann.

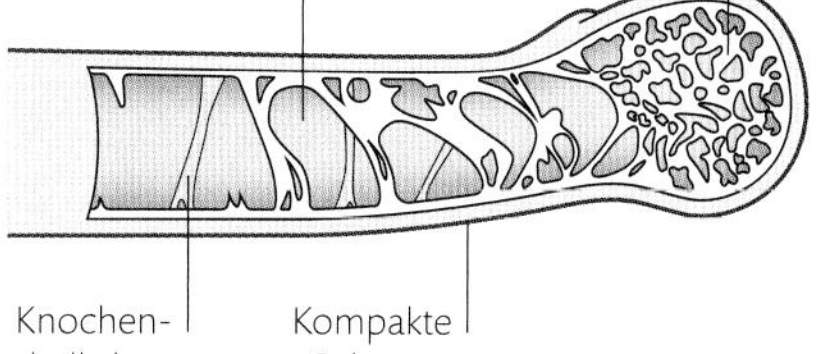

QUERSCHNITT DURCH DEN OBERARMKNOCHEN EINES VOGELS

Tiere im Blickpunkt

Gepard

Viele Raubtiere sind Lauer- oder Rudeljäger, doch der Gepard (*Acinonyx jubatus*) fängt seine Beute in schnellen Sprints. Die bewegliche Wirbelsäule ermöglich ihm große Schritte. Er kann 102 km/h erreichen und ist der schnellste Läufer unter den Vierbeinern.

Geparden kommen in Afrika und wenigen Gebieten im Iran vor. Sie bewohnen verschiedene Lebensräume, von trockenen Wäldern über Busch- und Grassteppen bis hin zu Wüsten. Die Raubkatzen jagen kleine Antilopen wie Thomson-Gazellen (*Eudorcas thomsonii*), die ebenfalls flink sind. In der Herde entdecken die Gazellen den Räuber rasch und behalten ihn im Auge, um ihm sein Überraschungsmoment zu nehmen. Der Gepard muss im richtigen Augenblick zuschlagen, um seine Energie nicht nutzlos zu verschwenden.

Er verlässt sich auf seine Tarnung und nähert sich langsam, duckt sich und erstarrt in der Bewegung, wenn er gesehen wird. Ist er seiner Beute nahe genug gekommen, im Idealfall näher als 50 m, setzt er zum Sprint an. Innerhalb von Sekunden hat er 60 km/h erreicht. Bei der Verfolgung der Gazelle ist seine Atemfrequenz mehr als doppelt so hoch. Ist er auf gleicher Höhe mit der Beute, schlägt er mit der Pfote nach ihr und versucht, sie mit seiner Afterkralle aus dem Gleichgewicht zu bringen. Trotz seiner Schnelligkeit ist ihm die Mahlzeit aber nicht sicher und er ermüdet eher als die Gazelle. Erreicht er sie nicht innerhalb von 300 m, gibt er die Verfolgung auf.

Wenn er erfolgreich ist, erstickt er sein Opfer, indem er seine Kehle mit den Kiefern umklammert. Doch noch immer muss er um seine Nahrung kämpfen. Viele Geparden verlieren ihre Beute an Leoparden, Löwen oder Hyänen. Deshalb zerren sie ihr Opfer an eine geschützte Stelle und fressen möglichst schnell. Bis zu 14 kg Fleisch können sie auf einmal verschlingen.

Kurz vor dem Ziel
Ein Gepard hat etwa bei der Hälfte seiner Jagden Erfolg. Viele der Raubkatzen erlegen Jungtiere wie diese Thomson-Gazelle jedoch fast mit Sicherheit.

ANPASSUNGEN DES SKELETTS

Schnelle Sprints erfordern große Schritte und starke Muskeln. Eine flexible Wirbelsäule und die im Vergleich zu anderen Katzen proportional längeren Beine ermöglichen eine Schrittlänge von 9 m. Alle vier Füße sind während des Bewegungsablaufs mindestens zweimal gleichzeitig in der Luft. Die gefurchten Ballen verhindern, dass die Raubkatze ausrutscht, und mit dem seitlich leicht abgeplatteten Schwanz hält sie das Gleichgewicht.

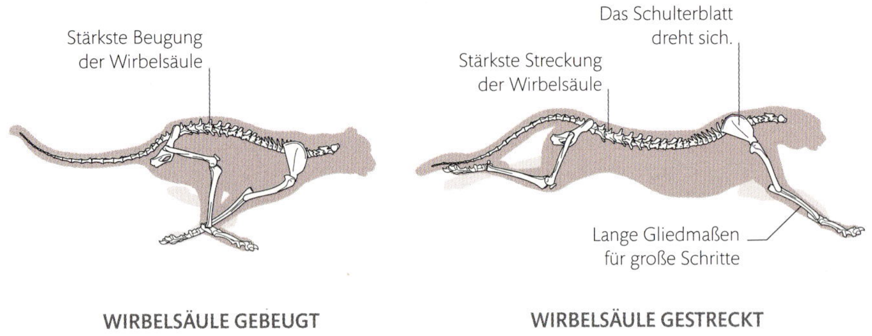

Große Vielfalt
Abhängig von der Art können die Hörner der Hornträger gerade, spiralförmig oder gebogen sein. Mit Ausnahme der Vierhornantilope (*Tetracerus quadricornis*, Vorletzte in der rechten Spalte) wachsen die Hörner bei wilden Hornträgern nur als einzelnes Paar.

Eindrucksvolle Hörner
Die Männchen der afrikanischen Rappenantilope (*Hippotragus niger*) können nahezu 1 m lange Hörner bekommen. Bei Weibchen sind sie 25 % kürzer und an der Basis dünner. Ein dominantes Männchen hat lange Hörner und ist bei den Weibchen erfolgreicher. Um Rivalen einzuschüchtern, schlägt es mit den Hörnern auf die Vegetation ein.

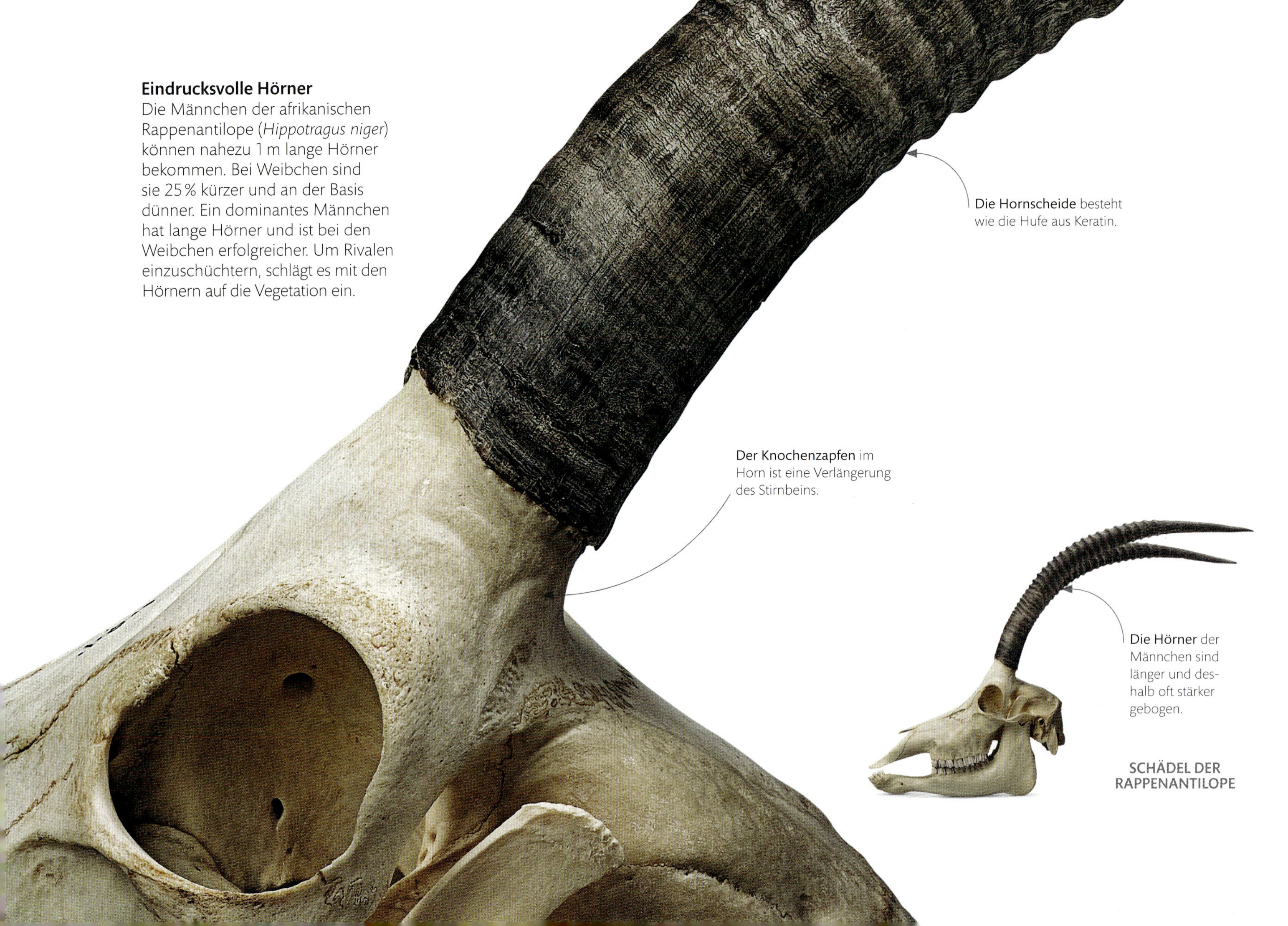

SCHÄDEL DER RAPPENANTILOPE

Säugetierhörner

Viele Tiere tragen hornartige Gebilde am Körper, wie etwa der Purpurskarabäus (siehe S. 115) oder Echsen mit zu Hörnern oder Dornen umgebildeten Schuppen. Doch nur bei Huftieren wie den Antilopen sind die Hörner knochige Gebilde am Schädel. Meist sind sie bei Männchen größer und manchmal fehlen sie bei Weibchen völlig. Anders als die Geweihe der Hirsche (siehe S. 88–89) sind diese Hörner unverzweigt und werden nicht abgeworfen und durch neue ersetzt.

GEHÖRN UND GEWEIH

Echte Hörner werden von den Hornträgern oder Bovidae gebildet, zu denen Rinder, Antilopen und Ziegen gehören. Nur die Hirsche der Familie Cervidae tragen Geweihe. Geweihe bilden sich jedes Jahr neu, werden dabei vom sogenannten Bast ernährt und am Ende der Brunftzeit abgeworfen. Hörner wachsen dagegen während des ganzen Lebens und ihre äußere Hornscheide besteht aus Keratin.

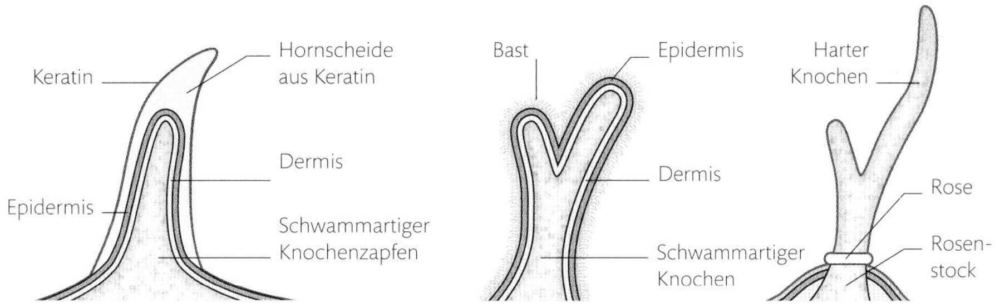

HORN — WACHSENDES GEWEIH — AUSGEWACHSENES GEWEIH

Hirschgeweihe

Kein anderer Knochen wächst so schnell wie ein Hirschgeweih. Es entspringt dem Schädel des Männchens, verzweigt sich innerhalb weniger Monate und kommt beim Kampf um die Hirschkühe zum Einsatz. Das Geweih wird vom Bast ernährt, einer gut durchbluteten Hautschicht, die später abstirbt, sodass der Knochen freiliegt. Nach der Brunftzeit wird es abgeworfen und im nächsten Jahr neu gebildet.

Brunftzeit

Das Geweih ist ein Zeichen der Stärke und Männlichkeit. Bei allen Hirschen mit Ausnahme der Rentiere tragen es nur die Männchen. In der Paarungs- oder Brunftzeit rammen Rothirsche (*Cervus elaphus*) ihre Geweihe gegeneinander und verkeilen sich, wenn sie um die Kühe konkurrieren. Der Sieger wird der Vater der Hirschkälber der Saison. Ein Geweih kostet viel Energie, doch die Investition lohnt sich, da sie zum Fortpflanzungserfolg führt.

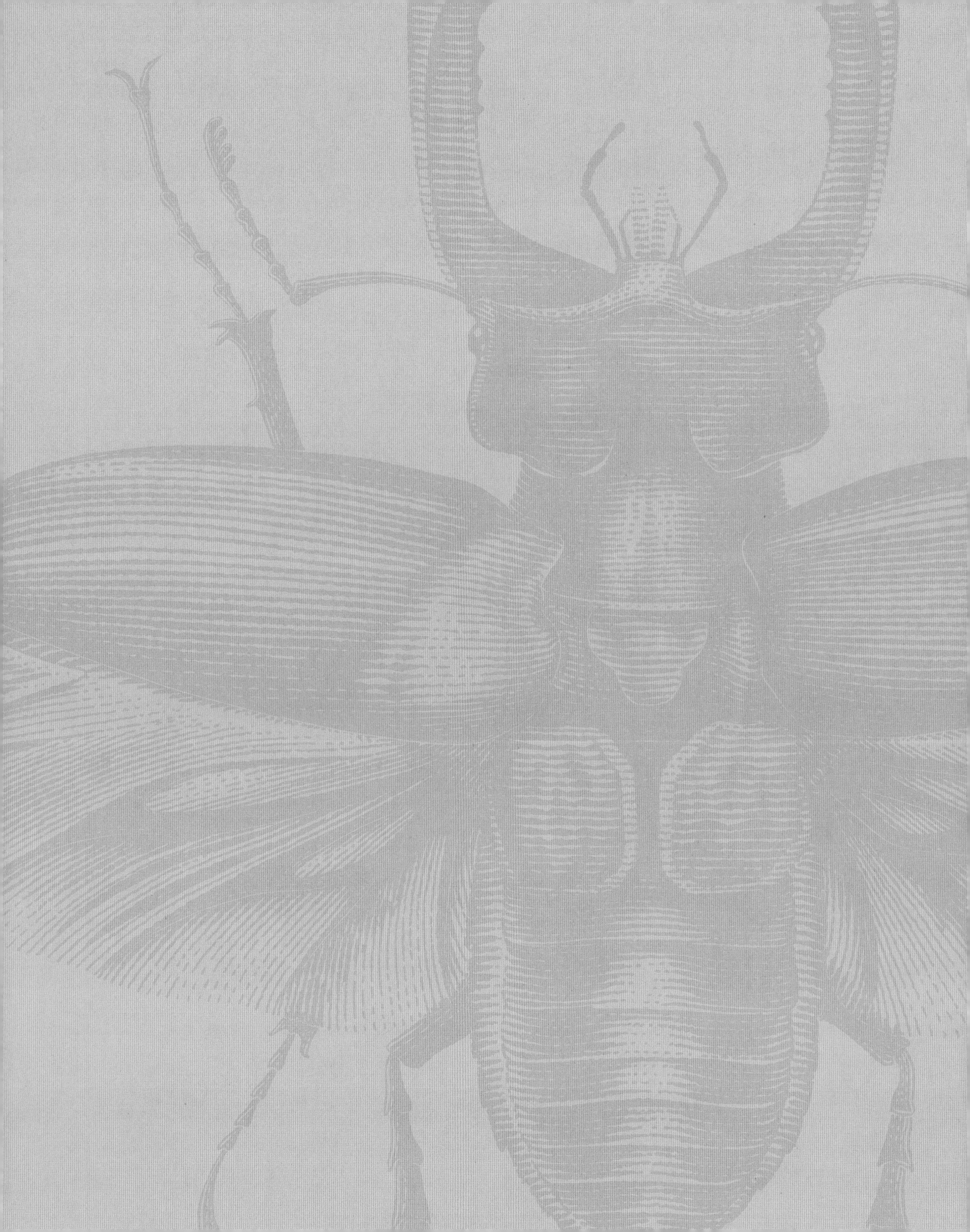

Haut, Kleid und Panzer

Haut. Ein dünnes Gewebe, das als Körperabschluss dient. Oft besteht es aus zwei Schichten, der Dermis und der Epidermis.

Kleid. Eine natürliche Körperbedeckung, wie ein Fell, Federn oder Schuppen.

Panzer. Eine robuste Körperbedeckung, die das Tier vor Verletzungen schützt.

Durchsichtige Haut
Der La-Palma-Glasfrosch (*Hyalinobatrachium valerioi*) kombiniert Lungen- und Hautatmung. Über seine transparente, durchlässige Haut nimmt er einen großen Teil des Sauerstoffs auf, der Rest gelangt über die Lungen ins Blut.

Atmung im Wasser
Bei niedrigeren Temperaturen ist im Wasser mehr Sauerstoff gelöst. Hoch in den südamerikanischen Anden kann der Titicaca-Riesenfrosch (*Telmatobius culeus*) sich in den kühlen Tiefen von Seen aufhalten, denn seine Haut bildet lockere Falten. Über sie nimmt er ohne Beteiligung der Lungen genügend Sauerstoff auf.

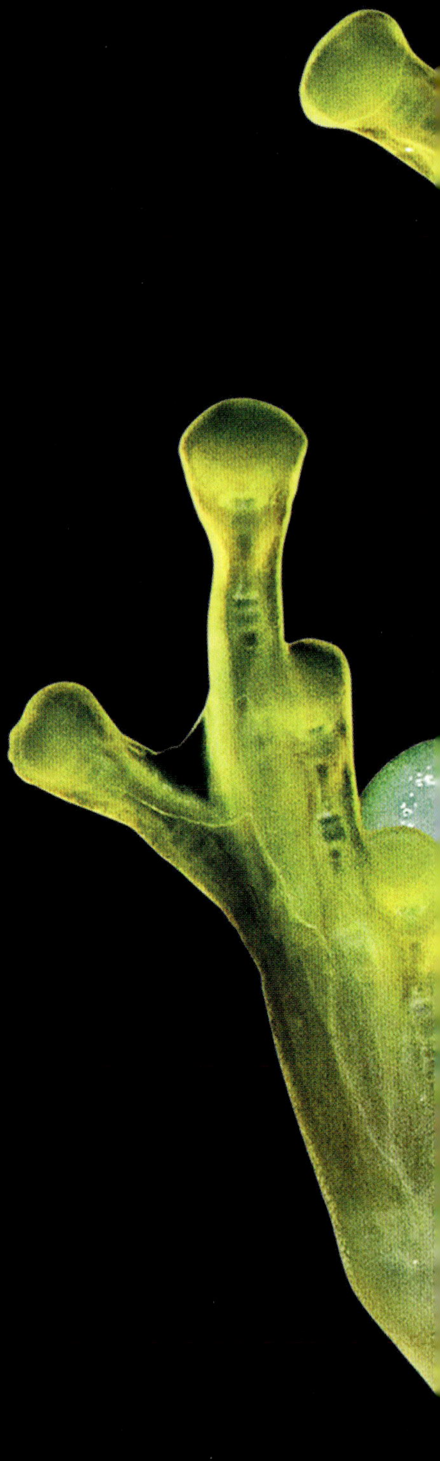

Durchlässige Haut

Die Haut ist eine Barriere, die die empfindlichen Gewebe vor der rauen, oft wechselhaften Umgebung schützt. Sie bewahrt den Körper vor Infektionen und repariert sich bei Verletzungen selbst. Doch der Körper darf nicht luftdicht versiegelt sein. Zumindest eine kleine Menge Sauerstoff dringt bei jedem Tier aus der umgebenden Luft oder dem Wasser in den Körper. Viele Tiere sind auf diese sogenannte Hautatmung sogar angewiesen. Amphibien decken ihren Sauerstoffbedarf oft zur Hälfte auf diese Weise. Voraussetzung ist eine Haut, die ausreichend durchlässig für Sauerstoff ist.

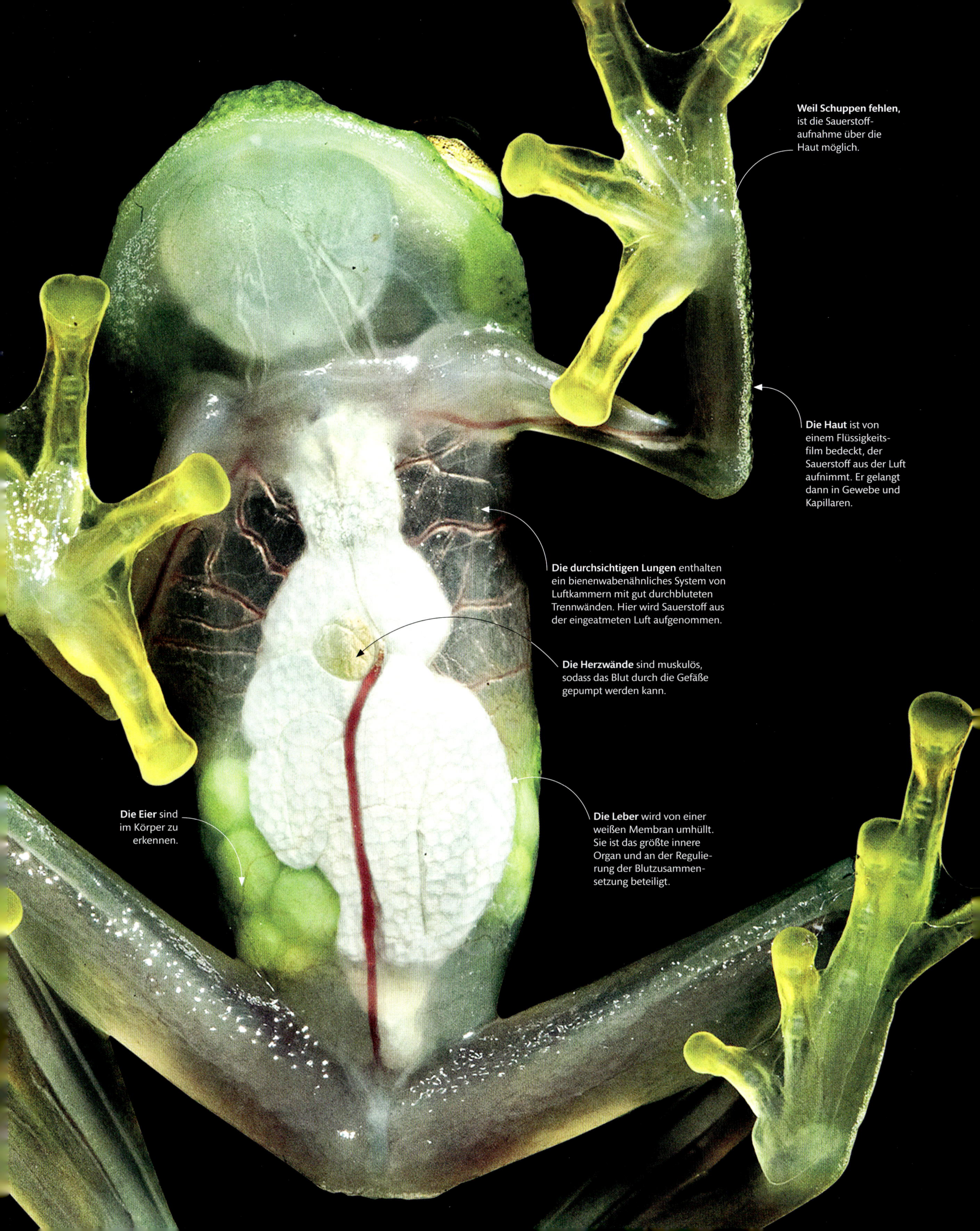
Weil Schuppen fehlen, ist die Sauerstoffaufnahme über die Haut möglich.
Die Haut ist von einem Flüssigkeitsfilm bedeckt, der Sauerstoff aus der Luft aufnimmt. Er gelangt dann in Gewebe und Kapillaren.
Die durchsichtigen Lungen enthalten ein bienenwabenähnliches System von Luftkammern mit gut durchbluteten Trennwänden. Hier wird Sauerstoff aus der eingeatmeten Luft aufgenommen.
Die Herzwände sind muskulös, sodass das Blut durch die Gefäße gepumpt werden kann.
Die Eier sind im Körper zu erkennen.
Die Leber wird von einer weißen Membran umhüllt. Sie ist das größte innere Organ und an der Regulierung der Blutzusammensetzung beteiligt.

Sauerstoff atmen

Beim chemischen Prozess der Atmung wird aus Nährstoffen Energie gewonnen und fast alle Tiere benötigen dazu Sauerstoff. Der Sauerstoff wird der Umgebung entnommen und Kohlendioxid wird abgegeben. Das geschieht am effektivsten, wenn die Fläche groß und die Wand dünn ist. Der einfachste Weg führt über die Haut, aber Hautatmung ist nur bei kleinen Tieren ausreichend. Größere Tiere haben spezielle Atmungsorgane, die Kiemen oder Lungen. Sie ermöglichen einen effektiven Gasaustausch.

Die Haut ist durchlässig, sodass Sauerstoff über die gesamte Körperoberfläche aufgenommen werden kann.

Mit zahlreichen Pigmentflecken ist die Nacktschnecke auf dem Meeresboden gut getarnt.

ATMUNGSORGANE

Kiemen sind Organe zur Sauerstoffaufnahme unter Wasser. Lungen dagegen sind Hohlräume, die das Atmen an Land ermöglichen. Beide sind mit einem dünnen Epithel mit großer Oberfläche ausgekleidet, das über stark durchblutetem Gewebe liegt und einen guten Gasaustausch ermöglicht.

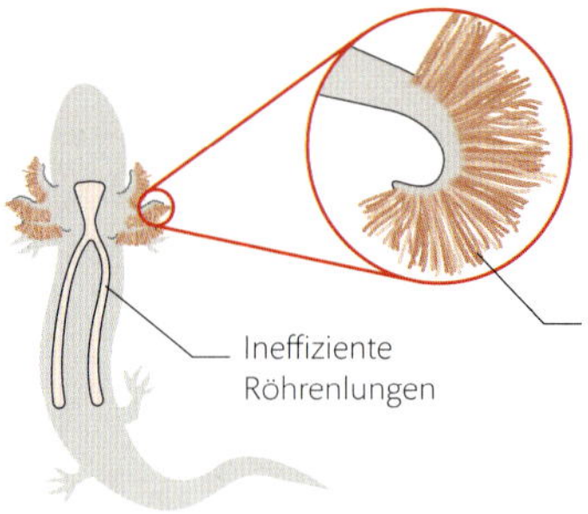

KIEMEN BEIM GEFLECKTEN FURCHENMOLCH (AMPHIB)

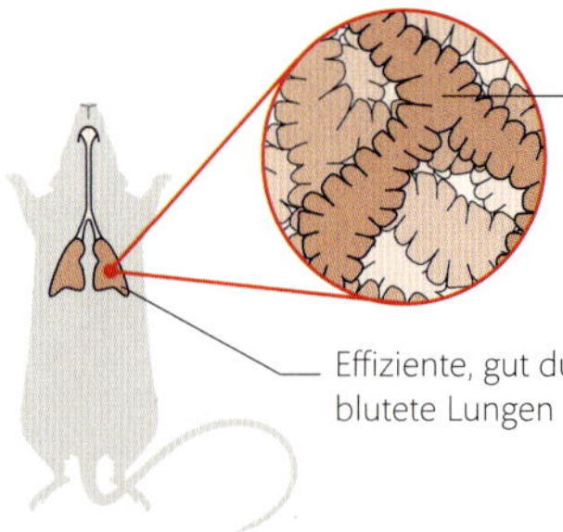

LUNGEN BEI DER RATTE (SÄUGETIER)

Cerata sind Hautfortsätze, die Nesselzellen enthalten und den Gasaustausch der Meeresschnecke unterstützen können.

SPANISCHER SCHAL
Flabellinopsis iodinea

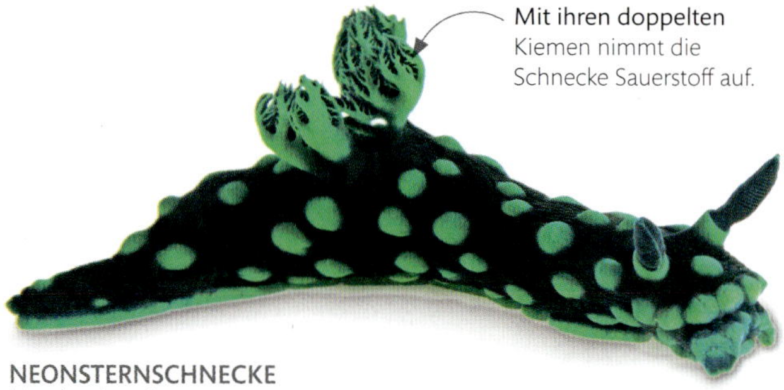

Mit ihren doppelten Kiemen nimmt die Schnecke Sauerstoff auf.

NEONSTERNSCHNECKE
Nembrotha cristata

Kiemenbüschel

Tilesius' Nacktschnecke (*Plocamopherus tilesii*) wird 12 cm lang. Sie ist zu groß, um ihren Sauerstoffbedarf nur über die Haut zu decken. Die Schnecke besitzt zusätzlich ein Kiemenbüschel, mit dem sie dem Wasser Sauerstoff entnehmen kann, um das Defizit auszugleichen.

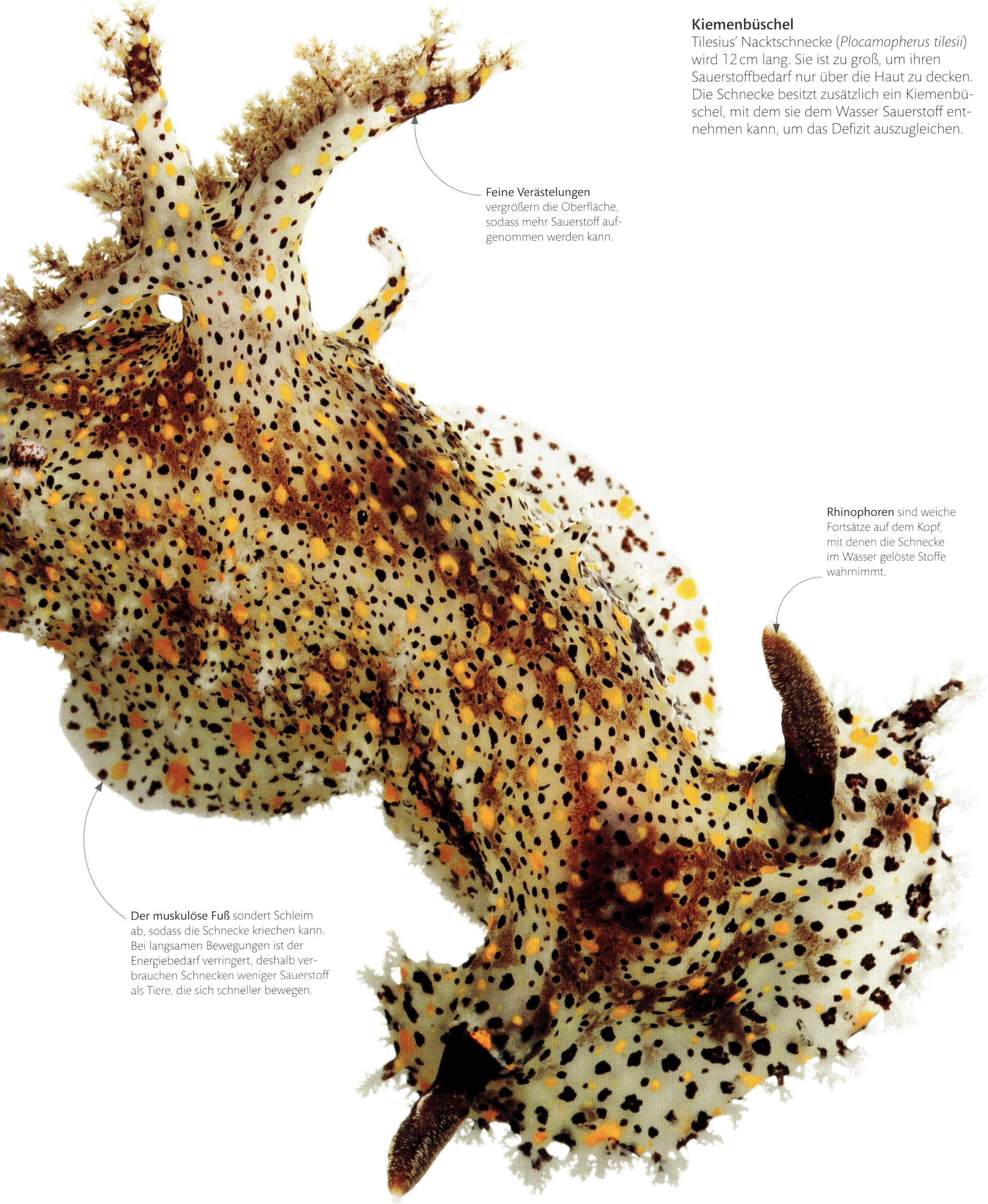

BAUMSTEIGER

Südamerikanische Baumsteigerfrösche (Familie Dendrobatidae) warnen Fressfeinde mit leuchtenden Farben vor ihren Giften. Jäger indigener Völker, wie der Emberá und Wounaan, vergiften ihre Pfeilspitzen mit den Froschgiften.

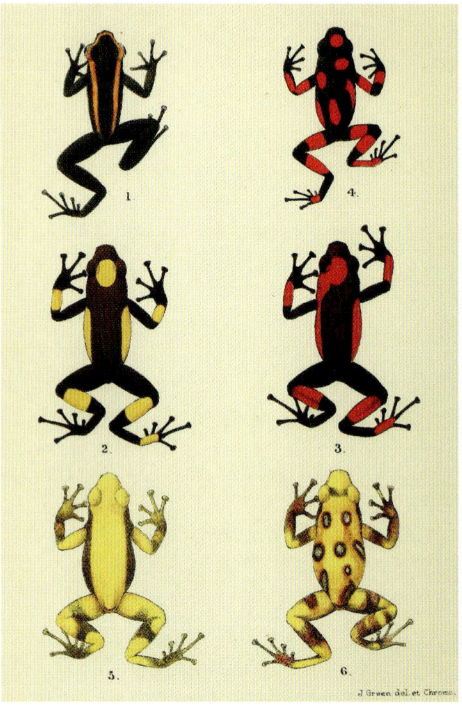

Die Beine der variablen Art können blau, rot, braun oder schwarz gefärbt sein.

Gift aus der Nahrung
Wie alle Baumsteigerfrösche nimmt das Erdbeerfröschchen (*Oophaga pumilio*) die Grundstoffe seines Gifts auf, wenn es giftige Gliederfüßer wie Ameisen frisst.

Die Warzen sind Verdickungen der Epidermis, in denen Drüsen enthalten sind.

Giftige Haut

Amphibienhaut ist dünn und schuppenlos, da diese Tiere über ihre Hautoberfläche Sauerstoff aufnehmen. Zum Schutz sind in der Haut Gifte gespeichert, von denen einige sehr gefährlich sind. Hautdrüsen, die manchmal zu Warzen angeschwollen sind, sondern eine giftige Flüssigkeit ab, die Fressfeinde mit ihrem bitteren Geschmack abschreckt. Manche Amphibienarten sind jedoch so giftig, dass es trotzdem schnell zu einer tödlichen Vergiftung kommen kann.

Eine Kröte macht Probleme

In den Hautdrüsen der tropischen Aga-Kröte (*Rhinella marina*) werden Gifte gebildet, die man als Bufotoxine bezeichnet. Sie schädigen Nerven und Muskeln. Die Kröte wurde 1935 in Australien eingeführt, um den Zuckerrohrkäfer zu bekämpfen. Wegen ihrer Giftigkeit wurde sie selbst nicht von Räubern gefressen. Sie konnte sich unkontrolliert verbreiteten und bedroht nun heimische Tierarten.

ZELLEN FÜR DIE FARBE

Wirbeltierhaut enthält Pigmentzellen in bis zu drei Ebenen. Die Zellen mit gelben oder roten Farbstoffen befinden sich in der obersten Ebene, die braunen oder schwarzen Melanine in der untersten. Eine mittlere Schicht, deren Kristalle blau, grün oder violett schimmern, findet man nur bei Fischen, Amphibien und Reptilien. Vögel und Säugetiere besitzen dunkle Pigmentzellen, die neben der Haut auch Federn und Haare färben.

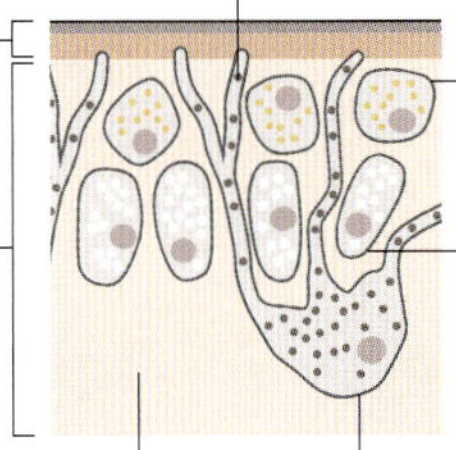

FARBZELLEN DER WIRBELTIERHAUT

HARLEKIN-SÜSSLIPPE
Plectorhynchus chaetodonoides

MANDARINFISCH
Synchiropus splendidus

LEOPARD-DRÜCKERFISCH
Balistoides conspicillum

GELBER SEGELFLOSSENDOKTOR
Zebrasoma flavescens

Farbe der Haut

Viele der auffälligen Farben, die die Tierwelt so wunderbar bunt machen, entstehen bei chemischen Prozessen in Hautzellen. Melanine sind für Braun- und Schwarztöne verantwortlich, Karotinoide für Gelb, Orange und Rot. Diese Pigmente verleihen auch Karotten, Narzissen und Eigelb die Farbe. Für Grün, Blau oder Violett sind meist keine Farbstoffe verantwortlich. Wir sehen diese Farben, wenn die Haut, die Schuppen oder die Federn eines Tiers das Licht brechen und reflektieren.

Pigmentzellen
In Hautzellen der Sepien (*Sepia* sp.) können sich Melanosomen (dunkle Organellen) ausdehnen oder kontrahieren. So erreicht das Tier in Sekundenschnelle eine stimmungsabhängige Farbveränderung.

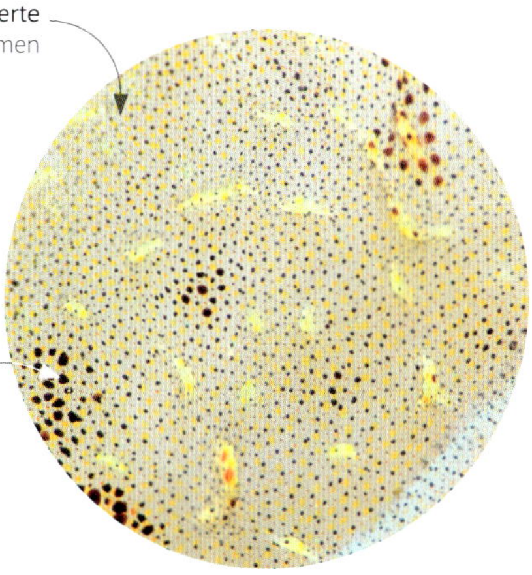

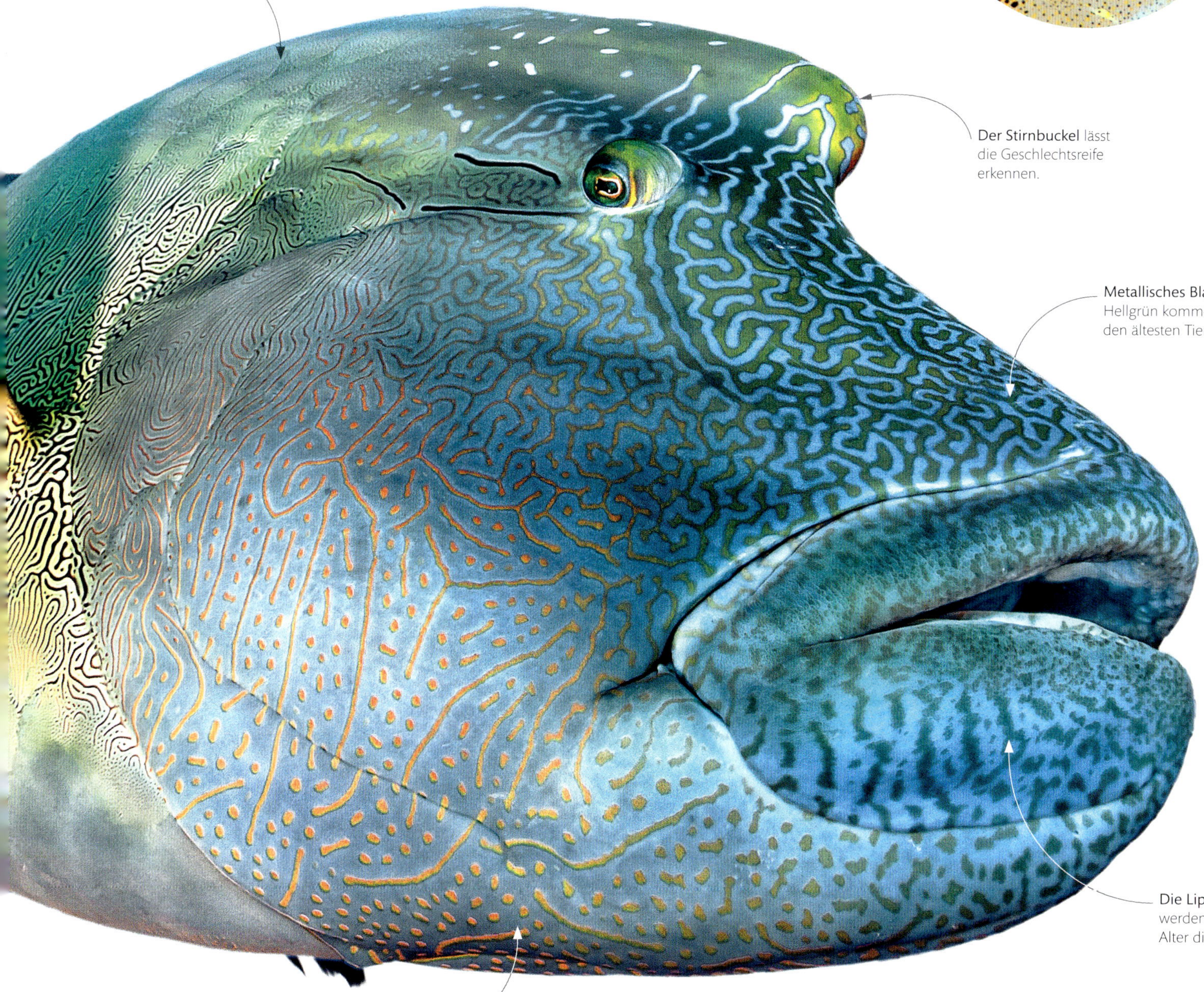

Ein farbenfroher Riffbewohner
In sonnendurchfluteten Korallenriffen signalisieren die Farben oft die Artzugehörigkeit oder Geschlechtsreife eines Fischs. Bei vielen Arten dominiert Blau, wie bei diesem Napoleon-Lippfisch (*Chelinus undulatus*), denn blaues Licht durchdringt das Wasser weiter als andersfarbiges Licht.

Die Färbung beruht auf einer pigmentierten Hautschicht, dem Tegmentum, das unter der Schalenoberfläche liegt.

Schalen**bildung**

Die Schale ist ein typisches Merkmal der Schnecken und anderer Weichtiere. Manche, wie die Nacktschnecken und Kraken, kommen ohne Schale aus, doch für die meisten ist sie ein wichtiger Schutz. Sie wird vom sogenannten Mantel gebildet, der aus der Haut und Muskulatur auf der Oberseite des Tiers besteht. In der Mantelhöhle befinden sich die Kiemen sowie die Öffnungen für die Exkretion und die Geschlechtsprodukte. An seiner Oberfläche sondert der Mantel die Substanzen ab, die zur Schale erhärten. Eine Schale kann einfach oder kompliziert gebaut sein.

Mit ihrer gemusterten Schale ist die Käferschnecke zwischen den Algen getarnt.

Der glatte Gürtel trägt helle Flecke oder Streifen.

GESTREIFTE KÄFERSCHNECKE
Tonicella lineata

Borsten befinden sich auf dem Gürtel der Schnecke.

HOLZ-KÄFERSCHNECKE
Mopalia lignosa

Die erste Platte der Schale bedeckt den Kopf der Käferschnecke.

Die acht Platten sind an den Rändern gekörnt. Die Oberseite wurde von den Wellen glatt geschliffen.

Der überhängende Mantelrand, den man als Gürtel bezeichnet, bedeckt die darunterliegenden Kiemen. Bei dieser Art ist er mit spitzen Kalknadeln besetzt.

Ein Kettenhemd

Käferschnecken sind Weichtiere, die relativ einfache Schalen bilden. Wie ihre Verwandten heftet sich die Westindische Käferschnecke (*Acanthopleura granulata*) an die Felsen. Ihre Schale besteht aus gelenkig miteinander verbundenen Platten, die von einem sogenannten Gürtel umgeben sind, dem Rand des Mantels.

WIE SCHALEN GEBILDET WERDEN

Der Mantel eines Weichtiers ist sehr muskulös und enthält in seiner Epidermis Drüsen, die für die Schalenbildung verantwortlich sind. Sie sondern das Eiweiß Conchiolin ab, das mit kalkhaltigen Stoffen verstärkt wird.

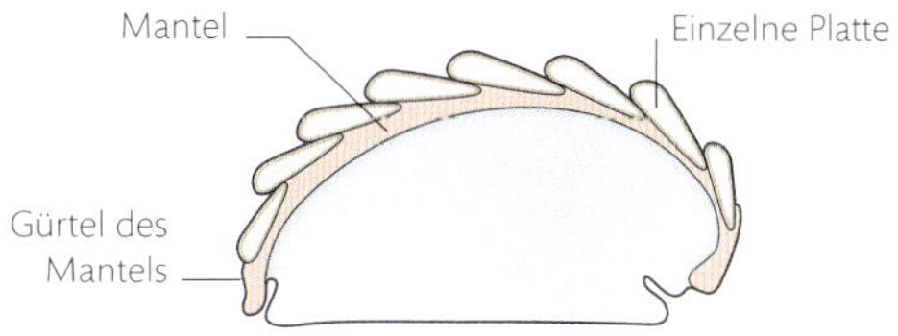

QUERSCHNITT EINER KÄFERSCHNECKE

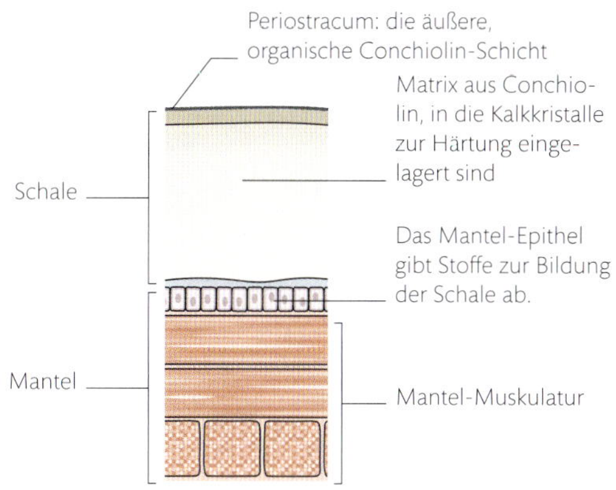

SCHALENBILDENDER MANTEL

Molluskenschalen

Die meisten Mollusken oder Weichtiere gehören zur Klasse der Schnecken oder der Klasse der Muscheln. Schnecken besitzen ein einteiliges, oft spiralförmig gedrehtes Gehäuse, Muschelschalen hingegen bestehen aus zwei mit einem Schloss verbundenen Hälften. Jede Klasse kann in Gruppen unterteilt werden, deren Schalen sich unterscheiden.

Schneckengehäuse

SPINDEL
Nicobar-Spindelschnecke
Fusinus nicobaricus

ZWIEBEL
Korallenschnecke
Rapa rapa

EI
Augenflecken-Kauri
Arestorides argus

BIRNE
Gebänderte Tulpenschnecke
Cinctura lilium

SCHRAUBE
Pfriemenschnecke
Terebra subulata

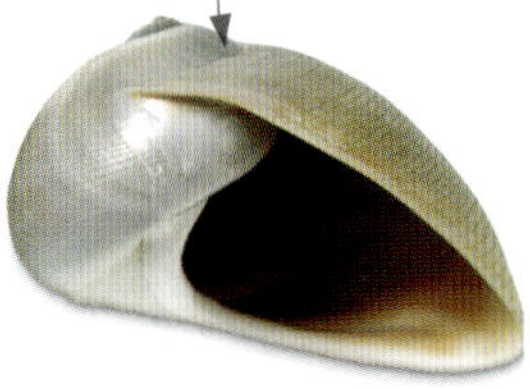

OHR
Boot-Mondschnecke
Sinum cymba

KAPPE
Barbados-Schlüssellochschnecke
Fissurella barbadensis

UNREGELMÄSSIG
Pelikanfuß
Aporrhais pespelecani

Muschelschalen

DISKUS
Ringel-Venusmuschel
Dosinia anus

FÄCHER
Kammmuschel
Chlamys australis

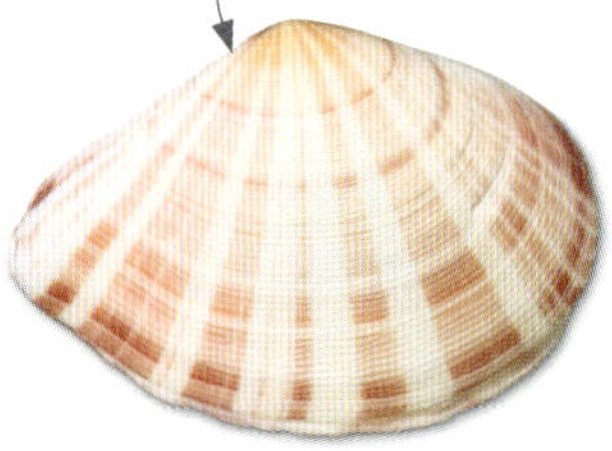

DREIECKIG
Gestreifte Tellmuschel
Tellina virgata

PADDEL
Riesen-Miesmuschel
Choromytilus chorus

FASS
Gerippte Harfenschnecke
Harpa costata

KREISEL
Hirases Schlitzschnecke
Perotrochus hirasei

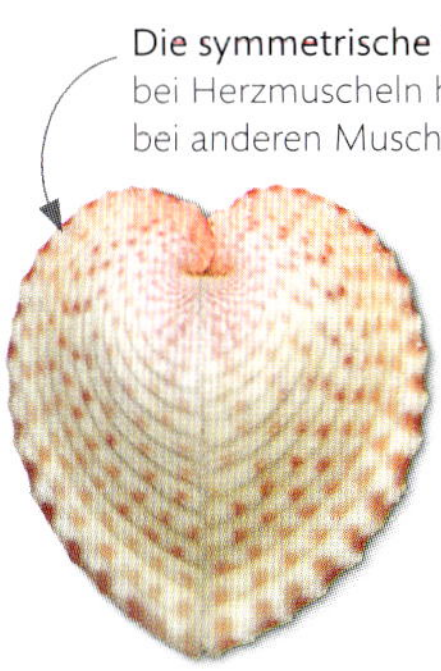

HERZ
Herzmuschel
Corculum cardissa

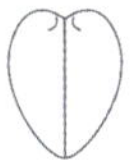

Tödliche Schönheit
Die Schale der Venuskammschnecke (*Murex pecten*), einer räuberischen Meeresschnecke, ist mit mehr als 100 langen, zerbrechlichen Stacheln besetzt. Sie halten Fische davon ab, das Tier zu fressen, verhindern das Einsinken im Sediment und helfen vielleicht auch beim Beutefang.

BAUCHIG

Wirbeltierschuppen

Schuppen bilden sich aus Hautfalten und bedecken das Tier wie ein beweglicher Panzer. Der Knochenkern der Fischschuppen entwickelt sich in der Dermis, einer unteren Schicht der Haut. Reptilienschuppen sind Teil der Epidermis und enthalten meist keinen Knochen. Sie bestehen aus Keratin und Ölen, die vor Austrocknung schützen.

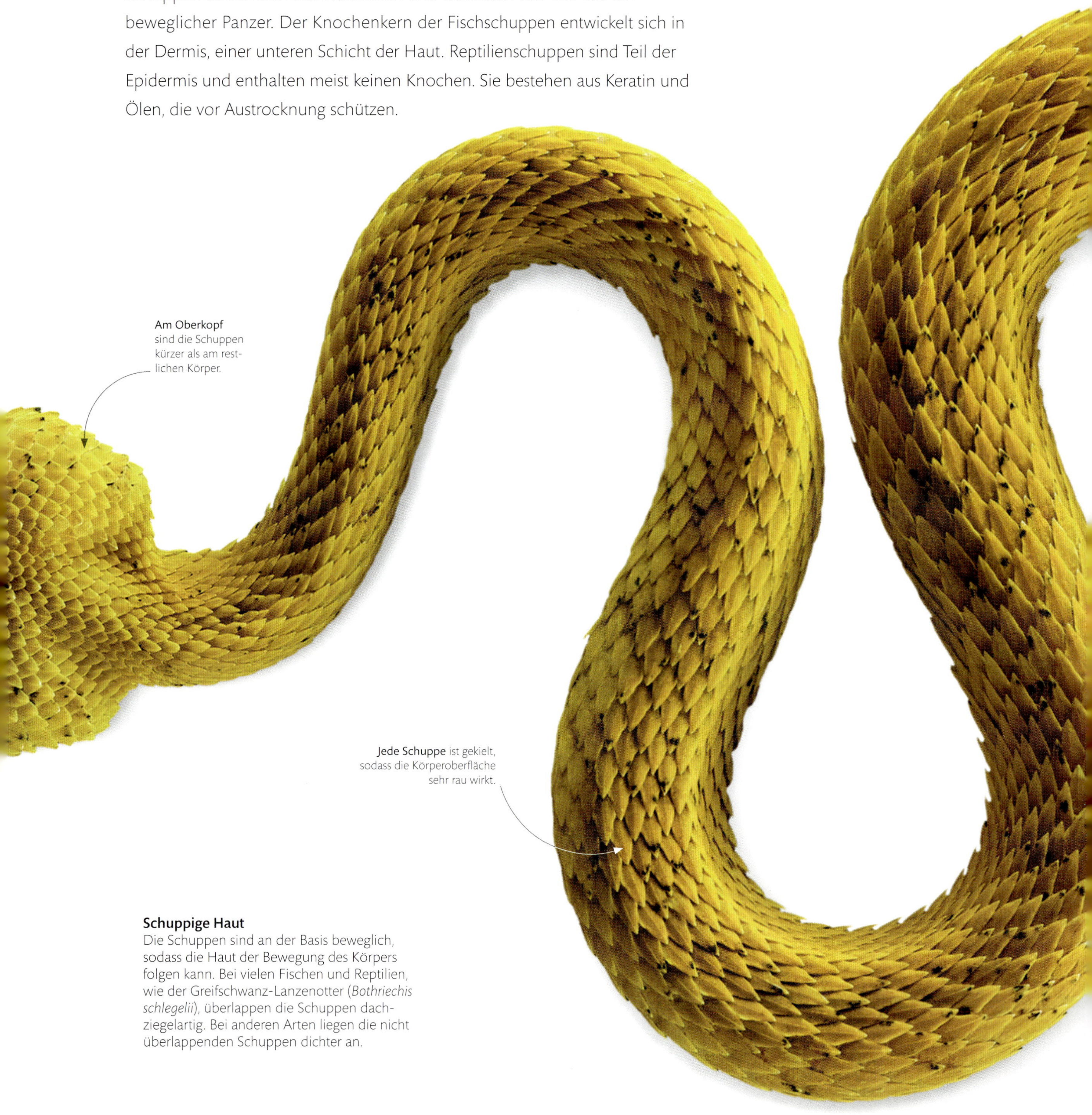

Schuppige Haut
Die Schuppen sind an der Basis beweglich, sodass die Haut der Bewegung des Körpers folgen kann. Bei vielen Fischen und Reptilien, wie der Greifschwanz-Lanzenotter (*Bothriechis schlegelii*), überlappen die Schuppen dachziegelartig. Bei anderen Arten liegen die nicht überlappenden Schuppen dichter an.

Vielfältige Schuppen
Fischschuppen haben sich als zahnartige Gebilde entwickelt: Placoid- und Ganoidschuppen enthalten Zahnschmelz und Dentin. Die Cycloid- und Ctenoid-Schuppen der meisten heutigen Fische enthalten dünne Knochenplättchen. Reptilienschuppen sind wohl unabhängig von Fischschuppen entstanden.

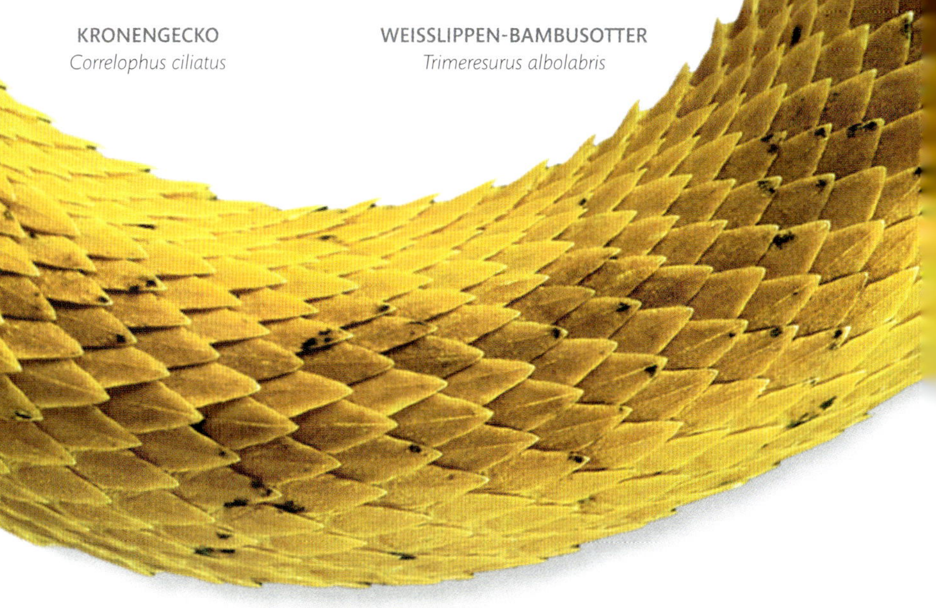

Fischschuppen

Die kleinen Placoidschuppen verleihen der Haut eine Sandpapiertextur.

GROSSGEFLECKTER KATZENHAI
Scyliorhinus stellaris

Ganoidschuppen sind wegen des Zahnschmelzes glatt und glänzend.

GEFLECKTER KNOCHENHECHT
Lepisosteus oculatus

Cycloidschuppen enthalten konzentrische Knochenringe.

ASIATISCHER GABELBART
Scleropages formosus

Ctenoidschuppen haben kammähnliche Ränder, die Turbulenzen verringern.

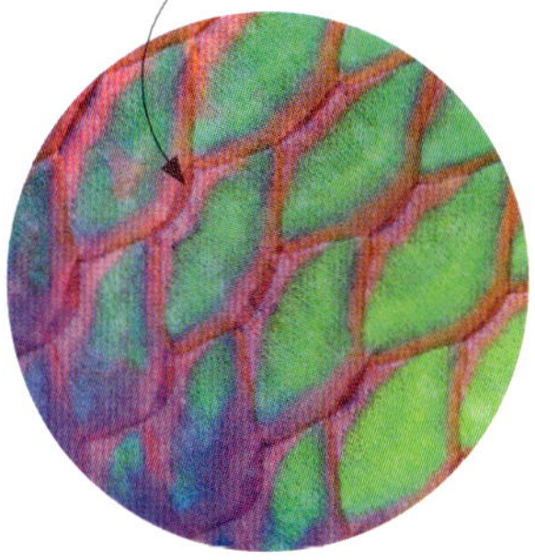

ROSTNACKEN-PAPAGEIFISCH
Scarus ferrugineus

Reptilienschuppen

Die perlenartigen Schuppen überlappen nicht.

KRONENGECKO
Correlophus ciliatus

Die sich überlappenden Bauchschuppen finden an Ästen Halt.

WEISSLIPPEN-BAMBUSOTTER
Trimeresurus albolabris

Die goldene Färbung ist eine der vielen Farbvarianten dieser Art. Andere Tiere sind rosa, grün oder braun, manchmal mit einer dunkleren Zeichnung.

Mississippi-Alligator
Krokodile wie dieser Mississippi-Alligator (*Alligator mississippiensis*) tragen Schuppen, die nicht überlappen. Sie bilden sich tief in der Haut, anders als die überlappenden Schuppen der Echsen und Schlangen, die der Epidermis entspringen. Wenn sich Krokodilhaut abnutzt, wird sie von neuer Haut ersetzt, die sich unter ihr bildet.

Die Haut des Kopfs ist mit dem Schädel verwachsen. Sie besteht aus sich nicht überlappenden Schilden.

Die Mitte einer jeden Schuppe wird durch Keratin verstärkt.

Die pigmentierten Erhebungen um die Schnauze sind Hautsinnesorgane, mit denen das Tier die Bewegungen der Beute wahrnehmen kann.

Die alte Haut wird abgestreift. Geckos fressen sie oft, um die enthaltenen Nährstoffe zu verwerten.

Zyklische Erneuerung der Haut
Krokodile erneuern ihre Haut kleinteilig. Echsen wie dieser Australische Dickschwanzgecko (*Underwoodisaurus milii*) und Schlangen häuten sich nach einem Wachstumszyklus und die alte Haut wird vollständig abgestreift.

Reptilienhaut

Die Schuppenhaut der Reptilien hat eine robuste, trockene Oberfläche, die die Verdunstung herabsetzt. So sind diese Tiere besser an das Leben an Land angepasst als ihre schuppenlosen Amphibienvorfahren. Die Reptilienhaut enthält zwei Keratinvarianten: Eine ist hart und spröde, die andere weich und biegsam. Die Kombination schützt den Körper vor Verletzungen und Austrocknung.

Die Rückenschuppen werden von Knochenplatten verstärkt, die man als Osteodermen bezeichnet.

Die Schuppen auf Rücken und Schwanz sind dick und bilden einen Panzer.

Gepanzerter Körper
Die Schuppen auf dem Rücken des Krokodils sind mit hartem Keratin bedeckt und gut durchblutet. Zur Temperaturregelung können sie Wärme aufnehmen und abgeben.

Die Nickhaut oder das dritte Augenlid gleitet über das Auge, um es feucht zu halten und unter Wasser und beim Angriff auf Beute zu schützen.

Hautfalten, insbesondere im Bereich der Kehle, enthalten Drüsen. Sie bilden vermutlich Pheromone, die bei der Balz freigesetzt werden.

Biegsames Keratin verbindet die benachbarten Schuppen.

FARBVERÄNDERUNG

Viele Tiere können mit Pigmenten in der Haut ihre Färbung verändern (siehe S. 99). Bei anderen, wie den Chamäleons, sind Guanin-Kristalle verantwortlich. Viele Reptilien und Amphibien besitzen spezielle Hautzellen, die Iridiophoren, die diese Kristalle enthalten (siehe S. 98). Chamäleons können sie über ihr Nervensystem steuern und so binnen Sekunden ihre Färbung verändern.

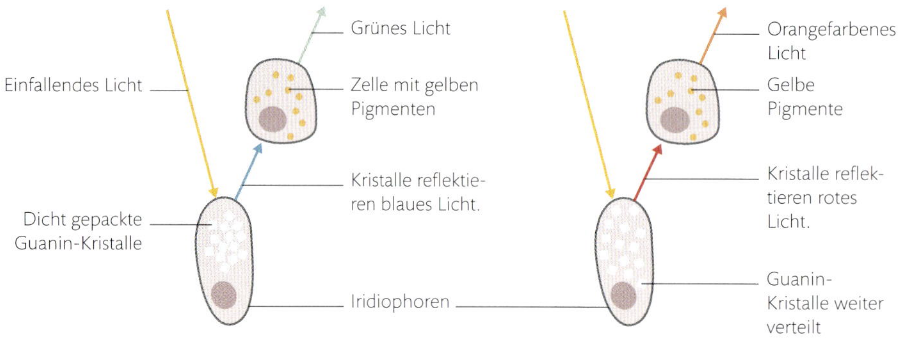

HAUT EINES ENTSPANNTEN CHAMÄLEONS HAUT EINES ERREGTEN CHAMÄLEONS

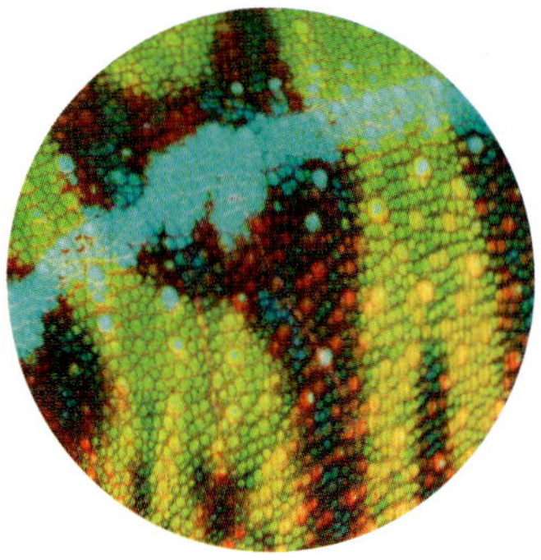

GRÜNE HAUT

ORANGEFARBENE HAUT

Farbwechsel
Bei den meisten Pantherchamäleons verändert sich die Grundfarbe Grün, die Entspannung anzeigt, zu einem leuchtenden Orange oder Rot, das Erregung signalisiert. Das entspannte Tier ist zwischen den Blättern seines Lebensraums besser getarnt.

Bunte Werbung

Verfügen Tiere über das entsprechende Sehvermögen, können Farben deutliche Signale aussenden. Viele Tiere zeigen mit auffälliger Färbung ihre Geschlechtsreife an oder vertreiben auf diese Weise Rivalen. Andere Arten verändern ihre Farben willkürlich über Nerven oder Hormone. Farbsignale können sich an Artgenossen richten und zum Ausfechten der Rangordnung eingesetzt werden. Auch Aggression oder Paarungsbereitschaft wird häufig signalisiert. Bei einem kurzzeitigen Farbwechsel besteht kaum die Gefahr, dass die auffällige Erscheinung Fressfeinde anlockt.

Regenbogenhaut

Rot-grüne Pantherchamäleons (*Furcifer pardalis*) wie dieses Tier bilden eine der Farbformen der Art. Die Varianten kommen in unterschiedlichen Regionen Madagaskars vor. Männchen sind bunter als Weibchen und setzen ihre Farbenpracht ein, wenn sie Rivalen oder eine Partnerin beeindrucken wollen.

Chamäleon (etwa 1612)
Das überlebensgroße Chamäleon des Künstlers Ustad Mansur ist in seinem natürlichen Lebensraum dargestellt.

Eichhörnchen in einer Platane (etwa 1610)
Die Miniatur mit verspielten Eichhörnchen wird Abu al-Hasan zugeschrieben, einem Günstling des Mogulreichs. Es handelt sich wohl um die im Reich des Herrschers Jahangir nicht heimischen Eurasischen Eichhörnchen. Vermutlich konnte man die Tiere in seinem Privatzoo beobachten. Die liebevolle und exakte Darstellung der Tiere deutet auf eine Zusammenarbeit mit dem Kollegen Ustad Mansur hin.

Tiere in der Kunst

Im Mogulreich

Die mächtigen und wohlhabenden Moguln, die Indien und einen großen Teil Südasiens vom 16. bis zum 18. Jahrhundert regierten, hatten einen ausgeprägten Sinn für Ästhetik. Miniaturen von Legenden, Schlachten und Jagdszenen schätzte man sehr. Der vierte Herrscher, Jahangir, interessierte sich für die Naturgeschichte und gab exakte Abbildungen der Flora und Fauna in Auftrag. Heute sind diese Kunstwerke sehr begehrt.

Unter der Herrschaft der Moguln Humayun, Akbar und Jahangir reisten bedeutende Künstler aus Persien (dem heutigen Iran), Zentralasien und Afghanistan in das wohlhabende Mogulreich. Beim Anfertigen von Miniaturen arbeiteten oft Kalligrafen und Künstler zusammen. Bevor die Farben mit feinen Haarpinseln in dünnen Schichten aufgetragen wurden, brachte man eine weiße Grundierung auf. Zum Abschluss wurden die Werke mit einem Achat poliert. Jahangirs Günstlinge Abu al-Hasan und Ustad Mansur bereisten mit ihm das Reich und ihr Werk gilt als wahres Wunder dieser Periode. Jahangirs Interesse an Tieren belegen Auflistungen der Tierarten, die man ihm brachte: ein seltener Falke vom Schah von Persien, ein Zebra aus Abessinien sowie ein Truthahn und ein Wallichfasan, den ein Abgesandter aus dem indischen Goa mitbrachte. Die beiden Dronten in Jahangirs Menagerie in Surat waren vermutlich Geschenke von Händlern.

»Er hatte mehrere seltsame und außergewöhnliche Tiere mitgebracht … Ich befahl den Künstlern, sie zu malen.«

JAHANGIR, IN *TUZUK-E-JAHANGIRI*, 1627

Eine Dronte in Farbe (um 1627)
Ustad Mansur, im 17. Jahrhundert einer der bedeutendsten Künstler am Hof des Herrschers Jahangir, arbeitete auf Anweisung des Moguls. Er stellte seltene Tiere und Pflanzen dar. Vermutlich malte er dieses Bild, eine der wenigen farbigen Darstellungen einer Dronte.

Kragen und Wammen

Körperteile, die nur bei Bedarf präsentiert werden, eignen sich am besten zum Imponieren. Wären solche auffälligen Merkmale ständig zu sehen, könnten sie die Aufmerksamkeit von Räubern erregen. Außerdem ist die Wirkung größer, wenn der Adressat sie plötzlich zu Gesicht bekommt. Einige Echsen richten mit einem an der Kehle befindlichen Knochenapparat Hautlappen auf. Dies kann ein Signal für Artgenossen sein oder die Echse größer wirken lassen, sodass Fressfeinde abgeschreckt werden.

Aufgestellter Kragen
Die Kragenechse (*Chlamydosaurus kingii*) reißt das Maul auf und präsentiert ihren Kragen, wenn sie ihr Revier verteidigt oder einen Fressfeind abschrecken will. Der Zungenbeinapparat besteht aus langen, nach hinten gerichteten Ceratobranchial-Knochen. Muskeln können sie aufrichten, sodass die Haut wie ein Fächer aufgespannt wird.

AUFGESTELLTER KRAGEN

SIGNALE IM BEREICH DER KEHLE

Leguane und Saumfingerechsen richten mit Muskeln des Zungenbeinapparats eine Wamme oder Kehlfahne auf, die bei manchen Arten leuchtend bunt ist. Oft nickt die Echse zusätzlich mit dem Kopf, um mit Artgenossen zu kommunizieren. Meistens handelt es sich dabei um Balzverhalten.

GRÜNER LEGUAN *Iguana iguana*

Der zusammengefaltete Kragen liegt am Körper an.

KRAGEN ANGELEGT

Auf der Flucht läuft die Echse nur auf ihren kräftigen Hinterbeinen.

KRAGEN HALB ANGELEGT

Der Hautkragen wird mithilfe der Ceratobranchial-Knochen an der Kehle aufgerichtet.

Waffen und Kämpfe

Körperliche Auseinandersetzungen sind oft gefährlich. Deshalb vermeiden die meisten Tiere Kämpfe, auch wenn sie über Waffen verfügen. Manchmal jedoch lohnt es sich, das Risiko einzugehen. Die Kiefer der männlichen Hirschkäfer sind so groß, dass die Tiere sie beim Fressen nicht gebrauchen können. Doch sie kommen zum Einsatz, wenn die Käfer sich gegenseitig wegdrücken, um Nahrung oder eine Partnerin zu erobern. Wie bei echten Hirschen (siehe S. 88–89) siegt dabei der Stärkere.

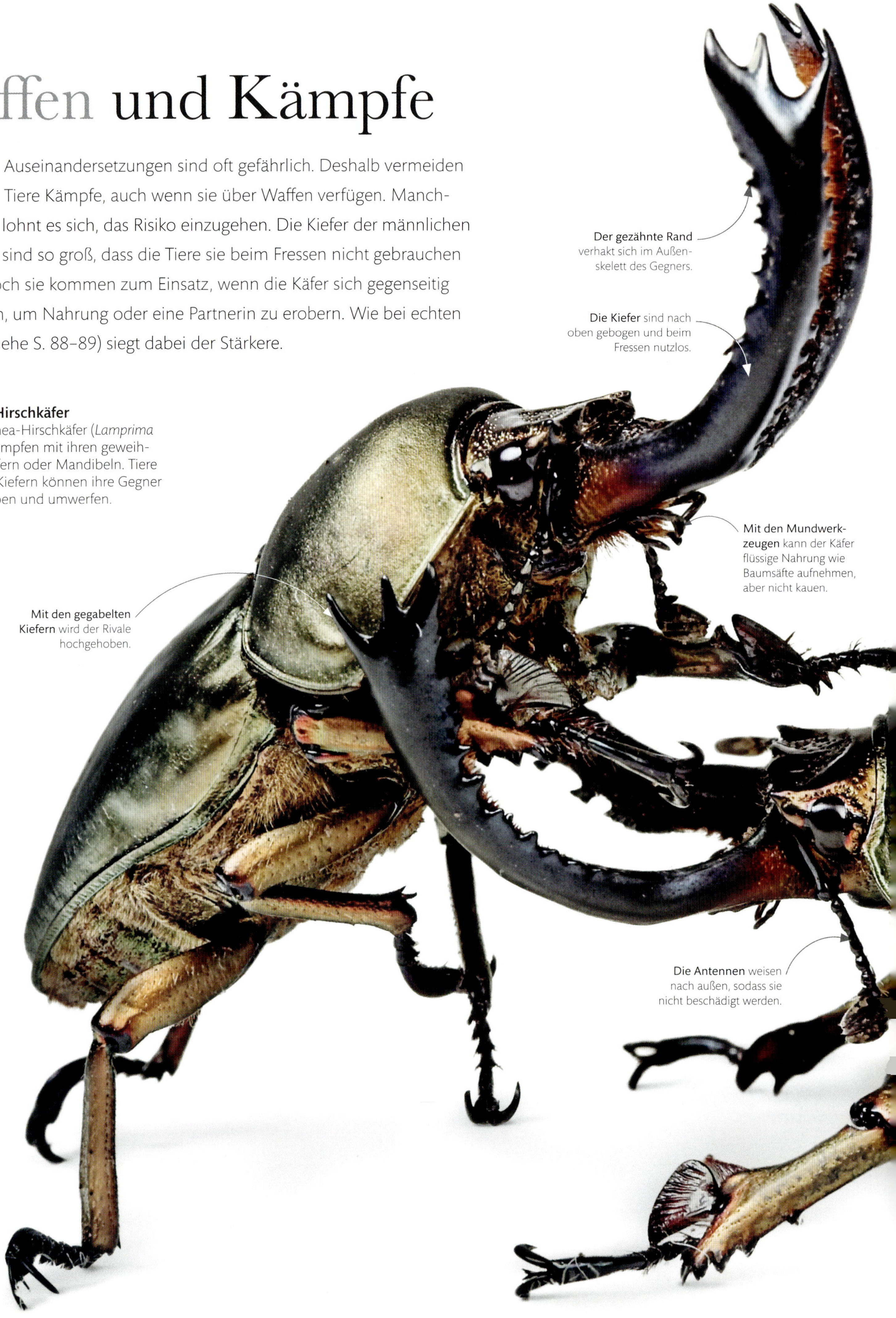

Kämpfende Hirschkäfer
Diese Neuguinea-Hirschkäfer (*Lamprima adolphinae*) kämpfen mit ihren geweihähnlichen Kiefern oder Mandibeln. Tiere mit größeren Kiefern können ihre Gegner in die Luft heben und umwerfen.

WACHSTUMSRATEN

Körperteile, die zum Imponieren oder als Waffen eingesetzt werden, wachsen schneller als der Rest des Körpers und werden daher unverhältnismäßig größer. Hier ist das Wachstum der Schere eines Winkerkrabben-Männchens in Relation zu seiner Körpergröße dargestellt. Mit der vergrößerten Schere misst es sich mit Rivalen oder imponiert Weibchen.

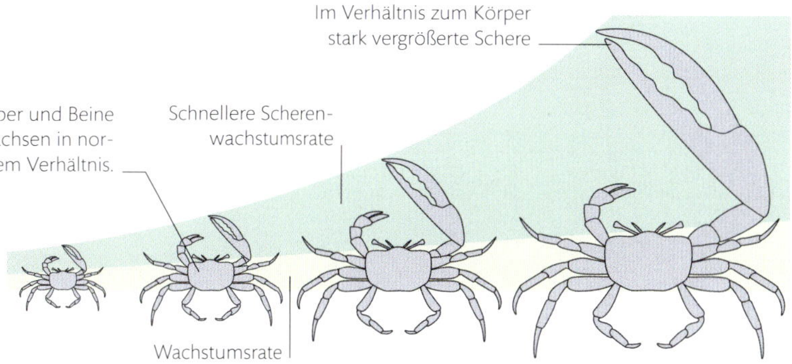

VERGLEICH VON KÖRPER- UND SCHERENGRÖSSE

Waffen für beide Geschlechter
Sowohl die Männchen als auch die Weibchen des Purpur-Skarabäus (*Coprophanaeus lancifer*), der in der Amazonasregion vorkommt, besitzen Hörner. Die Männchen kämpfen mit ihnen um die Weibchen, während die Weibchen tote Tiere gegen andere Weibchen verteidigen. Diese werden als Nahrung für die Larven vergraben.

Getarnter Plattfisch
Der Pfauenbutt (*Bothus lunatus*) schwimmt anfangs aufrecht, verändert aber im Verlauf des Wachstums sein Aussehen dramatisch. Das rechte Auge des Fischs wandert auf seine linke Seite. Die rechte Seite des Butts wird zu seiner Unterseite, während die linke – nun mit beiden Augen – eine fleckige Tarnfarbe bekommt. Auf dem Meeresgrund ist der Fisch kaum zu sehen.

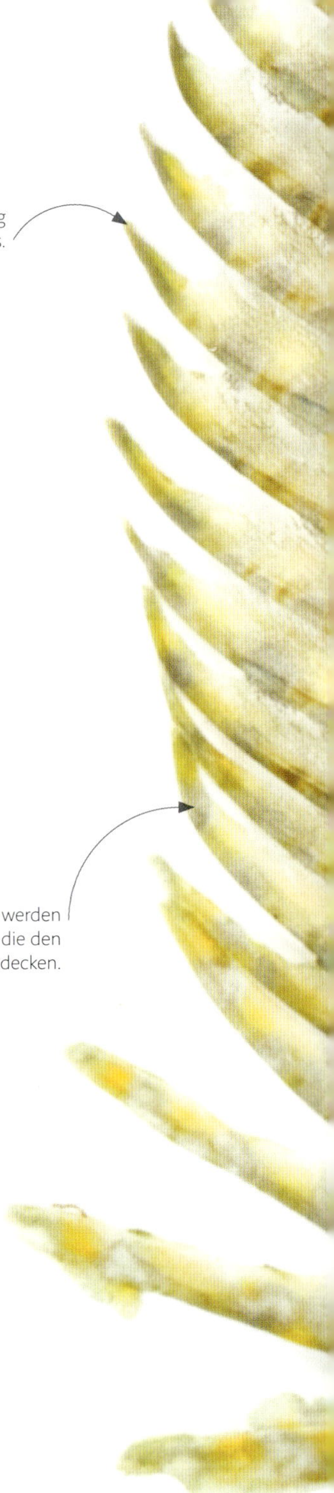

Perfekt getarnt

Eine gute Tarnung nützt Fischen in verschiedener Hinsicht. Verletzliche Tiere ohne Verteidigungsmöglichkeiten entgehen der Aufmerksamkeit der Jäger, während sich Raubfische tarnen, um ihre Beute überraschen zu können. Die meisten Tiere mit einem Tarnkleid sind dank ihrer Form und Färbung in ihrer natürlichen Umgebung kaum zu sehen. Andere Arten können mithilfe ihres Nervensystems ihr Aussehen so verändern, dass sie sich dem Untergrund anpassen.

PFAUENBUTT AUF FEINKÖRNIGEM UNTERGRUND

PFAUENBUTT AUF GROBKÖRNIGEM UNTERGRUND

Das Muster wird angepasst
Der Pfauenbutt kann sich dank spezieller Pigmentzellen (siehe S. 98) in Farbe und Zeichnung seinem Untergrund anpassen. Diese Zellen enthalten Pigmente, die sich konzentrieren oder ausbreiten können, sodass die Haut aufgehellt oder verdunkelt wird. Der Fisch nimmt seine Umgebung optisch wahr und schüttet Hormone aus, die die Pigmentkonzentration in der Haut in Sekundenschnelle passend zum Untergrund verändern.

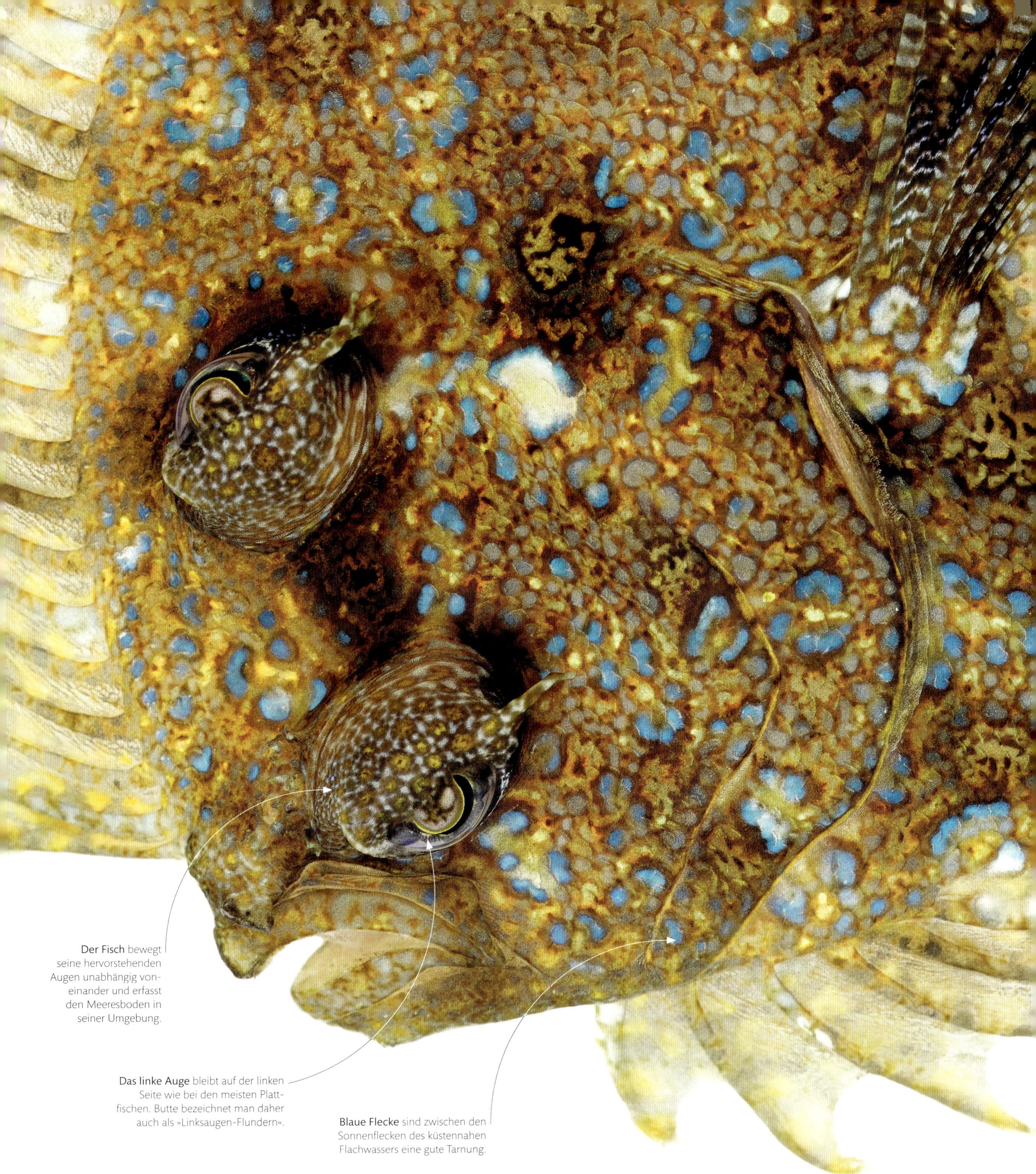

Der Fisch bewegt seine hervorstehenden Augen unabhängig voneinander und erfasst den Meeresboden in seiner Umgebung.

Das linke Auge bleibt auf der linken Seite wie bei den meisten Plattfischen. Butte bezeichnet man daher auch als »Linksaugen-Flundern«.

Blaue Flecke sind zwischen den Sonnenflecken des küstennahen Flachwassers eine gute Tarnung.

Laubheuschrecke

Weil sie die Beute von Vögeln, Reptilien, Fledermäusen, Säugetieren, Spinnen und anderen Insekten ist, ist die wehrlose Flechten-Laubheuschrecke (*Markia hystrix*) in ihrem Lebensraum, dem Regenwald, auf Tarnung angewiesen. Ihre Mimikry ist wirklich verblüffend.

Die Flechten-Laubheuschrecke, die in Mittel- und Südamerika vorkommt, ist eine nachtaktive Baumbewohnerin. So entgeht sie tagaktiven und auf dem Boden jagenden Fressfeinden. Ihre Überlebenschancen sind höher, weil sie in der Farbe, der Körperform und ihren Bewegungen so angepasst ist, dass sie sich kaum von der Bartflechte (*Usnea* sp.) unterscheidet, von der sie sich ernährt.

Abgesehen von der grün-weißen Färbung, mit der die Laubheuschrecke die Flechte nachahmt, ähneln Dornen am Körper und an den Beinen den Verzweigungen des Futters. Deshalb ist das zierliche Insekt für Räuber kaum zu erkennen. Auch die Flügel der erwachsenen Laubheuschrecke tragen eine flechtenartige Zeichnung. Außerdem bewegt sich das Tier sehr langsam. Nur bei direkter Bedrohung fliegt es auf und davon. Viele Laubheuschreckenarten sind außergewöhnlich gut getarnt. Manche ähneln Blättern, Moosen, Borke oder sogar Felsen. Die Körper von Arten, die Blätter imitieren, weisen sogar farblich stimmige Blattadern und Fraßlöcher auf. Oft sehen die Mitglieder einer Art sehr unterschiedlich aus, was es den Räubern zusätzlich schwerer macht, die Insekten von Blättern zu unterscheiden.

Perfekte Tarnung
Die junge Flechten-Laubheuschrecke hat noch keine Flügel, ist jedoch farblich perfekt angepasst – bis hin zu den dunklen Flecken, die den Leerraum zwischen den Teilen der Flechte imitieren.

Im Moos getarnt
Die Auswüchse der Moos-Laubheuschrecke (*Championica montana*), die in Costa Rica und Panama vorkommt, sind Stacheln.

Falsches Narbengewebe
Wie die nicht mit ihnen verwandten Schildläuse ähneln manche Laubheuschrecken verheilten Rissen und Narben in der Borke.

Vogelfedern gibt es in den verschiedensten Farben. Schwarz und Braun beruhen auf dem Pigment Melanin und Gelb und Rot werden durch entsprechende Ernährung verstärkt. Blau, Violett und Grün kommen durch die Lichtbrechung an Federstrukturen zustande (siehe S. 98).

GABELRACKE
Coracias caudatus

GEIERPERLHUHN
Acryllium vulturinum

KUBAFLAMINGO
Phoenicopterus ruber

KRONENKRANICH
Balearica regulorum

EDELPAPAGEI (MÄNNCHEN)
Eclectus roratus

ARGUSFASAN
Argusianus argus

Federn

Vögel sind die einzigen heute lebenden Tiere, die Federn tragen. Die Federn sind wahrscheinlich aus modifizierten Schuppen ihrer Dinosauriervorfahren hervorgegangen. Doch ob diese Protofedern ursprünglich dazu dienten, den Körper zu wärmen, oder das Gleiten und Fliegen ermöglichten, ist unsicher. Bei heutigen Vögeln erfüllen sie beide Zwecke . Eine Daunenschicht dient der thermischen Isolation, während steife Federn dem Körper seine Stromlinienform verleihen und für den Auftrieb sorgen, der den Vogel durch die Luft trägt.

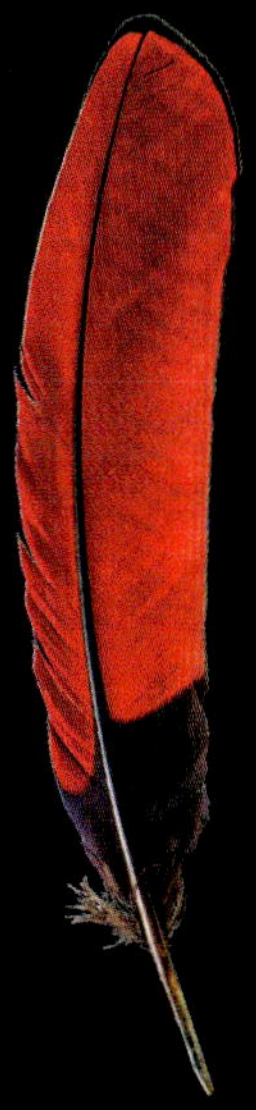

SCHILDTURAKO
Musophaga violacea

MALAIEN-HORNVOGEL
Anthracoceros malayanus

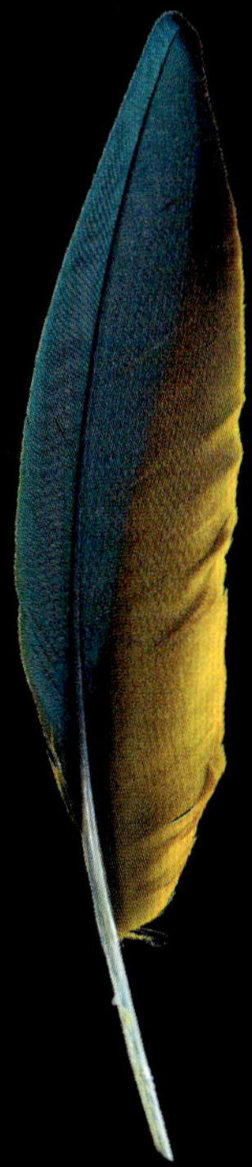

ROTOHR-ARA
Ara rubrogenys

ROTFUSS-SERIEMA
Cariama cristata

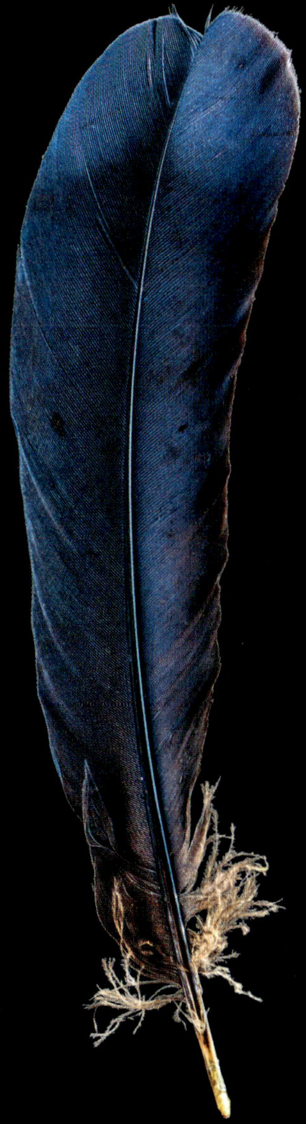

FÄCHERTAUBE
Goura victoria

FEDERTYPEN

Federn wachsen aus Follikeln und bestehen aus Kiel und Fahne. Die Fahne entspringt als Platte den Keratin bildenden Zellen. Dann trennt ein System von Schlitzen die Federäste auf. Winzigen Haken- und Bogenstrahlen verbinden die Äste (siehe S. 123). Daunenfedern isolieren vor der Kälte und Fadenfedern dienen der Wahrnehmung.

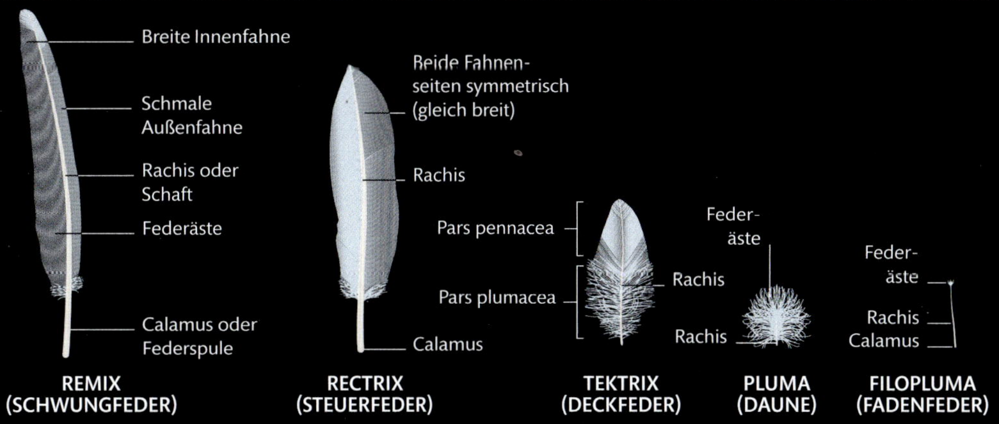

Die Handschwingen sind asymmetrisch. Die schmale Außenfahne durchschneidet die Luft.

Schwungfedern

Um einen Vogel in der Luft zu halten, sind besondere Federn nötig. Die größten und steifsten Federn der Flügel und des Schwanzes, die Schwung- und Steuerfedern, sind direkt mit dem Skelett verbunden. Sie machen einen großen Teil der Flügel- und Schwanzoberflächen aus. Die Federäste sind ähnlich wie ein Reißverschluss mit Bogen- und Hakenstrahlen verbunden, sodass sie eine ununterbrochene Fläche bilden.

Mit den Federn abbremsen
Die Schwung- und Steuerfedern der Flügel und des Schwanzes dienen vor dem Landen als Bremse. Bei diesem Grünflügel-Ara machen sie mehr als die Hälfte der Federn aus und die auffälligen Steuerfedern sind so lang wie der Kopf und der Körper zusammen.

Der Vogel spreizt seine Steuerfedern (Rectrices), um für die Landung abzubremsen.

Vielfarbige Flügel

Die leuchtend gefärbten Schwungfedern oder Remiges dieses Grünflügel-Aras (*Ara chloropterus*) sind oben blaugrün und an der Unterseite rot. Sie sind mit Bändern direkt mit den Flügelknochen verbunden, sodass sie fest verankert sind, wenn die Flügel sich vor- und zurückbewegen.

SCHWUNGFEDER-KONSTRUKTION

Der zentrale Schaft der Schwungfeder spaltet sich zuerst in Federäste und dann in Haken- und Bogenstrahlen auf, die gerade noch mit dem Auge zu erkennen sind. Die Hakenstrahlen tragen winzige Häkchen, die um die Bogenstrahlen greifen, sodass die Federfahne immer geschlossen ist und eine glatte, aerodynamische Oberfläche bildet.

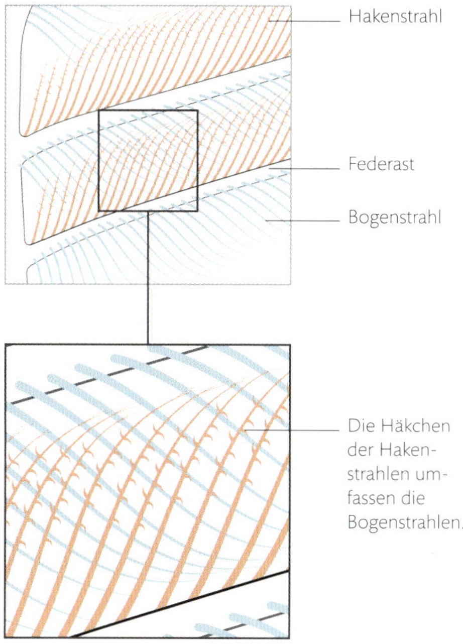

VERBINDUNG DER FAHNE

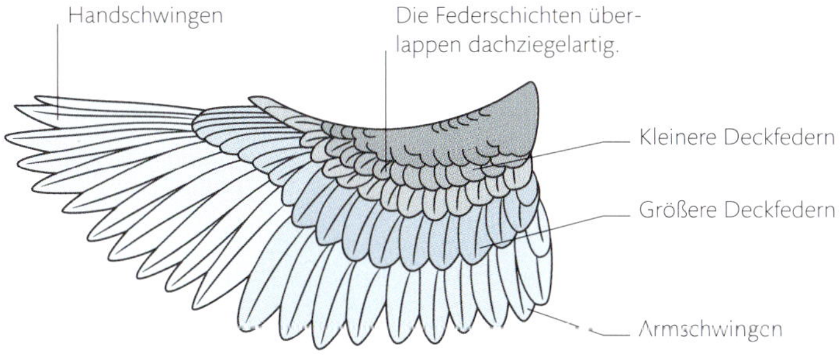

FLÜGELOBERSEITE

FLÜGELUNTERSEITE

Federn des Flügels
Alle Schwungfedern (Remiges) besitzen schmale Außenfahnen, sodass sie asymmetrisch sind. Die darüber und darunter liegenden Deckfedern sind dagegen fast symmetrisch.

Schauspieler, die im Verborgenen leben
Tief im dichten Regenwald leben einige Vögel mit besonders extravagantem Gefieder. Zu ihnen gehört die Rotbrust-Krontaube (*Goura scheepmakeri*), die in Neuguinea vorkommt. Nur diejenigen, die von Bedeutung sind, bekommen die prachtvollen Vögel zu Gesicht, nämlich potenzielle Partner. Männchen und Weibchen gleichen sich.

Die Aufmerksamkeit erregen
Die Männchen vieler Vogelarten, wie die dieses Bänderparadiesvogels (*Semioptera wallacii*), balzen in Gruppen an Balzplätzen, die man Leks nennt. Die Weibchen suchen sich dort einen Partner aus. Das fantastische Gefieder des Männchens dient in erster Linie der Balz. Das Weibchen ist gut getarnt, denn es muss seine Brut allein großziehen.

Die Federn der Krone besitzen keine Häkchen und keinen steifen Schaft.

Prachtgefieder

Vögel setzen ihre Federn auf verschiedenste Weise bei der Balz ein. Die Federfahnen können lang und steif sein, wie im Schwanz eines Fasans, oder buschig, wie bei Straußenfedern. Manche sind leuchtend bunt, um aufzufallen, andere unscheinbar tarnfarben. Anders als die meisten Säugetiere sind Vögel oft auffällig geschmückt, vielleicht, weil sie bei Gefahr davonfliegen können. Weil sie mehr Farben sehen können, werden diese als soziale Signale eingesetzt, um Partnerinnen anzulocken und Feinde abzuschrecken.

Die Federn der Krone bilden eine Reihe und stehen ständig aufrecht.

Leuchtend gelbe Kehlsäcke tragen zum optischen Eindruck bei. Der Vogel entlässt die Luft mit einem trommelnden Geräusch.

Beeindruckende Tänze
Vögel können den Effekt ihrer Balz steigern, indem sie Aussehen und Choreografie kombinieren. Das männliche Beifußhuhn (*Centrocercus urophasianus*) stolziert mit gespreizten Schwanzfedern und aufgeblasenen Kehlsäcken vor den Hennen umher.

Schutz vor der Kälte

Behaarte Haut ist ein wesentliches Merkmal der Säugetiere. Haare bestehen aus Keratin, dem gleichen robusten Eiweiß, das die Hautoberfläche aller an Land lebenden Wirbeltiere verstärkt. Säugetiere, die an den kältesten Orten und unter den unwirtlichsten Bedingungen leben, tragen ein besonders dichtes Fell. Deshalb bleibt ausreichend Körperwärme im Bereich ihrer Haut, sodass sie auch bei Temperaturen um den Gefrierpunkt und darunter überleben und aktiv bleiben können.

DOPPELTE FELLSCHICHTEN

Alle Haare entspringen speziellen Taschen in der Epidermis, den Follikeln. Es gibt zwei Typen: die Deckhaare und die Wollhaare, die die Unterwolle bilden. Wollhaare verhindern das Entweichen der Luft in Hautnähe und verringern den Wärmeverlust. Zudem können winzige Muskeln die Deckhaare aufrichten, sodass sich das Fell sträubt. Dies sorgt bei Kälte für eine zusätzliche Isolation.

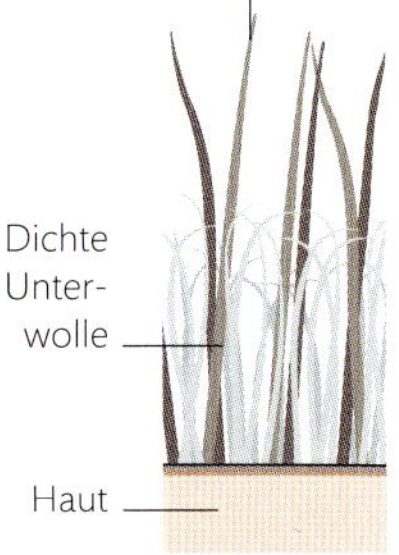

WINTERFELL

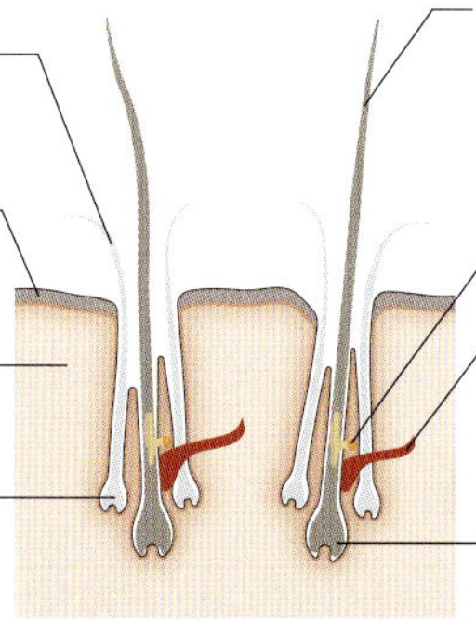

HAARWACHSTUM

Der Frühling naht
In der eisigen Tundra ist der Polarfuchs (*Vulpes lagopus*) mit seinem dichten Fell gut geschützt. Hunderte von Haaren wachsen auf jedem Quadratzentimeter. Bei diesem Tier, das ein Gänseei trägt, hat der Fellwechsel schon begonnen. An einigen Stellen ist bereits das dunklere Sommerfell zu erkennen.

Farbe
Die Farben des Fells und die Muster, wie eine Konterschattierung (ein heller Bauch im Kontrast zu einem dunkleren Rücken), dienen oft der Tarnung. Einige Zeichnungen, wie die Flecken der Giraffe und die Streifen des Zebras, sind vielleicht auch der Temperaturregelung und im Fall des Zebras der Abwehr von Fliegen geschuldet. Viele schwarz-weiß gemusterte Säugetiere warnen mit dieser Färbung ihre Feinde vor ihren Giften oder ihrer Wehrhaftigkeit.

WARNUNG
Streifenskunk
Mephitis mephitis

KONTERSCHATTIERUNG
Hirschziegenantilope
Antilope cervicapra

Struktur
Fell kann dünn oder dick sein, glatt oder rau. Die Tiere der gemäßigten oder heißen Klimazonen haben meist kürzere, einheitliche Haare, doch die Bewohner extrem kalter Gebiete tragen ein sehr dickes oder doppelschichtiges Fell, das aus weicher, isolierender Unterwolle und grobem, wasserabweisendem Deckhaar besteht.Maulwürfe haben ein samtartiges Fell ohne Strich, das in keiner Richtung Reibung erzeugt. Sogar die Stacheln mancher Säugetiere sind modifizierte Haare.

KURZES FELL, EINHEITLICHE LÄNGE
Löwe
Panthera leo

DOPPELSCHICHTIGES FELL
Moschusochse
Ovibos moschatus

WOLLE
Dall-Schaf
Ovis dalli

STACHELN
Kleiner Igeltanrek
Echinops telfairi

GEFLECKT
Nordchinesischer Leopard
Panthera pardus japonensis

GEFLECKT
Netzgiraffe
Giraffa camelopardalis reticulata

GESTREIFT
Steppenzebra
Equus quagga

WASSERABWEISEND
Seehund
Phoca vitulina

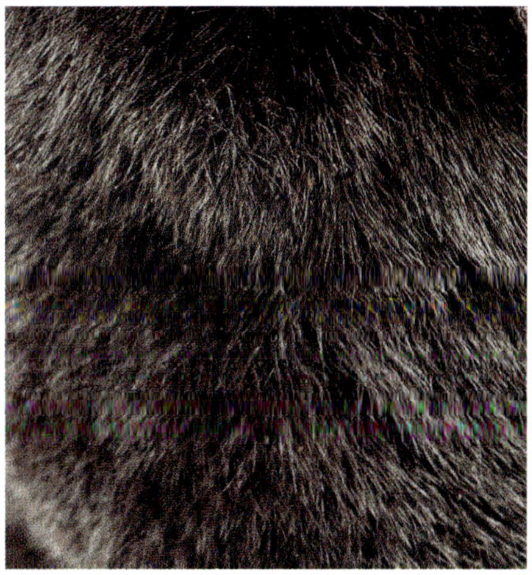

DIE REIBUNG VERMINDERND
Europäischer Maulwurf
Talpa europaea

RAU
Braunkehl-Faultier
Bradypus variegatus

Fell der Säugetiere

Einzelne Haare, Vibrissen oder ein Fell, das die Säugetierhaut bedeckt, bestehen aus einem Protein namens Keratin. Das Fell schützt und wärmt nicht nur. Es tarnt Räuber und ihre Beute, vermindert die Reibung und kann Geschlechtsreife signalisieren. Manche Farben und Muster haben noch andere Funktionen.

Das dichteste Fell der Welt
Bis zu 155 000 Haare wachsen auf jedem Quadratzentimeter Haut. So kann der Seeotter (*Enhydra lutris*) seine Körpertemperatur in bis zu 1 °C kaltem Wasser auch ohne eine dicke, isolierende Fettschicht aufrechterhalten.

Blauer Fuchs (1911)
Tiere waren für Franz Marc die wichtigsten Motive und ihnen wandte er sich in seinem kurzen Leben immer wieder zu. Der deutsche Maler und Grafiker vereinfachte die Konturen und setzte seine Farben gleichsam spirituell ein. Er versuchte sich »in die Seele des Tieres zu versenken«.

Zwei Krabben (1889)
Vincent van Gogh malte in diesem Stillleben leuchtend rote Krabben auf einem meergrünen Untergrund. Mit den Komplementärfarben erzielte er einen erstaunlichen Effekt. Der niederländische Post-Impressionist mag dabei von einem Holzschnitt des japanischen Meisters Hokusai angeregt worden sein.

Tiere in der Kunst

Expressionismus

Zu Beginn des 20. Jahrhunderts suchten Künstler nach neuen Wegen, der Hektik und Komplexität des modernen Lebens zu begegnen. Die Expressionisten reduzierten auf Form und Farbe, statt ihre Motive naturgetreu wiederzugeben. Manche Kritiker bezeichneten französische Maler wie Henri Matisse und Georges Rouault als „Wilde" (Fauves), weil sie ihre Gefühle mit lebhaften Farben zum Ausdruck brachten und beim Betrachter emotionale Reaktionen hervorriefen.

Während die Impressionisten des späten 19. Jahrhunderts sich mit flüchtigen Veränderungen des Lichts beschäftigten, schlugen die Post-Impressionisten eine neue Richtung ein. Die obsessive Auseinandersetzung mit Farbe und Form in den Werken Vincent van Goghs war ein Schritt auf dem Weg zur abstrakten Malerei und eine Inspiration für den deutschen Expressionisten Franz Marc. Wie den „Wilden" war Marc Empathie für die Natur ausgesprochen wichtig. Tiere waren für ihn der Schlüssel dazu. In München studierte er die Anatomie der Tiere und in Berlin verbrachte er zahllose Stunden mit der Beobachtung der Tiere im Zoo. »Wie sieht ein Pferd die Welt oder ein Adler, ein Reh oder ein Hund? Wie armselig, ja seelenlos ist unsere Konvention, Tiere in eine Landschaft zu setzen, die unseren Augen zugehört statt uns in die Seele des Tieres zu versenken, um dessen Bilderkreis zu erraten?«, schrieb er im Winter 1911/1912.

Im Jahr 1911 war Marc neben Wassily Kandinsky Mitbegründer der Künstlervereinigung *Der Blaue Reiter*. Beide sahen ihre abstrakte Kunst als Gegengewicht zu einer toxischen Welt. Bei ihren Gemälden spielten die Farben eine besondere Rolle und hatten eine transzendente Bedeutung: Blau war männlich, streng und spirituell, Gelb weiblich, sanft und glücklich, Rot brutal und schwer. Die Nachbarschaft und die Mischung der Farben verlieh den Werken Ausgewogenheit und Tiefe.

Marcs *Blauer Fuchs* und *Die kleinen blauen Pferde* vermitteln Unschuld, während *Die gelbe Kuh* grenzenloses Glück verbildlicht. Im apokalyptischen Gemälde *Schicksal der Tiere* (1913) lassen seine bunten Tiere in einem brennenden, in Rottönen dargestellten Wald den nahenden Weltkrieg erahnen. Franz Marc verlor in diesem Krieg sein Leben.

> »... während das unberührte Lebensgefühl des Tieres alles Gute in mir erklingen ließ.«
>
> FRANZ MARC, *BRIEFE AUS DEM FELD*, APRIL 1915

HAUTSEKRETIONEN

Die Zellen der exokrinen Drüsen erzeugen Stoffe, die über Ausführgänge auf die Haut gelangen. Einige Drüsen sind einfach aufgebaut, wie die des Darmepithels. Andere, wie die Milchdrüsen, bilden gemeinsame Drüsenkomplexe.

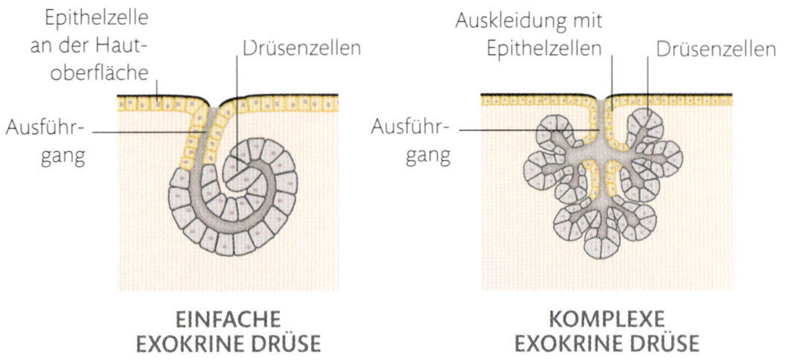

Drüsen der Haut

Drüsen sind Organe, die wichtige Substanzen absondern. Endokrine Drüsen entlassen Hormone in die Blutbahn, während exokrine Drüsen ihre Produkte über Ausführgänge auf ein Epithel abgeben. Beispielsweise gelangen über exokrine Drüsen Verdauungssäfte in den Darm und Sekrete auf die Haut. Säugetiere besitzen viele Hautdrüsen. Einige geben wässrigen Schweiß zur Kühlung ab, andere Fette, die Wasser abweisen. Auch bei der Markierung eines Reviers, beim Erkennen von Artgenossen und bei der Balz spielen Stoffe, die von Drüsen abgegeben werden, eine Rolle.

Voraugendrüsen
Bei vielen Huftieren befinden sich Drüsen im Gesicht. Die Voraugendrüsen des Kirk-Dikdik sondern eine dunkle, teerartige Substanz ab, die die Tiere auf Zweige in der Nähe von Dunghaufen und oft genutzten Pfaden schmieren, um ihr Revier zu markieren.

Die Voraugendrüse gibt einen Duftstoff ab.

Das teerartige Sekret der Drüse streicht das Dikdik auf die Vegetation.

Soziale Signale
Kirk-Dikdiks (*Madoqua kirkii*) setzen Geruchsstoffe zur sozialen Organisation ein. Die gehörnten Männchen (Mitte) begleiten die Weibchen und ihren Nachwuchs. Erwachsene Männchen schrecken Feinde mit ihren Duftmarken ab und auch Weibchen tun das in gewissem Maße.

Die längsten Hörner
Es gibt zwei afrikanische Nashornarten: das hier gezeigte Breitmaulnashorn (*Ceratotherium simum*) und das Spitzmaulnashorn. Beide tragen meist zwei Hörner. Das des Breitmaulnashorns wird länger und kann 1,5 m erreichen.

Das vordere Horn bildet sich über dem Nasenbein und wird durchschnittlich 90 cm lang.

Bindegewebe verbindet das Horn mit einem aufgerauten Bereich des Schädelknochens.

Nashorn mit nur einem Horn
In Asien gibt es drei Nashornarten. Das abgebildete Panzernashorn (*Rhinoceros unicornis*) besitzt nur ein Horn, und die Kühe des Java-Nashorns (*R. sondaicus*) tragen überhaupt keines.

Die typischen Hautfalten lassen das Panzernashorn robuster erscheinen als seine afrikanischen Verwandten.

Hörner aus Keratin

Kein anderes Tier trägt ähnliche Hörner wie ein Nashorn. Nicht nur die Lage am Schädel ist einzigartig, sondern auch die Weise, wie sie gebildet werden. Die Hörner anderer Säugetiere sind Knochenzapfen mit Keratinüberzug (siehe S. 87), während die der Nashörner nur aus Keratin bestehen. Dieses Eiweiß ist auch in Hufen und Haaren enthalten. Es ist verdichtet und bildet Strukturen, die effektiv zur Verteidigung eingesetzt werden können.

AUFBAU EINES NASENHORNS
Zwar fehlt ein Knochenkern, aber der innere Teil des Horns ist mit Kalzium verstärkt und Melanin schützt vor der Sonneneinstrahlung. Die äußeren Schichten sind weicher und nutzen sich ab. Die Tiere wurden ihrer Hörner wegen von Wilderern fast ausgerottet, obwohl es keine Belege dafür gibt, dass das Horn einen medizinischen Nutzen hat.

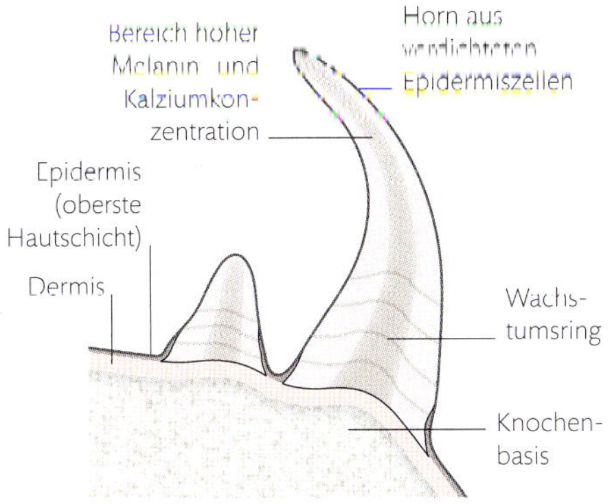

QUERSCHNITT DURCH EIN HORN AUS KERATIN

Gepanzerte Haut

Keratin ist ein Eiweiß, das die Haut verstärkt. In seiner reinsten Form findet man es in Haaren, Krallen und Federn, und bei manchen Tieren dient es als Panzer. Schuppentiere sind durch harte, keratinisierte, fingernagelartige Schuppen geschützt, die sehr berührungsempfindlich sind. Nur die Unterseite des Körpers ist unbedeckt. Damit sich die Schuppen gut entwickeln können, fressen die Tiere eiweißreiche Ameisen und Termiten.

Gürteltiere
Wie Schuppentiere besitzen auch Gürteltiere Schuppen, doch sie sind zu einem von Knochenplatten gestützten Panzer verschmolzen. Der Gürtelmull (*Chlamyphorus truncatus*), die kleinste Art, setzt seinen Steißpanzer ein, um den Sand in seinem Bau zu verdichten. Vielleicht verschließt er damit auch den Eingang, um Feinde fernzuhalten.

SCHUPPEN EINES SCHUPPENTIERS

Die Schuppen dieser Tiere werden von Hautzellen gebildet, die sich durch Keratineinlagerung in Hornzellen verwandeln. Dies bezeichnet man als Verhornung. Sie ähneln am ehesten den Nägeln der Primaten. Nutzen sich ihre Ränder ab, werden sie mit Keratin repariert, das von verhornten Epidermiszellen gebildet wird.

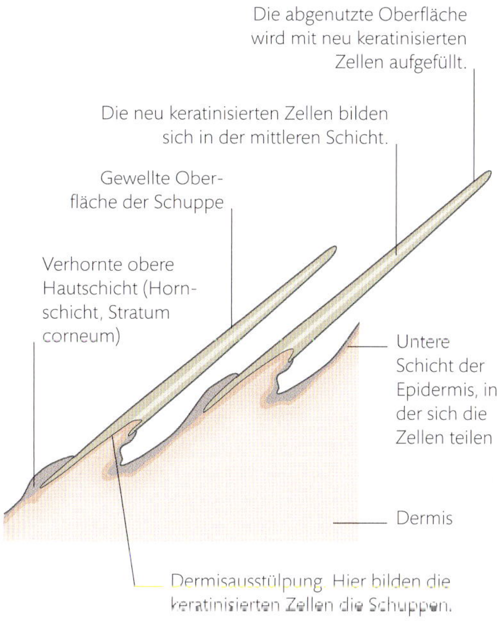

QUERSCHNITT ZUR SCHUPPENENTSTEHUNG

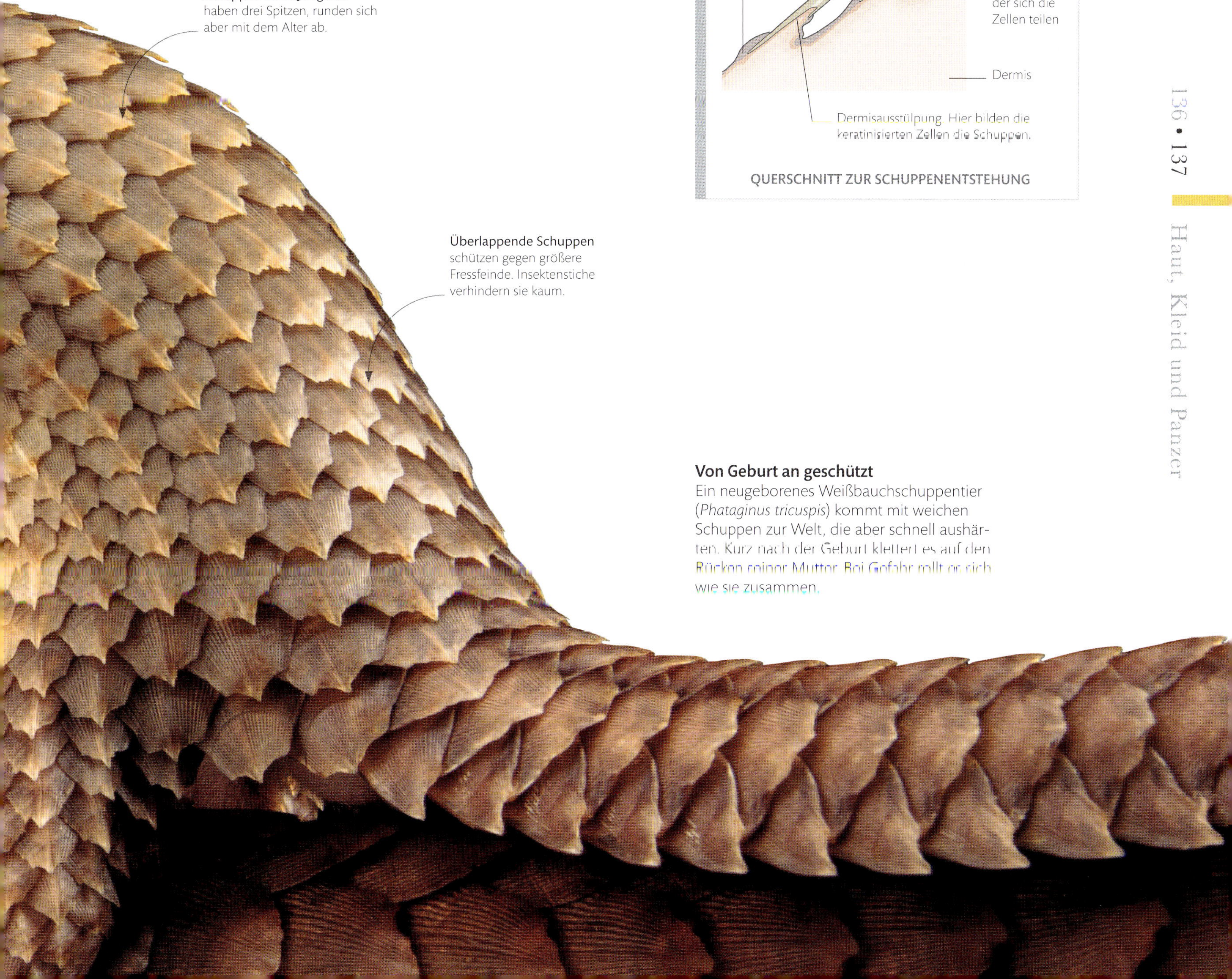

Von Geburt an geschützt
Ein neugeborenes Weißbauchschuppentier (*Phataginus tricuspis*) kommt mit weichen Schuppen zur Welt, die aber schnell aushärten. Kurz nach der Geburt klettert es auf den Rücken seiner Mutter. Bei Gefahr rollt es sich wie sie zusammen.

Sinne

Sinne. Fähigkeiten wie das Sehen, Hören, Riechen, Schmecken oder Fühlen, mit denen ein Tier Informationen über die Welt wahrnimmt, in der es lebt.

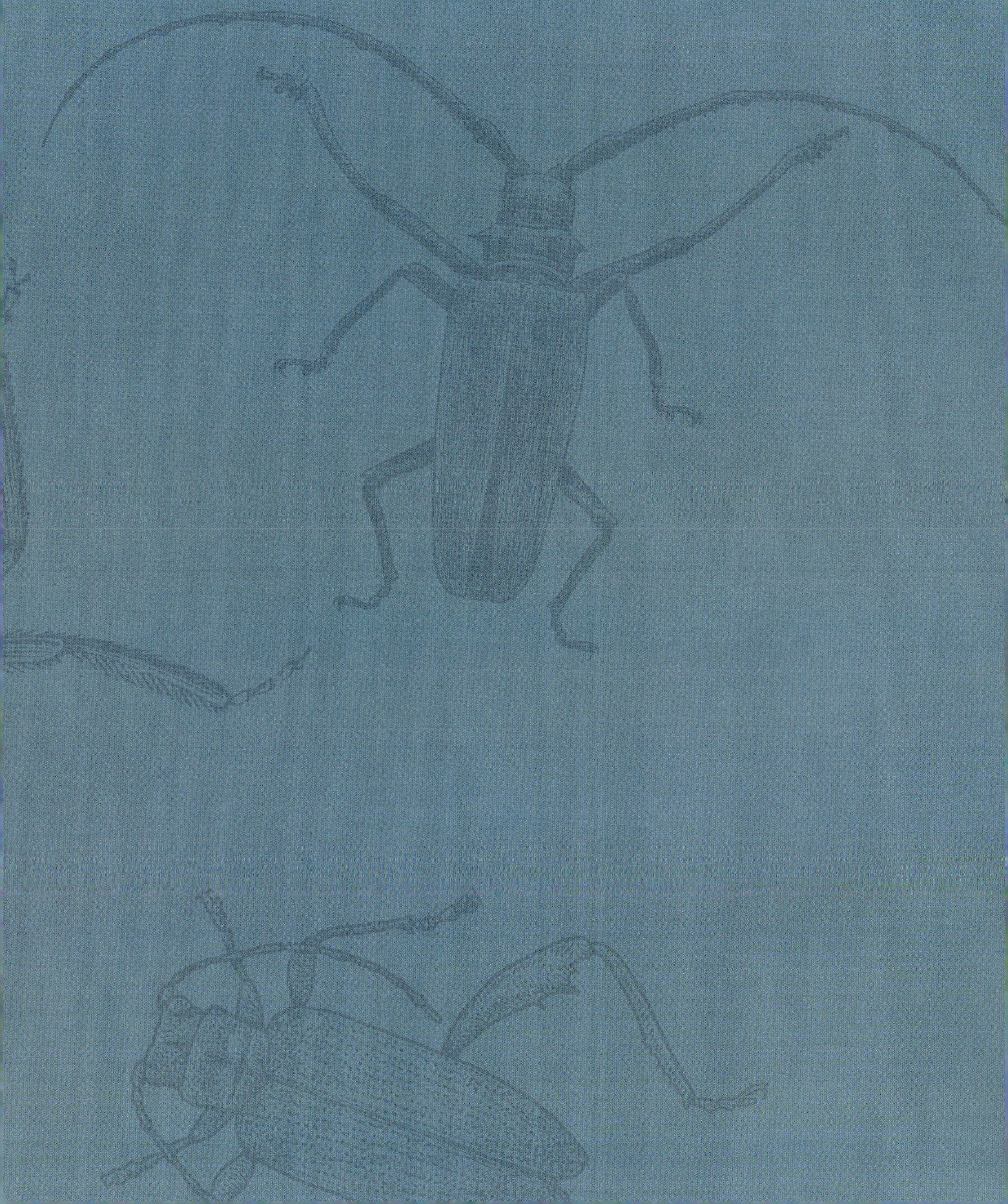

Gekniete Antenne
Die geknieten Antennen sind für die Familie der Rüsselkäfer charakteristisch. Dieser Palmrüssler (*Rhynchophorus ferrugineus*) spürt mit ihnen geschädigte Palmen auf. Er legt seine Eier in die Wunden. Dort wachsen seine Larven heran.

Sensible Antennen

Tiere nehmen ihre Umgebung wahr, weil sie Sinneszellen besitzen, die bei Stimulation elektrische Erregungen senden. Diese werden vom Gehirn aufgenommen, das die Information verarbeitet und eine Reaktion veranlasst. Alle Insekten besitzen ein Paar mit Sinneszellen besetzte Fühler oder Antennen. Mit ihnen nehmen sie verschiedenste Reize wahr, wie Gerüche der Nahrung oder des Partners oder Luftbewegungen, die beim Fliegen von Bedeutung sind.

ANTENNENTYPEN

Alle Insekten tragen am Kopf über den Mundwerkzeugen Antennen. Sie bestehen aus mehreren Teilen und sind sehr beweglich. Antennen sind unterschiedlich gebaut und werden abhängig von Größe und Form in Gruppen eingeteilt. Die Sinneszellen konzentrieren sich in den Endgliedern, die oft modifiziert sind, etwa verdickt oder gefiedert. Deshalb finden so viele Rezeptoren wie möglich in ihnen Platz.

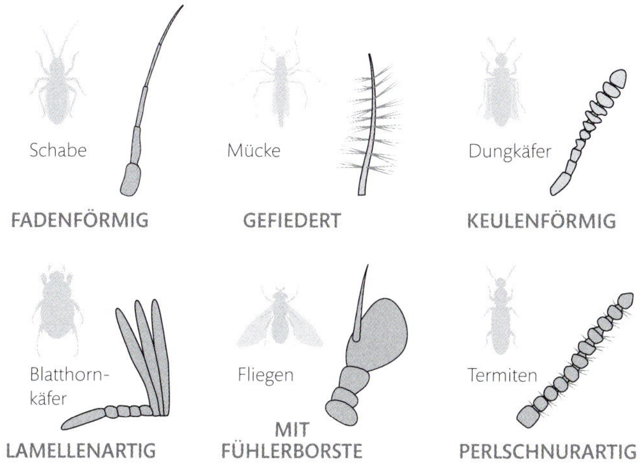

Mit dem langen Rostrum prüft der Käfer die Futterpflanze vor der Eiablage.

Flexible Gelenkhäute verbinden die Teile der Antenne.

Die Geißel (Flagellum) ist verdickt, weil sie Sinneszellen enthält, die chemische Reize und Luftbewegungen wahrnehmen.

Eine weit verbreitete Art
Der Palmrüssler schädigt wirtschaftlich bedeutende Kokos-, Öl- und Dattelpalmen. Er stammt aus Südostasien und hat sich mittlerweile bis nach Afrika und in den Mittelmeerraum ausgebreitet.

Das lange erste Beinpaar dient als Antennenersatz. Mit ihm erkennt der Gliederfüßer die Bewegung seiner Beute.

Räuberische Geißelspinne
Haarsensillen spielen bei Spinnentieren wie der Geißelspinne (*Euphrynichus bacillifer*) eine große Rolle, da sie keine Antennen besitzen. Überall an den außergewöhnlich langen Vorderbeinen der Geißelspinne sitzen Sensillen.

Haare bedecken den ganzen Körper. Sie übermitteln dem Gehirn eine sensorische Karte der Körperoberfläche.

Borstenfelder an den Gelenken nehmen die Körperbewegung und die Stellung der Beine wahr.

Jede Haarsensille entspringt einer Cuticulagrube, die mit Nerven versorgt wird.

SINNESHAARE DER SPINNENTIERE

Räuberische Spinnentiere wie die Webspinnen besitzen verschiedene Typen von Haarsensillen, darunter Trichobothrien zur Bewegungserkennung. Mit ihnen nehmen sie Luftbewegungen wahr, die ihre Beutetiere verursachen.

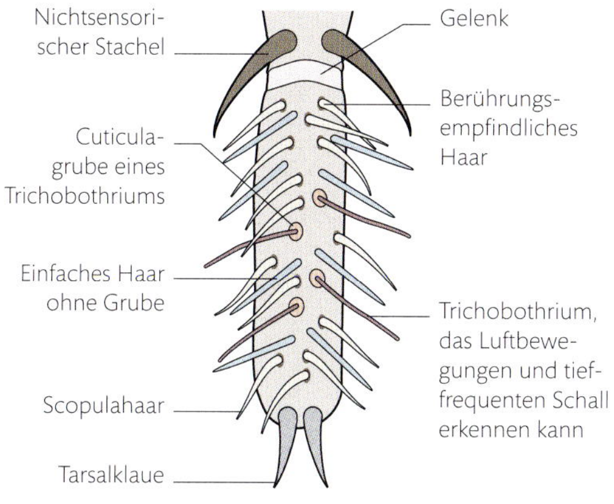

UNTERSEITE EINES SPINNENBEINS

Dicht behaarter Käfer
Bei starker Vergrößerung erkennt man, dass der Dichtgepunktete Walzenhalsbock (*Opsilia coerulescens*) in hohem Maß auf sein Tastempfinden angewiesen ist. Wird eines seiner Härchen gekrümmt, übermittelt es dem Insekt, wo es sich befindet und was in der Umgebung geschieht.

Haarsensillen

Die Haut grenzt ein Tier von seiner Umwelt ab. Daher ist sie mit Nervenenden bestückt, die dem Gehirn Informationen aus der Umwelt übermitteln. Bei Tieren mit festem Außenskelett, wie Insekten oder Spinnentieren, bringen Epidermiszellen spezielle Haarsensillen hervor, die aus der robusten Oberfläche herausragen. So kann das Tier mit ihnen Berührungsreize wahrnehmen.

> »Unter einem Mikroskop betrachtet ist nichts so klein, dass es uns entgehen kann …«
>
> ROBERT HOOKE, *MICROGRAPHIA*, 1665

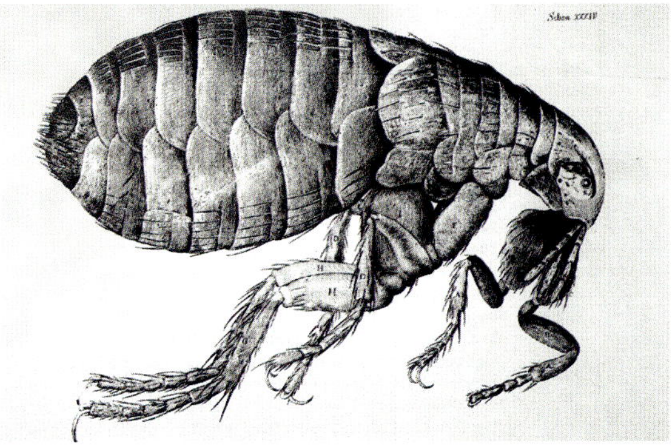

Der Floh (1665)
In seinem Buch *Micrographia* verdeutlicht der englische Gelehrte Robert Hooke, wie kompliziert der Körper eines Flohs aufgebaut ist. Unter seinem Mikroskop, das man auf revolutionär neue Weise einstellen konnte, hatte es dies beobachtet.

Tiere in der Kunst

Die Welt im Kleinen

Nachdem man die Wildtiere der Erde bereits 200 Jahre lang erforscht hatte, brach im 17. Jahrhundert ein neues Zeitalter an. Man widmete sich nun der Welt im Kleinen. Fortschritte in der Mikroskopie, Wissenschaftler mit zeichnerischen Fähigkeiten und Künstler trugen dazu bei, dass das Leben der Insekten präzise untersucht und dargestellt wurde.

Für einen Entomologen im 17. Jahrhundert war es entscheidend, gut zeichnen zu können. Der englische Erfinder und Wissenschaftler Robert Hooke war ein hervorragender Künstler. Mit einem zusammengesetzten, beleuchteten Mikroskop erforschte er den Aufbau von Insektenkörpern und entdeckte, dass Pflanzen aus Zellen aufgebaut sind. Als er seine Zeichnungen 1665 in seinem Werk *Micrographia* veröffentlichte, bezweifelten Skeptiker, dass sie die Realität abbildeten.

In den Niederlanden baute der Tuchhändler Antoni van Leeuwenhoek kleine Mikroskope mit 1-mm-Linsen. Es blieb sein Geheimnis, wie er sie anfertigte, doch er benutzte wohl Glasperlen, mit denen man damals Stoffe begutachtete. Die hohe Auflösung offenbarte die Struktur einzelliger Organismen wie Bakterien.

Zur gleichen Zeit beobachteten auch Künstler natürliche Objekte genau. Jan van Kessel der Ältere aus der berühmten Brueghel-Familie arbeitete mit lebenden Insekten und las wissenschaftliche Arbeiten, um sie akkurat darstellen zu können.

Als junges Mädchen beobachtete die in Frankfurt geborene Maria Sibylla Merian (1647–1717) fasziniert, wie sich Raupen in Schmetterlinge verwandeln. Als eine der Ersten stellte sie die Insekten auf ihren Nahrungspflanzen dar. Nach ihrem Umzug nach Amsterdam erhielt sie im Alter von 52 Jahren die Möglichkeit, die Insekten der niederländischen Kolonie Surinam zu zeichnen. Linné zog später die hervorragenden Illustrationen in ihrem Buch *Metamorphosis insectorum surinamensium* heran, um mehrere neue Arten zu beschreiben.

Insekten und Vergissmeinnicht (1653)
Für Jan van Kessel den Älteren waren wissenschaftliche Arbeiten eine Inspirationsquelle für seine Aquarelle von Käfern, Schmetterlingen und Heuschrecken. Sogar seinen Namen stellte er mit einem Schriftzug aus Schmetterlingsraupen dar.

Raupen, Schmetterlinge und Blumen (1705)
Zwei in Mexiko und Südamerika weit verbreitete Pfauenspinner (*Arsenura armida*) umflattern den Zweig eines blühenden tropischen Baums. Das Aquarell stammt aus Maria Sibylla Merians bemerkenswertem Buch über die Insekten von Surinam. Die dargestellten Raupen sind jedoch nicht die der abgebildeten Schmetterlingsart, anders als die Künstlerin annahm.

EMPFINDLICHE HAARE

Jedes Schnurrhaar (man bezeichnet es als Vibrisse) ist an der Hautoberfläche mit mehreren Nervenenden verbunden, die sich um das Haar winden. Allerdings liegen 80 % der mit dem Haar verbundenen Nervenenden tiefer, um die Wurzel der Vibrisse. Wenn sich das Schnurrhaar von seiner Basis wegbiegt, werden die Nervenenden stimuliert und leiten eine Erregung zum Gehirn weiter.

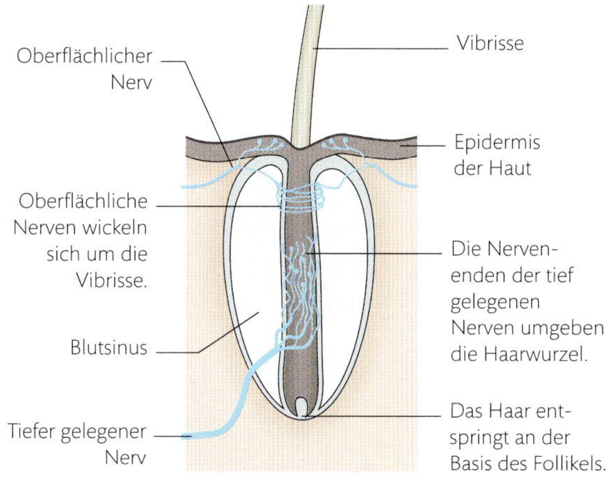

SCHNITT DURCH EIN VIBRISSEN-FOLLIKEL

Nach Fischen tasten
Mit Vibrissen können Tiere ihre Umgebung »fühlen«, indem sie winzige Vibrationen im Wasser oder in der Luft wahrnehmen. Die Vibrissen des Kalifornischen Seelöwen (*Zalophus californianus*) können die winzigen von Fischen ausgelösten Wasserbewegungen vor dem Hintergrund der Wellen erkennen und bei Berührung auch Größe, Form und Oberflächenbeschaffenheit wahrnehmen. So finden Seelöwen ihre Beute sogar in trüben Küstengewässern.

Schnurrhaare

Die Haarwurzeln der Säugetiere sind mit Nerven und Muskeln ausgestattet. Deshalb kann das Tier wahrnehmen, wenn sie sich bewegen. Die Haare im Gesicht werden vor allem bei Raub- und Nagetieren schon bei leichten Berührungen erregt. Möglicherweise haben sich bereits vor Jahrmillionen bei den Reptilienvorfahren der Säugetiere erste Protohaare entwickelt, die zum Tasten eingesetzt wurden. Nachtaktive oder grabende Tiere könnten sich mit ihrer Hilfe im Dunkeln zurechtgefunden haben.

Schnurrbärtiger Vogel
Manche Vögel besitzen modifizierte Federn, die der Schnabelbasis entspringen und wie Vibrissen funktionieren. Diese Schnabelborsten fallen bei Nachtschwalben und Fliegenschnäppern auf. Bei der Jagd ertasten die Vögel mit ihnen Insekten in der Luft. Bei nachtaktiven Arten sind solche Borsten besonders gut entwickelt: Kiwis suchen mit ihnen auf dem Boden nach Wirbellosen, unterstützt von einem für einen Vogel ungewöhnlich guten Geruchssinn.

Jede Borste ist eine modifizierte Feder mit steifem Schaft, jedoch ohne Federäste.

Das Fell besteht aus Deckhaaren, unter denen kürzere Wollhaare liegen. Öl aus Hautdrüsen macht das Haarkleid wasserabweisend.

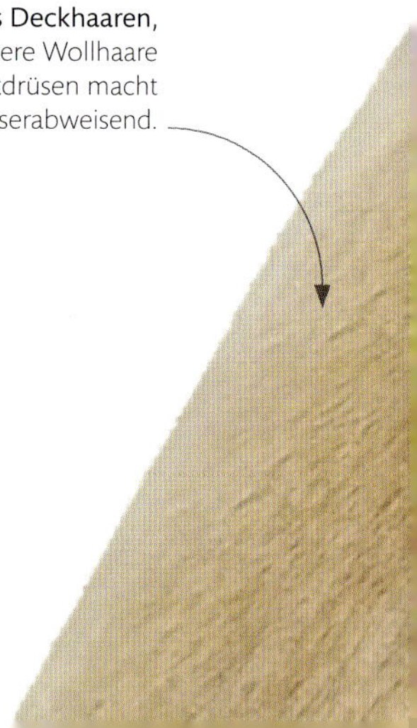

Die cremefarbenen Vibrissen der Seebären und Seelöwen werden im Alter immer heller.
Die Vibrissen entspringen muskulösen Feldern an der Spitze der Schnauze.
Besonders lange Vibrissen findet man bei Raubtieren wie Seelöwen, Seebären und den verwandten Bären und Hunden.

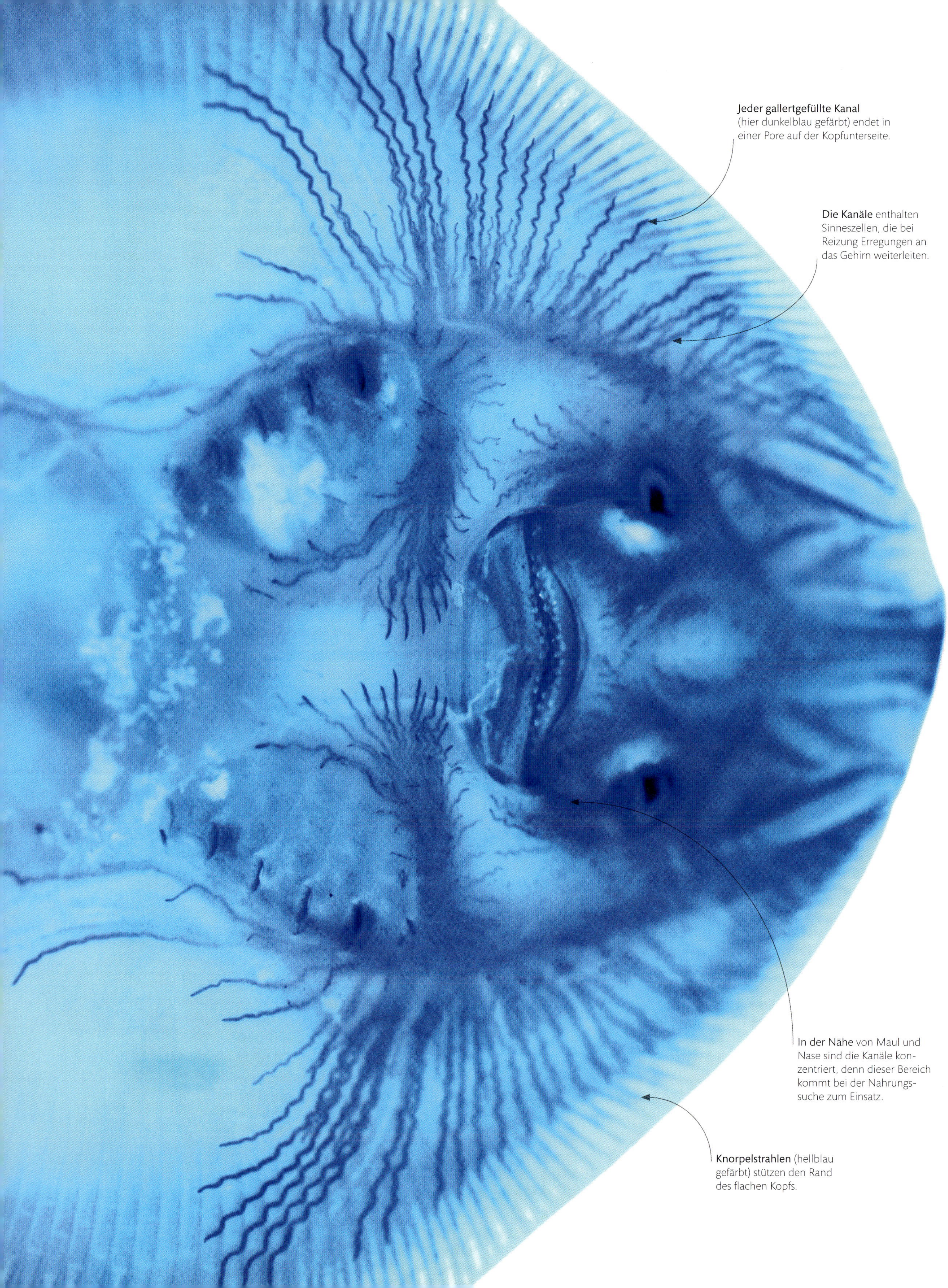
Jeder gallertgefüllte Kanal (hier dunkelblau gefärbt) endet in einer Pore auf der Kopfunterseite.
Die Kanäle enthalten Sinneszellen, die bei Reizung Erregungen an das Gehirn weiterleiten.
In der Nähe von Maul und Nase sind die Kanäle konzentriert, denn dieser Bereich kommt bei der Nahrungssuche zum Einsatz.
Knorpelstrahlen (hellblau gefärbt) stützen den Rand des flachen Kopfs.

Lorenzinische Ampullen
Auf der hier blau gefärbten Kopfunterseite eines Kleinen Rochens (*Leucoraja erinacea*) sind dunkle, gallertgefüllte Kanäle zu erkennen, die Lorenzinischen Ampullen. Am Ende des Kanals befinden sich Sinneszellen, die von den Muskeln der Beute erzeugte elektrische Felder wahrnehmen können. Die Zellen leiten Erregungen zum Gehirn. Der Fisch mit seinem unterständigen Maul kann auf diese Weise im Grund vergrabene Wirbellose aufspüren.

Auf der Kopfunterseite befinden sich Hunderte von Poren, die zu Sinneszellen führen.

Beute anpeilen
Mit einer Vielzahl von Sinneszellen in seinem breiten Kopf nimmt der Große Hammerhai (*Sphyrna mokarran*) chemische und elektrische Signale wahr. So spürt er seine Beute auf.

Sinne unter Wasser

Wassertiere leben in einem Medium, das dichter als Luft ist. Der Schall wird besser weitergeleitet, doch das Licht wird bei Trübung und in der Tiefe gedämpft und Gerüche verbreiten sich langsamer. Die Sinne der Wassertiere sind an diese Umstände angepasst. Sie bemerken auch leichte Wasserbewegungen und erkennen Spuren chemischer Stoffe und sogar von der Beute ausgehende schwache elektrische Signale.

BEWEGUNG ERKENNEN

Fische erkennen die Wasserbewegung über ihr Seitenliniensystem: Kanäle, die sich unter der Haut über die Körperseiten ziehen. Die Kanäle leiten Wasser aus der Umgebung zu den Neuromasten. Diese von Gallerte (Cupula) umhüllten Haarzellengruppen senden Erregungen zum Gehirn, wenn die Haare (Zilien) gebogen werden.

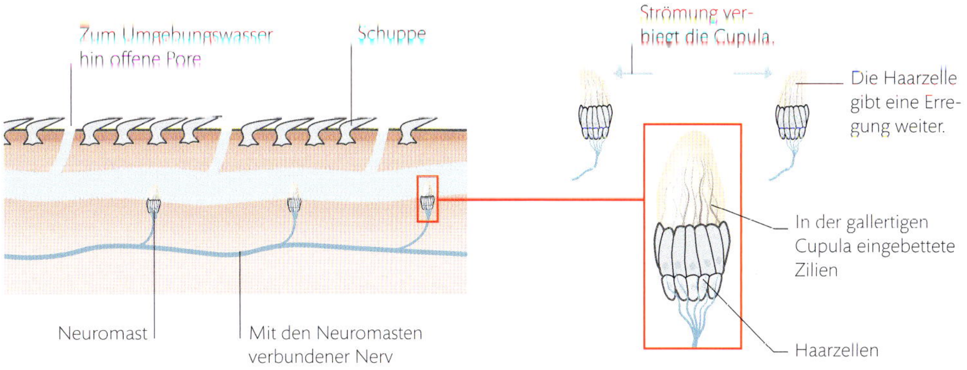

SCHNITT DURCH DIE HAUT EINES HAIS

NEUROMAST

Gegabelte Zunge

Die gegabelte Zunge hat zwei Spitzen. Nimmt eine Seite mehr Geruchsmoleküle wahr als die andere, weiß das Tier, wo sich die Quelle des Geruchs befindet.

GERÜCHE SCHMECKEN

Schlangen und Echsen züngeln, um Geruchsmoleküle auf das Jacobson-Organ im Gaumendach zu übertragen. Seine Sinneszellen und die der Riechschleimhaut, die die Geruchsinformationen empfängt, leiten ihre Erregungen an das Gehirn weiter, wo beides ausgewertet wird.

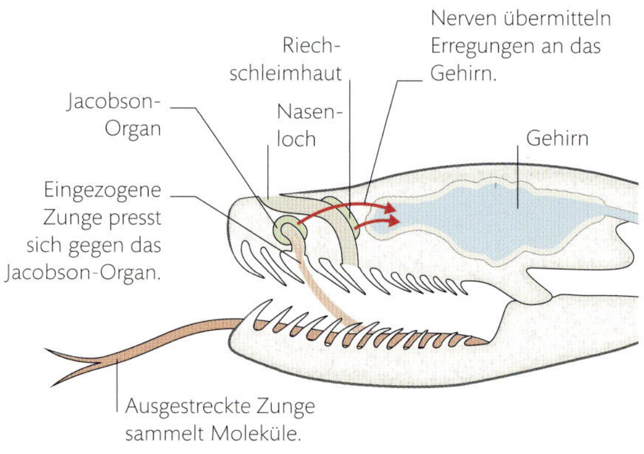

JACOBSON-ORGAN BEI EINER SCHLANGE

Züngelnder Fleischfresser
Fast alle der rund 70 Waranarten sind Fleischfresser und spüren Beutetiere oder Aas auf, indem sie züngeln. Der asiatische Bindenwaran (*Varanus salvator*) ist eine der größten Arten. Erwachsene Tiere überwältigen sogar kleine Krokodile.

Der Geschmack der Luft

Chemorezeption findet statt, wenn ein Tier mit seiner Nase Gerüche oder mit dem Mund Geschmacksstoffe wahrnimmt. Doch manchmal verschwimmen die Unterschiede. Das Jacobson-Organ unterstützt das Riechen vieler Amphibien, Reptilien und Säugetiere. Echsen und Schlangen transportieren mit der gegabelten Zunge aufgenommene Geruchsmoleküle zu diesem Organ im Gaumen. So nehmen sie Beute, Fressfeinde und potenzielle Partner wahr.

Wärme wahrnehmen

Viele Tiere nehmen Wärme nicht über Rezeptoren in der Haut wahr, sondern mit Zellen, die auf Infrarotstrahlung reagieren. Infrarot ist ein Bereich der elektromagnetischen Strahlung. Die Wellen sind etwas länger als die des sichtbaren roten Lichts. Warme Objekte senden diese Strahlung aus. Tiere mit Infrarotsensoren können die Wärmestrahlung aus großer Entfernung wahrnehmen. So erkennen Schlangen ihre gleichwarmen Beutetiere.

Wärmesensoren

Die Infrarotsensoren der Pythons, wie die des Grünen Baumpythons (*Morelia viridis*), befinden sich in Gruben des Ober- und Unterkiefers und auf der Schnauze. Mit diesen Gruben spürt die Schlange in der Nacht Beute auf. Sie ergreift sie blitzschnell mit den Kiefern und tötet sie, indem sie sie umschlingt und erdrückt.

INFRAROTREZEPTOREN

Nervenenden dienen als Infrarotrezeptoren, die reagieren, wenn das sie umgebende Gewebe erwärmt wird. Bei Boas sind die Nervenenden in Schuppen eingebettet und bei Pythons befinden sie sich an der Basis von Gruben. Bei beiden verteilt sich auch Wärme in der Haut. Die Nervenenden der Grubenottern befinden sich in Membranen, die sich schneller erwärmen, sodass sie empfindlicher sind.

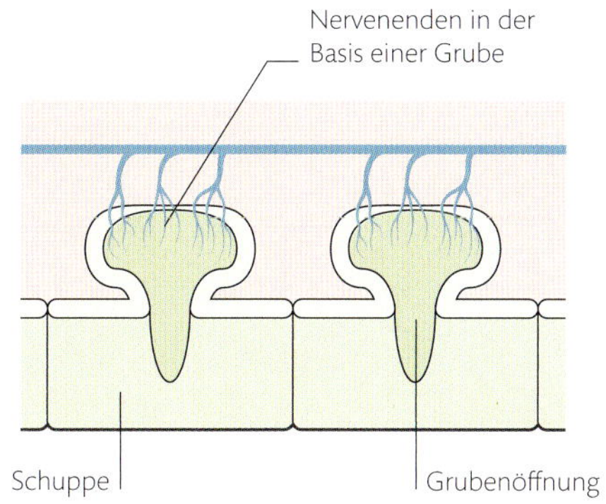

GRUBEN BEI EINEM PYTHON

Parallele Entwicklung

Obwohl er in einem anderen Teil der Welt lebt, ist der südamerikanische Grüne Hundskopfschlinger (*Corallus caninus*) dem Grünen Baumpython aus Neuguinea verblüffend ähnlich. Beide Arten sind nachtaktive Jäger in den unteren Ästen des Regenwalds und setzen Infrarotsensoren zur Jagd ein.

Elektrorezeption

Im trüben Wasser ist es nicht leicht, sich sicher zu bewegen und Nahrung zu finden. Manche Tiere nutzen aus, dass das Wasser elektrischen Strom leitet, weil Mineralien in ihm gelöst sind. Mit speziellen Sinnen nehmen sie den Strom wahr. Die meisten Fische und die Eier legenden Säugetiere oder Kloakentiere setzen ihre Sinne ein, um elektrische Felder zu erspüren, die auf Beute oder Fressfeinde hinweisen.

Augen und Ohren bleiben im Wasser geschlossen. Das Tier verlässt sich auf den empfindlichen Schnabel.

Der Schnabelansatz besteht aus dicht mit Rezeptoren besetzter Haut.

Die Nasenlöcher schließen sich beim Tauchen.

Die gummiartige Haut bedeckt die schnabelförmigen Knochen.

Mit Hornplatten anstelle von Zähnen zerdrückt das Schnabeltier die Exoskelette der wirbellosen Beute.

ELEKTROREZEPTOREN

Wie das Schnabeltier gehören auch die Ameisenigel zu den Kloakentieren. Sie tragen Elektrorezeptoren auf ihren spitzen Schnauzen, mit denen sie nach Würmern suchen. Doch nur das Schnabeltier besitzt sie in hoher Konzentration. Die elektrischen Felder, die die Beute aussendet, werden fast sofort vom Schnabel aufgenommen. Andere Rezeptoren erkennen kurze Zeit später die Wasserbewegung. Das Gehirn nutzt den Zeitunterschied, um die Beute im Wasser zu lokalisieren.

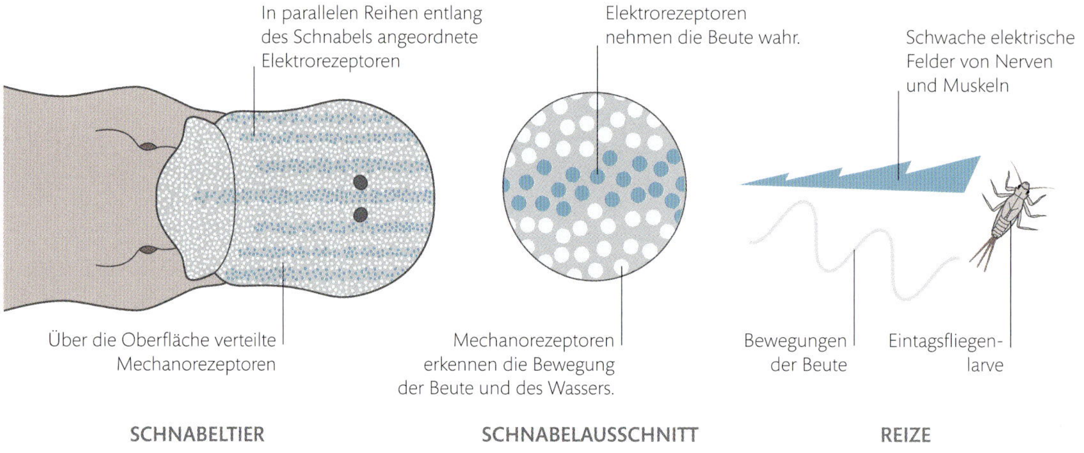

Im Trüben fischen

Das Schnabeltier (*Ornithorhynchus anatinus*) spürt seine Beute im Wasser mit seinem empfindlichen Schnabel auf. Es verspeist die Larven von Köcher- und Steinfliegen und Kleinlibellen, manchmal auch kleine Fische oder Kaulquappen. Meistens taucht das sonderbare Tier in der Dunkelheit und schwenkt dabei seinen Schnabel von einer Seite zur anderen.

Elektrizität erzeugen
Einige Fische erzeugen ein eigenes elektrisches Feld. Nilhechte (oben) setzen es wie ein Sonar ein. Während sie im trüben Wasser schwimmen, erkennen sie Objekte, die ihr elektrisches Feld stören.

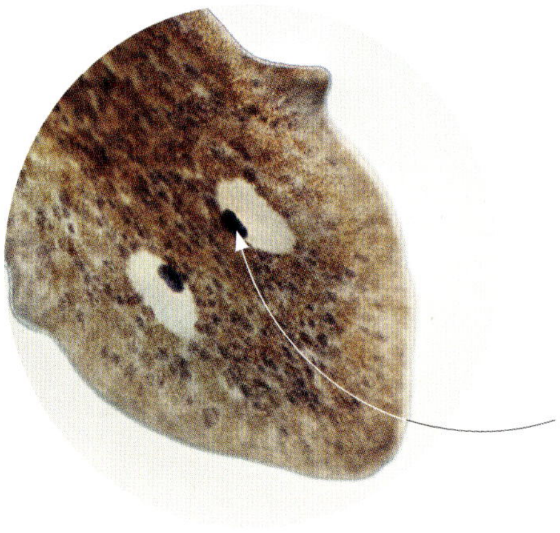

Augenflecke
Beim Strudelwurm (*Dugesia* sp.) befindet sich je ein dunkler Fleck auf den Innenseiten der Augen. Er blendet Licht aus, sodass jedes Auge Licht aus einer anderen Richtung wahrnimmt.

Jedes Auge ist ein von Nervenfasern gebildeter Becher, der Licht nur auf einer Seite des dunklen Flecks wahrnimmt.

Licht wahrnehmen

Licht kann man nur mit einem Pigment wahrnehmen, das sich bei Belichtung chemisch verändert. Auch Bakterien und Pflanzen besitzen solche Pigmente, doch nur Tiere können richtige Bilder erkennen. Licht regt die Sinneszellen der Augen an, sodass diese Erregungen an das Gehirn senden. Die einfachsten Augen besitzen die Plattwürmer. Sie können die Richtung des Lichts wahrnehmen. Spinnen hingegen erkennen echte Bilder.

Die Augen eines Jägers
Die meisten Spinnen haben acht mit Linsen ausgestattete Augen. Spinnen, die Netze weben, verlassen sich eher auf ihren Tastsinn, doch Jäger wie diese Springspinne erkennen die Beute mit ihren großen, nach vorn gerichteten Augen und können den Abstand zu ihr einschätzen.

PLATTWURM- UND SPINNENAUGEN

Plattwurmaugen sind nicht viel mehr als Nervenbündel mit Sehpigmenten am verdickten Ende. Spinnenaugen besitzen dagegen eine Linse, die das Licht auf eine Netzhaut aus Zellen wirft, die Pigmente enthalten.

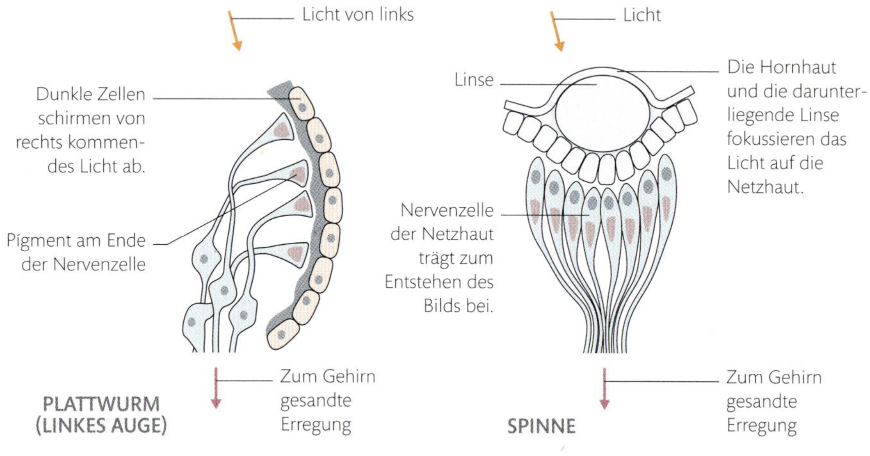

Waagrechte Pupillen
Abgesehen von einigen Ausnahmen, wie den räuberischen Mangusten, sind die meisten Tiere mit waagrechten Pupillen grasende Pflanzenfresser. Hirsche und Antilopen gehören dazu. Sie verbringen beim Fressen viel Zeit mit gesenktem Kopf. Mit waagrechten Pupillen sieht das Tier den Boden scharf und hat außerdem einen Rundumblick, sodass es Räuber frühzeitig bemerkt. Die Augen werden ständig bewegt und tasten den Boden gleichsam ab.

ALPENSTEINBOCK
Capra ibex

ROTHIRSCH
Cervus elaphus

Runde Pupillen
Im Allgemeinen gilt: je größer der Abstand vom Boden, desto größer die Pupille. So ist es bei großen Säugetieren wie den Gorillas oder Elefanten. Aktive Jäger, die ihre Beute mit Kraft oder Schnelligkeit überwältigen, wie Großkatzen und Wölfe, besitzen ebenfalls runde Pupillen. Das gilt auch für Vögel wie die Eulen und Adler, die die Position ihrer Beute aus großer Höhe erkennen müssen.

UHU
Bubo bubo

WESTLICHER GORILLA
Gorilla gorilla

Senkrechte Pupillen
Kleine Lauerjäger, etwa Kleinkatzen wie die Luchse, die sich verstecken und dann zuschlagen, haben oft senkrechte Pupillen. Diese Form ermöglicht es ihnen, Entfernungen ohne Bewegung des Kopfs einzuschätzen. So wird die Beute nicht auf den Jäger aufmerksam. Senkrechte Pupillen kommen vor allem bei Tieren vor, die bei wechselnden Lichtverhältnissen jagen. Sie können sehr schnell reagieren und sich bei Dunkelheit vergrößern und bei Helligkeit zusammenziehen.

KRONENGECKO
Correlophus ciliatus

ROTLUCHS
Lynx rufus

STEPPENZEBRA
Equus quagga

Pupillenformen

Die Form der Pupillen kann ein deutlicher Hinweis darauf sein, wo sich ein Tier in der Nahrungskette befindet. Auch auf die Jagdtechnik eines Räubers lässt sie oft schließen oder sie verrät, wie und was ein Beutetier frisst und wo es sich dabei aufhält. Obwohl man nicht jede Pupille eindeutig zuordnen kann, gibt es drei unterschiedliche Typen: waagrechte, runde und senkrechte Pupillen.

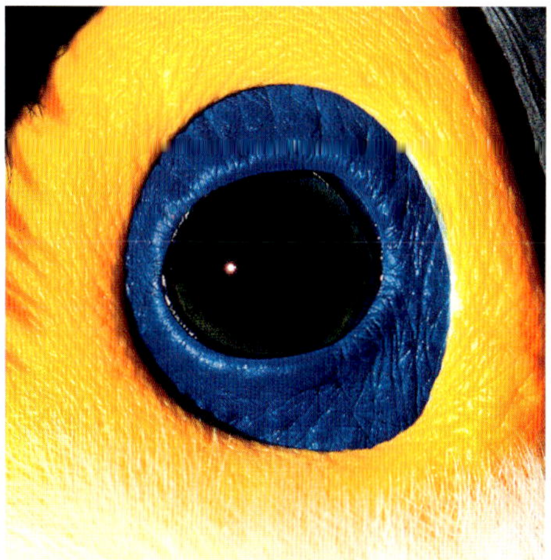

RIESENTUKAN
Ramphastos toco

WOLF
Canis lupus

LÖWE
Panthera leo

ROTFUCHS
Vulpes vulpes

GRÜNER BAUMPYTHON
Morelia viridis

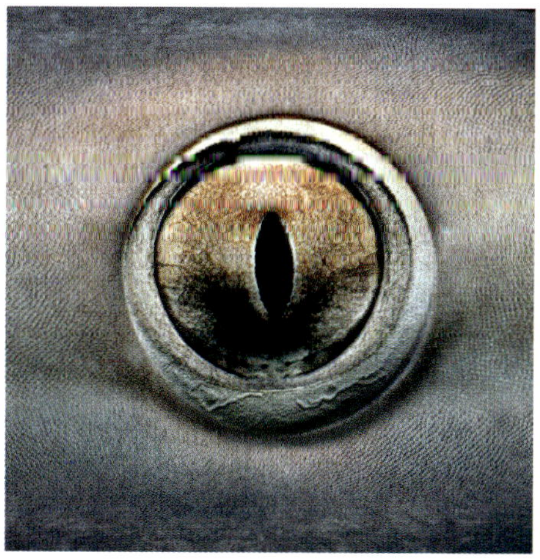

WEISSSPITZEN-RIFFHAI
Triaenodon obesus

Komplexaugen

Insekten und ihre Verwandten sehen die Welt durch winzige Linsen, die zu Hunderten oder Tausenden gemeinsam ein Komplexauge bilden. Jede Linse ist Teil eines Ommatidiums und besitzt eigene Lichtrezeptoren und Nerven. Ein einzelnes Ommatidium kann kein scharfes Bild erzeugen, doch zu vielen nehmen sie die kleinste Bewegung wahr. Ein sich bewegendes Objekt, wie ein jagender Vogel, stimuliert ein Ommatidium nach dem anderen.

Empfindliche Augen
Männchen der Gemeinen Keilfleckschwebfliege (*Eristalis pertinax*) besitzen größere Ommatidien als die Weibchen. Sie fangen mehr Licht ein und dies ist vorteilhaft beim Verfolgen von Weibchen. Bei größeren Ommatidien ist die Auflösung meist schlechter, doch die Augen der Schwebfliegen und anderer schnell fliegender Insekten sind kompliziert innerviert. Sie sind hochempfindliche und gleichzeitig hochauflösende Sehsysteme.

Die Augen berühren sich bei männlichen Schwebfliegen, nicht jedoch bei Weibchen.

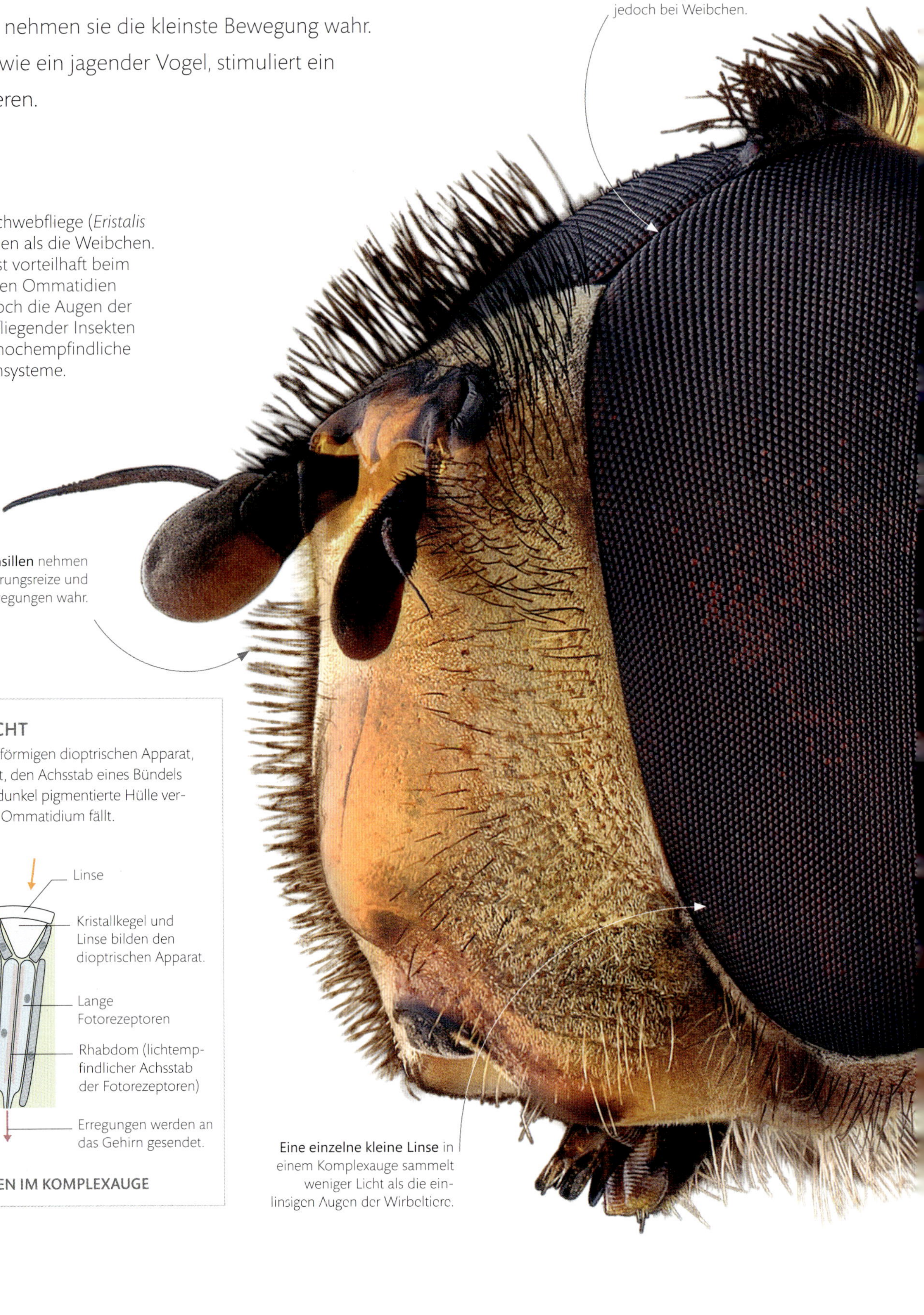

Haarsensillen nehmen Berührungsreize und Luftbewegungen wahr.

Eine einzelne kleine Linse in einem Komplexauge sammelt weniger Licht als die einlinsigen Augen der Wirbeltiere.

OMMATIDIEN SAMMELN LICHT

Jedes Ommatidium besitzt einen kegelförmigen dioptrischen Apparat, der das Licht durch ein Rhabdom leitet, den Achsstab eines Bündels langer lichtempfindlicher Zellen. Eine dunkel pigmentierte Hülle verhindert, dass Licht in das benachbarte Ommatidium fällt.

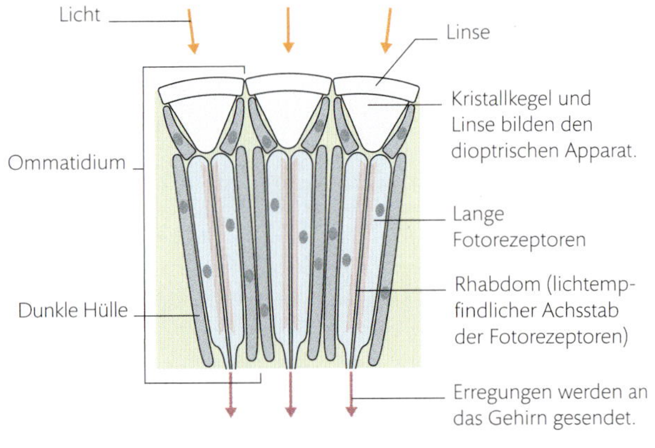

BENACHBARTE OMMATIDIEN IM KOMPLEXAUGE

Partnersuche
Die Männchen mancher Eintagsfliegen besitzen Turbanaugen, die das schwache Licht der Abenddämmerung nutzen können. Mit ihnen erkennen sie die Umrisse von Weibchen, die über ihnen schwärmen.

Die riesigen roten Turbanaugen sind nach oben gerichtet.

Die Lateralaugen weisen zur Seite.

Die Oberfläche besteht aus einer transparenten Cuticula, die die Linse darunter schützt.

Buntes Krebstier
In den leuchtend bunten Korallenriffen erkennen Fangschreckenkrebse mit ihrem erstaunlichen Farbsehvermögen Nahrung, Partner und Rivalen.

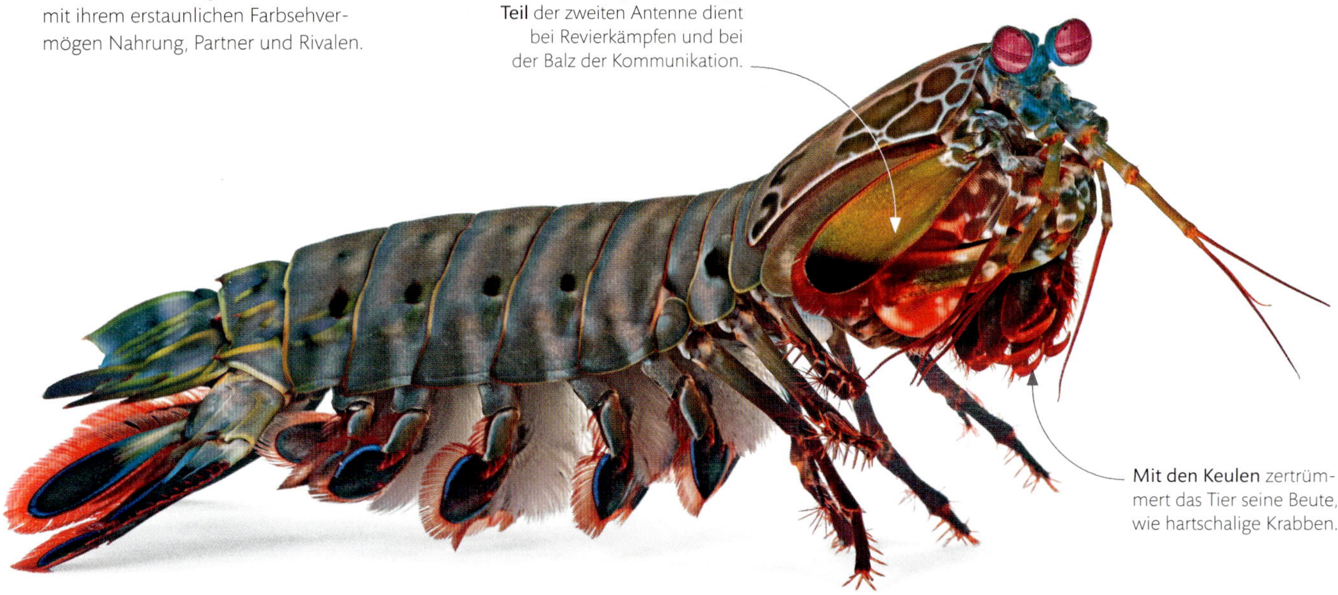

Farbwahrnehmung

Viele Tiere können mit ihren Augen nicht nur Licht wahrnehmen, sondern auch die verschiedenen Wellenlängen unterscheiden. Sie erkennen also Farben vom kurzwelligen Blau bis zum langwelligen Rot und das ganze Spektrum dazwischen. Das ist möglich, weil sich in den Augen unterschiedliche Pigmente für die verschiedenen Wellenlängen befinden. In einer farbigen Welt kann ein Tier auf vielfältigere visuelle Signale reagieren, etwa auf eine Aufforderung zur Paarung während der Balz oder eine Warnung vor einer Gefahr.

Ein breiteres Spektrum
Menschen besitzen drei verschiedene Pigmenttypen, der Clown-Fangschreckenkrebs (*Odontodactylus scyllarus*) mit seinen Komplexaugen dagegen zwölf. Er kann für Menschen unsichtbare Spektralbereiche erkennen, wie Ultraviolett und Infrarot.

FARBSEHEN

In den Fotorezeptoren befinden sich unterschiedliche farbsensitive Pigmente, von denen jedes eine andere Wellenlänge absorbiert. Das Gehirn erhält von jedem Typ Signale und rechnet sie in Farben um. Viele Fische, Echsen und Vögel besitzen bis zu vier Pigmenttypen. Menschen haben drei, die meisten anderen Säugetiere nur zwei.

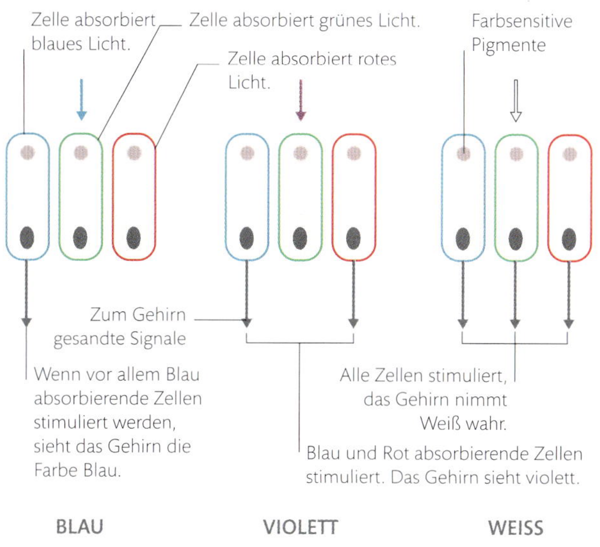

Die Komplexaugen bestehen aus Hunderten von Ommatidien, die zu Bändern zusammengefasst sind. Jedes Ommatidium hat eine eigene Linse.

Mit den oberen und unteren Bändern erkennt der Krebs Form, Bewegung und Entfernung.

Das mittlere Band ist für die Farben und den Kontrast zuständig.

Tiere im Blickpunkt

Eisvogel

Der blaue Eisvogel (*Alcedo atthis*) kann seine Beute nicht unter Wasser verfolgen wie viele Seevögel. Pinguine haben beispielsweise dichtere Knochen und ein eng anliegendes Gefieder und können wie mit einem Schwimmanzug sehr tief tauchen. Ein Eisvogel dagegen muss jeden Fisch von seinem Ansitz über dem Wasser aus genau anpeilen.

Es gibt über 100 Eisvogelarten, doch die meisten, wie der australische Jägerliest, jagen an Land. Vermutlich haben sich die Eisvögel in tropischen Wäldern entwickelt, wo noch heute die meisten Arten vorkommen. Sie setzen ihren dolchartigen Schnabel ein, um kleine Tiere am Boden zu erbeuten. Nur 25 % der Arten, darunter unser heimischer Eisvogel, haben sich auf Fische spezialisiert.

Tauchende Eisvögel müssen präzise und schnell sein. Im Winter durchschlagen sie auf der Jagd sogar dünnes Eis. Ihre hohlen Knochen und ihr wasserdichtes Gefieder verleihen ihnen viel Auftrieb. Sie können deshalb nicht lange unter Wasser bleiben. Bevor sie abtauchen, peilen sie ihre Beute an. Von seinem Ansitz aus sucht sich der Vogel einen Fisch im Wasser unter ihm aus. Er berechnet den Anflugwinkel und berücksichtigt die Lichtbrechung an der Wasseroberfläche. Dann taucht er ab, wobei er die Flügel anlegt, um im Wasser einen geringen Widerstand zu erfahren. Ein milchig trübes zusätzliches Augenlid, die Nickhaut, schützt die Augen. Der Vogel ergreift den Fisch mit seinem Schnabel, bevor der Auftrieb und ein paar Flügelschläge ihn wieder an die Wasseroberfläche bringen. Zurück am Ansitz hält der Eisvogel den Fisch am Schwanz und schlägt ihn mit dem Kopf gegen den Ast, dreht ihn und verschlingt ihn mit dem Kopf voran, sodass die Schuppen keinen Widerstand erzeugen. Der gesamte Vorgang dauert nur wenige Sekunden.

Blauer Blitz
Die Nahrung des Eisvogels besteht zu 60 % aus Fischen. Den Rest bilden im Wasser lebende Wirbellose. Der Vogel taucht meist steil aus 1–2 m Höhe über dem Wasser in eine Tiefe von bis zu 1 m ab.

ANPEILEN DER BEUTE IM WASSER

Unter normalen Umständen erreicht das Licht eines Objekts die Augen in geraden Strahlen. Wenn es dabei jedoch die Grenze zwischen Wasser und Luft überwindet, werden die Strahlen gebrochen, sodass sich ein Objekt im Wasser an einer anderen Stelle zu befinden scheint. Ein Eisvogel kann diese Abweichung von seinem Ansitz aus berechnen. Wenn er nach seiner Beute taucht, wird er sie daher nicht verfehlen.

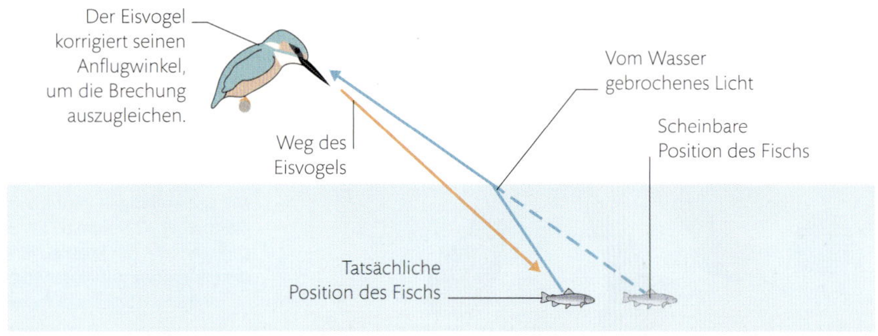

Einschüchterungstaktik
Das Flügelmuster des männlichen (unten) und weiblichen nordamerikanischen Seidenspinners erinnert an Eulenaugen. Es soll Räuber wie Frösche und Vögel erschrecken.

Der längste Teil der Antenne, das Flagellum (Geißel), ist hoch modifiziert und trägt unzählige Sinneszellen.

Gerüche erkennen

Gerüche und Geschmäcker sind Merkmale der Nahrung, doch sie können auch sehr präzise Informationen über andere Tiere in der Nähe liefern. Beutetiere erkennen Räuber beispielsweise oft am charakteristischen Geruch. Und häufig werden chemische Stoffe, die man als Pheromone bezeichnet, freigesetzt, um soziale Signale wie die Paarungsbereitschaft zu übermitteln. Der Adressat nimmt sie manchmal aus großer Entfernung wahr.

Die Antennenbasis ist beweglich und enthält Rezeptoren, die reagieren, wenn Wind die Antenne bewegt.

REIZE WAHRNEHMEN

Pheromonmoleküle verbreiten sich von ihrer Quelle aus und dringen in ein Sensillum (einen haarähnlichen Rezeptor) ein, um die Nervenzellen darin zu reizen. So werden Erregungen ausgelöst, die im Nervensystem des Empfängers weitergeleitet werden.

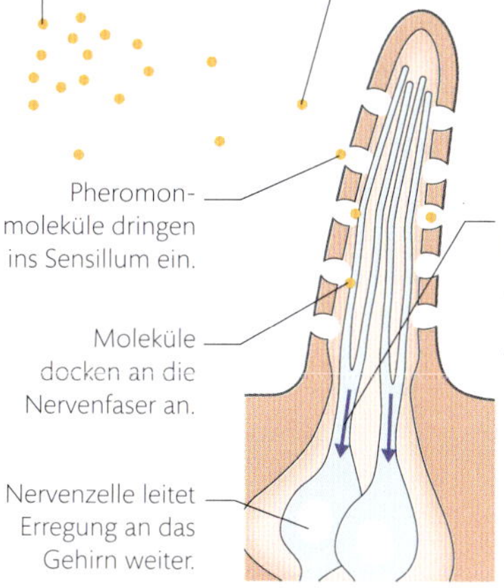

WIE EIN SENSILLUM GERÜCHE ERKENNT

Eine Partnerin riechen

Der nordamerikanische Seidenspinner (*Antheraea polyphemus*) besitzt keine funktionsfähigen Mundwerkzeuge und stirbt daher nur wenige Tage, nachdem er aus der Puppe geschlüpft ist. Mit seinen gefiederten Antennen kann ein Männchen jedoch ein mehrere Kilometer weit entferntes Weibchen aufspüren, sodass genügend Zeit zur Paarung und Eiablage bleibt.

Das Gefieder des Kakapo hat einen starken Moschusgeruch, der je nach Geschlecht, Alter und Jahreszeit unterschiedlich ist.
Die Augen liegen weiter vorn als bei anderen Papageien, sodass die Tiere Entfernungen auch bei Mondlicht gut einschätzen können.
Die Nasenlöcher befinden sich auf der sogenannten Wachshaut.

MEERESTIERE FINDEN

Albatrosse und ihre Verwandten, die Sturmtaucher und Sturmvögel, bezeichnet man wegen der Form ihrer Nasenlöcher als Röhrennasen. Ihr Geruchssinn ist vor allem auf Dimethylsulfid ausgerichtet, eine vom Plankton abgegebene Substanz. Wenn sie diesem Geruch folgen, finden sie ihre Beute: planktonfressende Fische, Tintenfische und Krill.

WEISSKAPPENALBATROS
Thalassarche cauta

Die breiten Flügel sind nicht kräftig genug, um den Vogel in die Luft zu heben.

Mit Borsten an der Schnabelbasis kann der Kakapo nachts seine Umgebung ertasten.

Die Bürzeldrüse am Schwanzansatz gibt wasserabweisende Öle ab. Sie könnten auch die Ursache für den süßlichen Körpergeruch sein.

Moschuspapagei
Die Entdeckung, dass der Riechkolben im Gehirn des Kakapos (*Strigops habroptilus*), eines neuseeländischen großen, flugunfähigen Papageien, vergrößert ist, kam nicht überraschend. In diesem Bereich werden die Geruchsinformationen verarbeitet. Sein Gefieder hat einen süßen, moschusartigen Geruch, der vermutlich eine wichtige Rolle im Sozialleben der Tiere spielt.

Geruchssinn der Vögel

Die meisten Vögel scheinen sich mehr auf ihre Augen und Ohren als auf ihren Geruchssinn zu verlassen, doch auch Düfte spielen in ihrem Leben eine Rolle. Albatrosse fliegen mit Seitenwind über die Meere, damit sie den Geruch der Beute im Wasser wahrnehmen können, und Truthahngeier riechen Aas von Weitem. Man nimmt nun an, dass Vögel auch individuelle Geruchsprofile entwickeln, sodass sich Individuen gegenseitig erkennen oder ihre Nester finden können.

Glück verheißende Kraniche (1112)
Ein seidenes Rollbild zeigt 20 Kraniche vor einem azurblauen Himmel. Es erinnert an einen Schwarm Kraniche, der sich über dem Dach des kaiserlichen Palastes gesammelt hatte und als Vorzeichen eines glücklichen Ereignisses galt. Kaiser Huizong (1082–1135), selbst ein Künstler und Dichter, schuf dieses Werk unter seinem eigentlichen Namen Zhao Ji.

Tiere in der Kunst

Vögel der Song

Während einer Periode außerordentlicher Kreativität schufen Künstler der Nördlichen Song-Dynastie bemerkenswerte Gemälde und verfassten Gedichte. Nirgendwo auf der Welt entstanden in den nächsten 400 Jahren ähnlich gefühlsbetonte Werke. Die Bilder der Landschaften, Tiere und insbesondere der Vögel, die im 12. Jahrhundert angefertigt wurden, gelten als die schönsten des chinesischen Kunstschaffens.

Im Mittelpunkt dieser Phase stand Zhao Ji, ein Erbe des Throns, der in seiner Kindheit künstlerische Neigungen verfolgte und sich wenig für die Staatsgeschäfte interessierte. Er wurde zum Kaiser Huizong ernannt. Seine desaströse 26-jährige Regierungszeit endete jedoch nach dem Zusammenbruch der Nördlichen Song-Dynastie und der Niederlage gegen die Jurchen. Huizong starb als Gefangener. Als Kaiser hatte er jedoch die besten Künstler an seinen Hof geholt. Er selbst hatte eine Begabung für Malerei, Kalligrafie, Dichtung, Musik und Architektur.

Die Künste der Dichtung, Kalligrafie und Malerei verband man, indem man seidene Querrollen anfertigte. Sie wurden in Abschnitten entrollt und von rechts nach links gelesen. Rollen an den Wänden waren aber meist eher für den Besitzer als für das Publikum gedacht. Die traditionellen Motive waren Landschaften und Tiere. Vögel stellte man vor allem als Vorzeichen dar: Mandarinenten bedeuteten Glück und Loyalität, weil sich die Paare lebenslang treu bleiben und sich beim Verlust des Partners angeblich zu Tode grämen. Tauben standen für Liebe und Treue, Eulen für schlechte Neuigkeiten und Kraniche für ein langes Leben und Weisheit. Ein Schwarm von 20 Kranichen, den man im Jahr 1112 in den sonnendurchfluteten Wolken über dem Palast beobachtete, galt als ein Zeichen, das Glück verhieß. Zhao Ji widmete dieser Begebenheit ein Gedicht und ein Gemälde.

Das Werk der Song-Dynastie war Vorbild für Künstler des 19. und frühen 20. Jahrhunderts, die damit experimentierten, die traditionelle Landschafts-, Blumen-, Fisch- und Vogelmalerei mit modernen Stilen zu verbinden. Die Brüder Gao Jianfu und Gao Qifeng studierten in Japan den Nihonga-Stil, bevor sie gemeinsam mit Chen Shuren die Lingnan-Schule im chinesischen Guangdong gründeten. In den 1920er-Jahren war der Lingnan-Stil unverwechselbar geworden. Mit seinen Weißflächen und leuchtenden Farben gilt er als Verschmelzung von Alt und Neu.

Specht (1927)
Traditionelle chinesische Blumen- und Vogelmalerei kombiniert mit westlichen Malstilen und Weißflächen kennzeichnen Gao Qifengs Specht. Die trockenen Pinselstriche auf der Rolle sind typisch für die von ihm etablierte Schule, die auf dem japanischen Nihonga-Stil basiert.

»Ewige Vögel, Verkünder guter Nachricht, erscheinen plötzlich in gemessenem Tanz.«

ZHAO JI, IN SEINEM GEDICHT *GLÜCK VERHEISSENDE KRANICHE*, 1112

NASENMUSCHELN

Der hintere Teil der Schnauze der meisten Säugetiere besteht aus einem Labyrinth dünner Knochenwände, den Nasenmuscheln. Sie vergrößern die Oberfläche des Riechepithels, einer Schicht von Sinneszellen. Hier wird eine Vielzahl von Geruchsstoffen erkannt, auch in niedriger Konzentration. Die meisten Säugetiere mit Ausnahme der Wale und der meisten Primaten haben einen guten Geruchssinn.

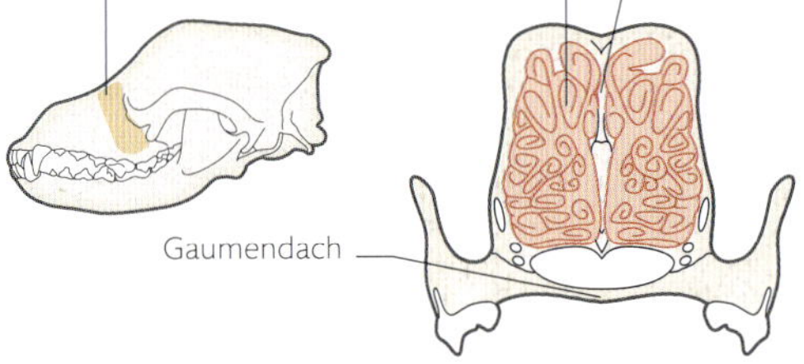

SCHNITT DURCH DIE SCHNAUZE

Geruchssinn bei Säugetieren

Die Nasen der Landwirbeltiere haben sich aus den einfachen Riechgruben der Fische entwickelt. Kanäle, die mit dem Rachen verbunden sind, ermöglichen gleichzeitig das Atmen. Bei Säugetieren wird die einströmende Luft vorgewärmt, bevor sie das Riechepithel erreicht (siehe Kasten). Hier nimmt das Tier Nahrungsgerüche, aber auch die für das Sozialleben wichtigen Pheromone wahr.

Fleischige Tentakel umgeben die Nasenlöcher.

Riechen unter Wasser
Der Sternmull (*Condylura cristata*) sucht im wassergesättigten Grund nach Wirbellosen, indem er Luftblasen abgibt und wieder einatmet, um ihren Geruch wahrzunehmen. Er tastet außerdem mit 25 000 Rezeptoren auf den Nasententakeln nach Beute.

Mit dem Nasenspiegel (einer robusten, von Knorpel gestützten Scheibe) kann das Tier Nahrung aus dem Boden ausgraben.

Die Nasenlöcher können verschlossen werden, damit kein Schmutz hineingerät.

Die Schnauzenspitze bewegt das Schwein mit kleinen Muskeln, wenn es nach Nahrung sucht.

Eine Nase zum Graben
Eine flache, mit einer Knorpelscheibe und großen Nasenlöchern ausgerüstete Nase ist perfekt, um vergrabene Nahrung zu finden. Das Pinselohrschwein (*Potamochoerus porcus*) spürt auch in der dunklen Nacht Wurzeln, Zwiebeln, Früchte und Aas auf.

Die Voraugendrüse produziert ein Sekret zur Reviermarkierung.

Die Beute hören
Mit ihrem hervorragenden Gehör kann die Schleiereule (*Tyto alba*) kleine Beutetiere in der Dunkelheit aufspüren und fangen. Die herzförmige Gesichtsscheibe reflektiert und verstärkt die Geräusche. Sogar Nagetiere, die im Gras oder unter einer Schneedecke aktiv sind, findet der Vogel.

UNGLEICHE OHREN

Viele Eulen besitzen asymmetrisch angeordnete Ohren. Bei Schleiereulen liegt die linke Ohröffnung in der Haut höher, und beim Raufußkauz ist sogar der Schädel asymmetrisch, sodass sich das rechte Ohr höher befindet. Schall erreicht das höher gelegene Ohr etwas später, sodass der Vogel anhand der Zeitdifferenz die Richtung und Entfernung zur Beute berechnen kann.

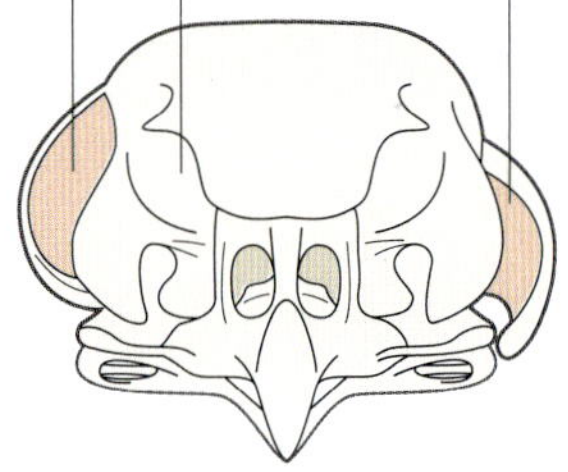

SCHÄDEL DES RAUFUSSKAUZES

Wie Tiere hören

Tiere hören, indem sie Vibrationen oder Schallwellen wahrnehmen. In ihren Ohren besitzen Wirbeltiere schallempfindliche Haarzellen mit Zilien (Wimpern), die von den Schallwellen bewegt werden. So werden Erregungen der Nerven erzeugt, die das Gehirn als Geräusche interpretiert. Landwirbeltiere wie die Vögel besitzen ein Trommelfell (siehe S. 178), das Schallwellen ans Innenohr weiterleitet, wo Lautstärke und Tonhöhe wahrgenommen werden

Versteckte Ohren

Anstelle äußerer Ohrmuscheln, wie sie viele Säugetiere (siehe S. 178–179) besitzen, hat die Schleiereule eine Gesichtsscheibe aus Federn. Sie leitet Schallwellen zu ihren versteckten Ohröffnungen. Die Gesichtsscheibe ist stromlinienförmiger als Ohrmuscheln, was auch in aerodynamischer Hinsicht ein Vorteil ist. Bei Vögeln verbindet nur ein Knochen das Trommelfell mit dem Innenohr, anders als bei Säugetieren, die drei Gehörknöchelchen besitzen.

Langohriger Allesfresser
Der Mähnenwolf (*Chrysocyon brachyurus*), der in der südamerikanischen Pampa heimisch ist, setzt seine Ohren ein, um seine Beute im hohen Gras zu finden. Aber nur 20% seiner Jagdversuche enden erfolgreich, Die Hälfte seiner Nahrung besteht aus Früchten.

Die Ohröffnungen an der Seite des Kopfs übermitteln ein Stereosignal. Deshalb kann der Räuber seine Beute genau lokalisieren.

Dank seiner langen Beine kann das Tier seine Beute im Grasland besser erspähen.

Ohren der Säugetiere

Säugetiere verlassen sich stärker als andere Tiere auf das Gehör. Sie hören, wenn Gefahr droht, besonders in der Nacht, und auch bei der Jagd spielt das Hören eine wichtige Rolle. Verschiedene Entwicklungen haben zu ihrem besseren Hörsinn beigetragen. Im Innenohr befinden sich drei Gehörknöchelchen, die Schallwellen verstärken. Außen am Kopf tragen Säugetiere zwei fleischige Ohrmuscheln, die den Schall direkt zum Verstärkersystem im Ohr leiten.

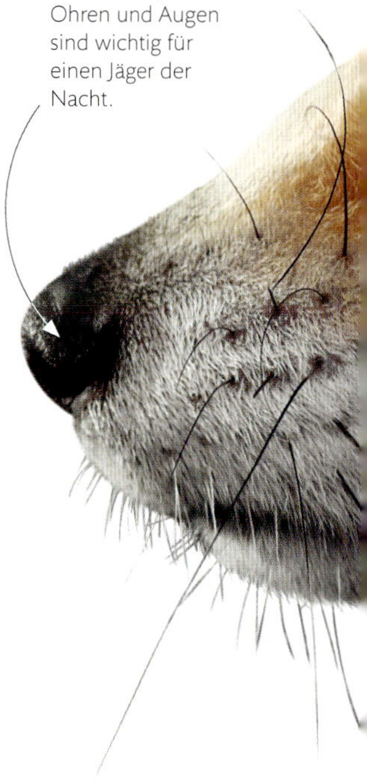

Ein guter Geruchssinn sowie gute Ohren und Augen sind wichtig für einen Jäger der Nacht.

GEHÖR DER SÄUGETIERE

Die wesentlichen Teile der Ohren liegen tief im Kopf. Schallwellen (siehe S. 180) werden in den Gehörgang geleitet, wo sie das Trommelfell anregen. Die Vibrationen werden dann über die Gehörknöchelchen ans Innenohr weitergegeben. Hier erkennen die Zellen in der flüssigkeitsgefüllten Gehörschnecke die Vibration und leiten Erregungen an das Gehirn weiter.

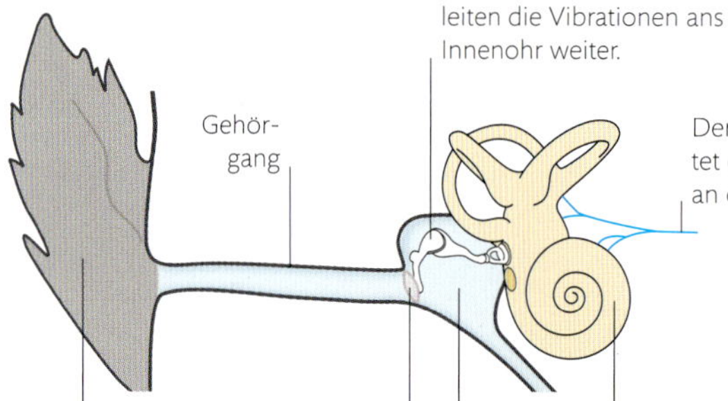

WICHTIGE BESTANDTEILE DES SÄUGETIEROHRS

Auf Beute hören

Der Wüstenfuchs (*Vulpes zerda*) ist die kleinste Art der Familie der Hunde. Seine Ohrmuscheln jedoch sind im Verhältnis zum Kopf die größten aller ähnlich großen Raubtiere. In seinem Lebensraum, der offenen Sahara, spürt er mit seinem Gehör Beutetiere auf, die unter der Erdoberfläche graben.

NATÜRLICHES SONAR

Fledermäuse senden mithilfe des Kehlkopfs und große Flughunde mit der Zunge Schallimpulse aus. Dabei entkoppeln sie ihre Gehörknöchelchen, um ihr Gehör nicht zu schädigen. Sie hängen sie sofort wieder ein, um das Echo wahrzunehmen. Die Wellenlänge des Schalls entspricht einem Nachtfalter. Wären die Wellen länger, wäre die Reflexion zu schwach. Hohe Frequenzen (kurze Wellenlänge) sorgen für eine gute Reflexion und Auflösung.

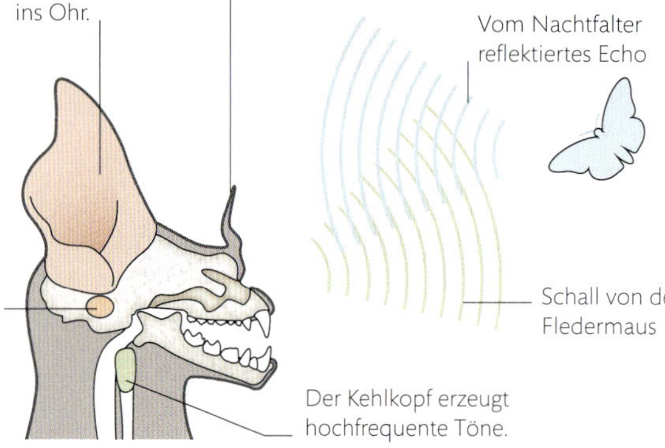

WIE FLEDERMÄUSE IHRE BEUTE FINDEN

Angepasste Gesichter

Unter den Fledertieren verfügen die Fledermäuse über die eindrucksvollste Echoortung. Bei mehr als 1000 Arten haben sich spezielle Gesichtsveränderungen entwickelt, wie Nasenblätter, die den Schall bündeln, und große Ohren, um das Echo zu empfangen. Die Nasenblätter sind vor allem bei den Arten ausgeprägt, die den Schall durch die Nasenlöcher abgeben. Die meisten Fledermäuse stoßen jedoch mit dem Mund Laute aus. Ihnen fehlen deshalb die hoch entwickelten Nasenblätter.

Echoortung

Wenn das Sehen in der Nacht oder in trübem Wasser eingeschränkt ist, benutzen manche Tiere ein natürliches Sonar: die Echoortung. Indem sie Geräusche ausstoßen und das Echo auffangen, erhalten sie ein Bild ihrer Umgebung. Fledermäuse nutzen die Echoortung, um Hindernissen auszuweichen und fliegende Insekten zu jagen. Das Echo ihrer hochfrequenten Geräusche verrät ihnen Größe, Form, Position, Entfernung und sogar die Oberflächenbeschaffenheit eines Objekts.

Schall erzeugen und empfangen

Nasenblätter, die den Schall bündeln, finden sich bei Fledermäusen wie den Hufeisennasen, den Falschen Vampiren und den Blattnasen. Einige Fledermäuse können die Form ihrer großen Ohrmuscheln verändern, um das von der Beute zurückgeworfene Echo besser zu lokalisieren.

Mit den drehbaren Ohrmuscheln lokalisiert das Tier den Schall.

Das Nasenblatt ist mit der Oberlippe verschmolzen.

WEISSKEHLFLEDERMAUS
Lophostoma silvicolum

Die Falten der Ohrmuscheln leiten das Echo weiter.

POMONA-RUNDBLATTNASE
Hipposideros pomona

Der Tragus ist ein Teil der Ohrmuschel. Er trägt dazu bei, die vertikale Position der Beute zu erkennen.

KALIFORNISCHE GROSSOHRBLATTNASE
Macrotus californicus

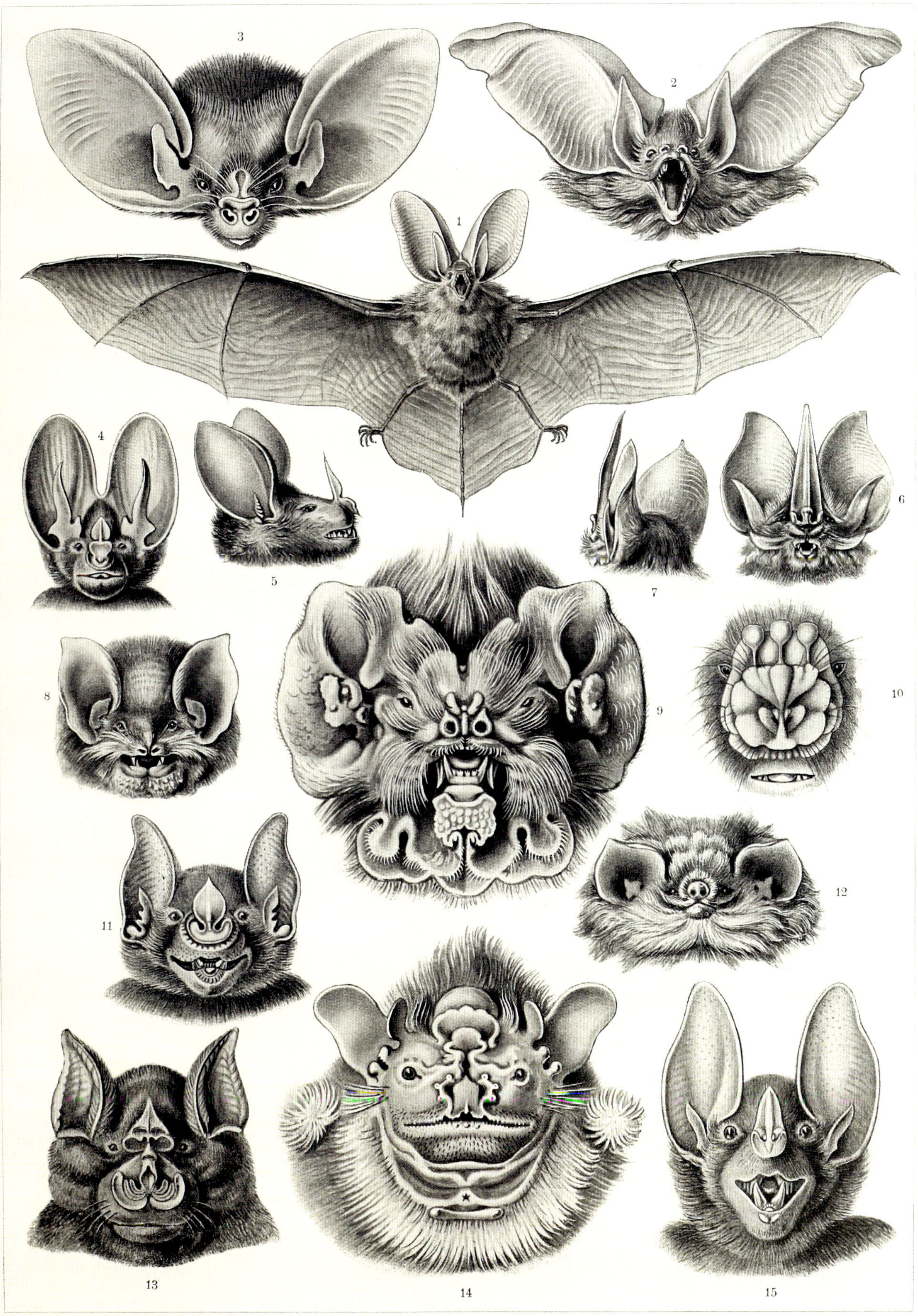

Chiroptera. — Fledertiere.

Tiere im Blickpunkt

Gemeiner Delfin

Delfine sind bekanntermaßen sehr intelligent und ihr Verhalten zeigt dies deutlich. Nur beim Menschen ist das Gehirn im Verhältnis zum restlichen Körper größer. Gemeine Delfine (*Delphinus* sp.) sind hervorragende Jäger und arbeiten zusammen, um möglichst viele Beutetiere fangen zu können.

Gemeine Delfine leben weltweit in den warmen Meeren. Sie tauchen meistens nicht tiefer als 180 m. Wie andere Wale sind diese Säugetiere, die Luft atmen, gut an ein Leben im Wasser angepasst. Der Körper ist hydrodynamisch geformt und wird von einer Schwanzflosse angetrieben (siehe S. 274–275). Mit den vorderen Flossen steuert das Tier und die Nasenlöcher sind zu einem Blasloch auf dem Kopf umgebildet.

Das Gehirn ist ein mächtiger Informationsprozessor. Geräusche breiten sich im Wasser besser aus als an Land und der Delfin findet seine Beute mit Echoortung. Die Klicks, die er unterhalb des Blaslochs erzeugt, werden im Stirnbereich durch die ölgefüllte Melone fokussiert, und das zurückgeworfene Echo wird durch ölgefüllte Kanäle im Unterkiefer zum Innenohr geleitet. Der Bereich des Gehirns, der für die akustische Wahrnehmung zuständig ist, ist stark vergrößert. Nur die Teile, die dem Geruchssinn dienen, sind im Vergleich mit anderen Säugetieren kleiner.

Doch ein Delfin benutzt sein Gehirn nicht nur, um Sinneseindrücke zu verarbeiten. Die Großhirnrinde, die gefaltete obere Gehirnschicht und Sitz der höchsten kognitiven Fähigkeiten, ist besonders gut ausgebildet. Delfine haben ein gutes Gedächtnis, treffen sinnvolle Entscheidungen und erproben immer wieder neue Verhaltensweisen. Eine Schule Gemeiner Delfine kommuniziert so gut, dass sie Fische dicht zusammendrängen kann. So ist die Beute leichter zu fangen.

Kooperative Gehirne
Langschnäuzige Gemeine Delfine (*Delphinus capensis*) leben in den Gewässern der Kontinentalschelfe. Hier drängt eine Schule einen Sardinenschwarm zusammen. Der Gemeine Delfin (*D. delphis*) bevorzugt die Hochsee.

Bunte Tarnung
Diese Illustration aus dem 19. Jahrhundert zeigt die wunderbare Färbung des Gemeinen Delfins deutlich. Sie könnte zur Auflösung des Körperumrisses dienen und das Tier im Meer tarnen.

Mäuler und Kiefer

Maul. Durch diese Körperöffnung nimmt in Tier seine Nahrung auf. Viele Arten stoßen außerdem Laute durch das Maul aus.
Kiefer. Diese gelenkige Struktur ist Teil des Mauls und dient dem Beißen und Kauen.

Das Rosa kommt durch Karotinoide zustande, die in den gefressenen Algen und Wirbellosen enthalten waren.

Mit seinen langen Beinen kann der Flamingo in tieferes Wasser waten als die meisten anderen Vogelarten.

Seihschnabel

Filtrieren funktioniert gut, wenn genügend Nahrung vorhanden ist. Flamingos ernähren sich von kleinen Tieren und Algen, die in Seen leben. Mit seinem Schnabel filtert der Kubaflamingo (*Phoenicopterus ruber*) 0,5 bis 6 mm große Organismen aus dem Wasser.

DER SCHNABEL DES FLAMINGOS

Flamingos setzen ihre Zunge als Pumpe ein. Ziehen sie sie zurück, wird Wasser aufgenommen, das Algen und Kleintiere enthält. Beim Vorstrecken der Zunge wird das überschüssige Wasser ausgestoßen.

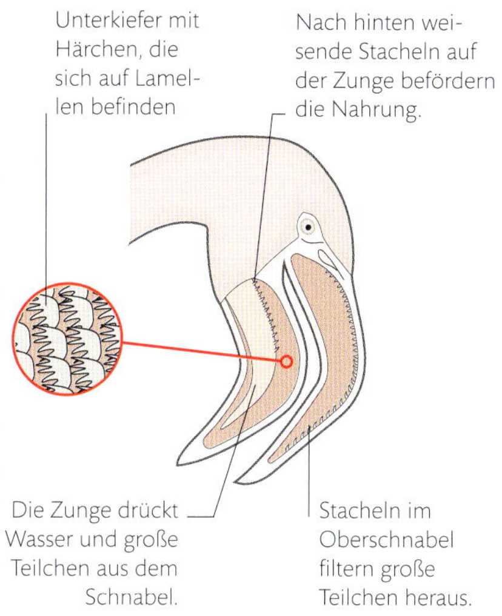

QUERSCHNITT DURCH DEN SCHNABEL

Seinen langen Hals kann der Vogel bei der Nahrungssuche tief ins Wasser eintauchen.

Weil der Schnabel einen Knick hat, kann ihn der Flamingo nur einen schmalen Spalt weit öffnen.

Der Unterschnabel ist höher als der Oberschnabel, sodass genug Platz für die fleischige Zunge zur Verfügung steht.

Filtrierer

Viele Tiere ernähren sich von winzigen Nahrungsteilchen, die im Wasser schweben. Sie haben wirksame Weisen entwickelt, um an die Nahrung zu gelangen. Die kleinsten Wirbellosen setzen dafür Schleim ein. Viele größere Tiere drücken nahrungsreiches Wasser durch einen Filter, der die Nahrung zurückhält. Diese Methode, die man als Filtrieren bezeichnet, setzen nicht nur die größten Tiere ein, wie der Blauwal und der Walhai, sondern auch Großmaul-Makrelen und Flamingos.

Mit den Kiemenrechen sammelt der Fisch Plankton, während er mit weit geöffnetem Maul umherschwimmt.

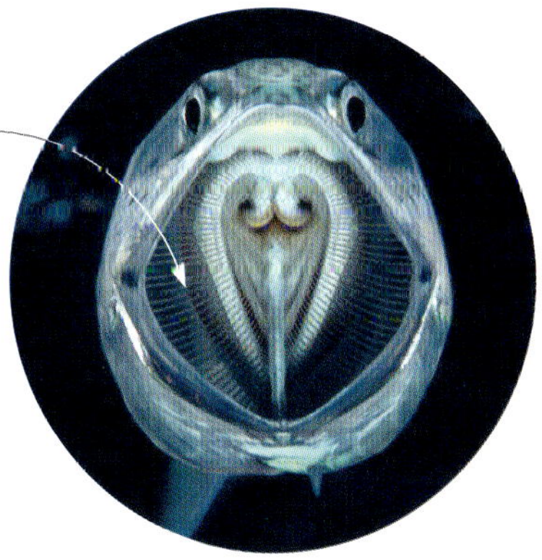

Filtrierer der Meere
Verschiedene Fischarten, wie die Großmaul-Makrele (*Rastrelliger kanagurta*), besitzen Fortsätze ihrer Kiemen, die man als Kiemenrechen bezeichnet. Mit ihnen können sie beim Schwimmen Nahrung aufnehmen.

Weihnachtsbaumwurm

Diese Würmer besiedeln Korallenriffe und schützen sie gleichzeitig. Weihnachtsbaumwürmer (*Spirobranchus giganteus*) sehen aus wie Pflanzen und zu vielen erinnern sie an wundersame Unterwasserwälder. Doch ihre Tentakelkronen sind modifizierte Kiemen, mit deren Hilfe sie atmen und fressen.

Diese bemerkenswerten Tiere beginnen ihr Leben im Freiwasser. Männliche und weibliche Würmer geben gleichzeitig Spermien und Eier ins Wasser ab, aus denen sich frei schwimmende Larven entwickeln. Nach einigen Stunden oder Wochen lässt sich die Larve auf einer Steinkoralle nieder und verwandelt sich in ein Tier, das eine Kalkröhre baut. In der Röhre wird der Wurm bis zu 30 Jahre lang leben.

Der junge Wurm nimmt kalziumreiche Teilchen auf und wandelt sie mithilfe einer Drüse in Kalk um. Diesen scheidet er aus, sodass sich eine 20 cm lange Röhre bildet, die sich weit ins Innere des Korallenstocks erstreckt. Der einzige sichtbare Teil des Wurms ist das Prostomium, das die Form zweier spiralförmiger Bäumchen hat – der Rest des Tiers verbleibt in der Röhre. Bei Gefahr zieht es auch das Prostomium in die Röhre ein.

Jede Tentakelkrone besteht aus fünf bis zwölf Reihen kleiner Tentakel oder Radioli, die mit Filamenten oder Pinnulae bedeckt sind. Diese tragen wiederum mikroskopisch kleine Wimpern. Mit Wimpernschlägen strudelt der Wurm das Plankton heran, von dem er sich ernährt.

An der Basis eines jeden Bäumchens sitzen zwei Komplexaugen, die sich aus bis zu 1000 Ommatidien zusammensetzen. Man weiß nicht genau, wie gut diese Augen sind, doch die Würmer reagieren auf herbeischwimmende Fische, auch wenn diese keinen Schatten werfen.

Von Vorteil für das Korallenriff

Der Wurm befördert die Nahrung über eine Rinne auf den Tentakeln zum Mund an ihrer Basis. Dabei entstehen Wasserbewegungen, die Nährstoffe auch zu den Korallen transportieren. Abfallstoffe werden gleichzeitig fortgetragen.

SPEZIALISIERTER KOPF

Weil der Annelidenkopf modifiziert ist, kann der Wurm als sessiler, röhrenbewohnender Filtrierer leben. Die hoch spezialisierten Tentakel, die den Mund eines Kalkröhrenwurms umgeben, bilden ein schützendes Operculum, während andere zu federartigen Strukturen wurden, die der Ernährung und der Atmung dienen. Der Kopfteil oder das Prostomium eines Weihnachtsbaumwurms ist 1 bis 2 cm hoch und bis zu 3,8 cm breit. Der 3 cm lange Körper wird von der Röhre geschützt. Bei Gefahr kann das Tier auch das Prostomium in die Röhre einziehen.

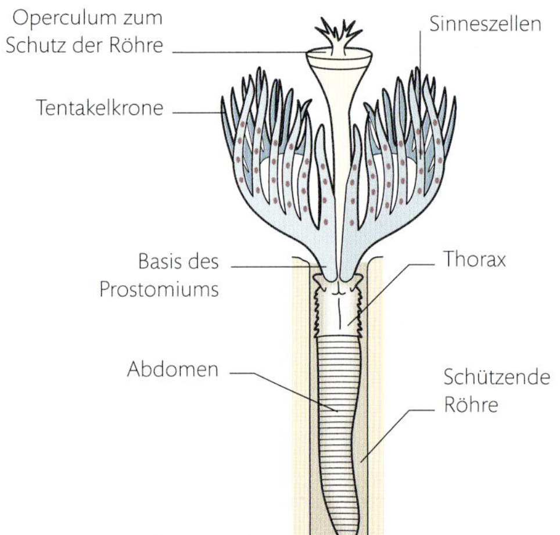

SCHNITT DURCH EINEN KALKRÖHRENWURM

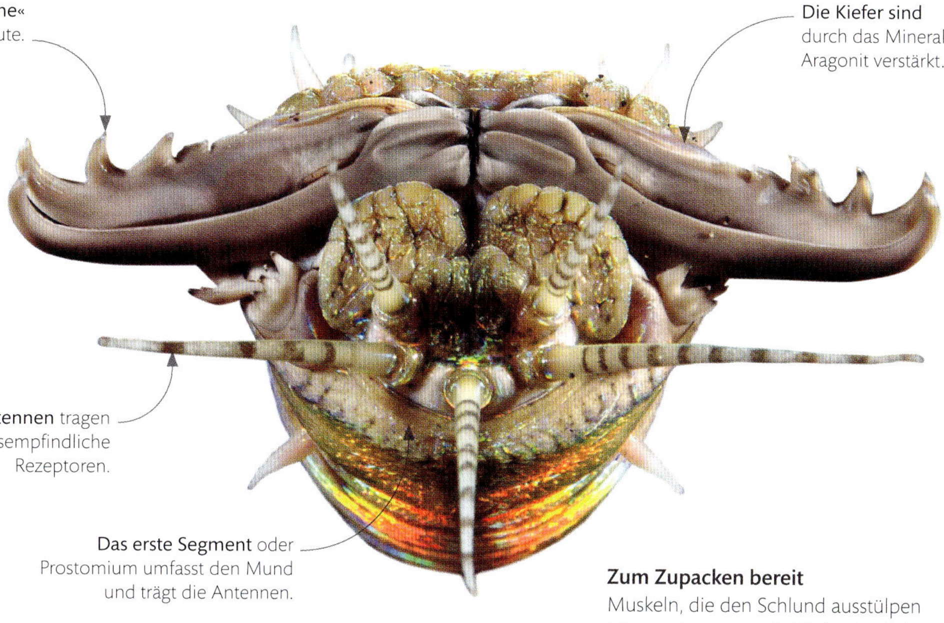

Zum Zupacken bereit
Muskeln, die den Schlund ausstülpen können, bewegen die Kiefer des Bobbitwurms. Viele räuberische Wurmarten haben ähnliche Kiefer.

Kiefer eines Wurms

Bevor sich die Kiefer entwickelten, fraßen Tiere nur, was sie unzerteilt verschlingen konnten, so wie es die Quallen und Anemonen noch heute tun. Dann entwickelten sich muskulöse Kiefer, die schneiden, mahlen oder raspeln konnten. Wurmartige Tiere hatten nun Zugang zu neuen Nahrungsquellen. Sie konnten große Nahrungsstücke wie Blätter oder Fleisch in kleinere Teile zerlegen, die leicht zu schlucken und zu verdauen waren. Scharfe Kiefer wurden außerdem zu Waffen und Werkzeugen zum Fangen und Toten der Beute. Heute findet man bei den verschiedensten Wirbellosen, von Ameisen über Kalmare bis hin zu räuberischen Würmern, Kiefer ganz unterschiedlicher Größe, Form und Struktur.

Hydraulische Kiefer
Der Druck der Körperflüssigkeit stülpt den Schlund eines Bobbitwurms (*Eunice aphroditois*) nach außen, sodass die gezahnten Kiefer und Antennen um den Mund herum abstehen. Wenn Fische in die Nähe kommen, reizen sie die Antennen. Der Druck lässt nach und die Kiefer schnappen zu, während sich der Schlund in den Körper zurückzieht.

BLUTSAUGER-KIEFER

Viele Kiefer wirken wie Scheren, doch die der Blutegel funktionieren eher wie Skalpelle. Nachdem sich die Egel an der Haut des Opfers festgesaugt haben, wird sie von den drei Kiefern zerschnitten, sodass eine y-förmige Wunde zurückbleibt. Gerinnungshemmer im Speichel sorgen dafür, dass das Blut weiter aus der Wunde fließt, während der Wurm die flüssige Mahlzeit mit seiner kräftigen Schlundmuskulatur aufsaugt.

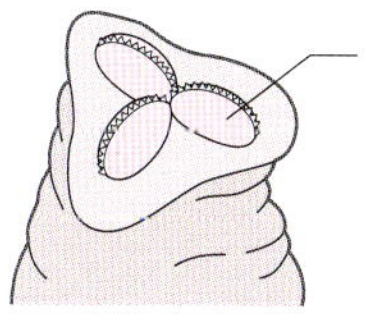

BLUTEGELKIEFER

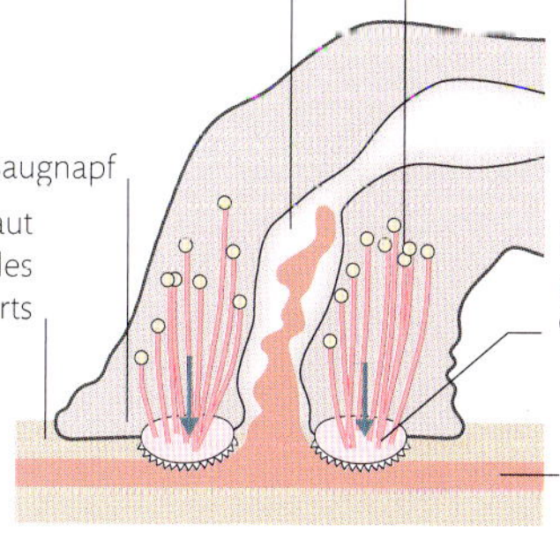

WIE EIN EGEL BLUT SAUGT

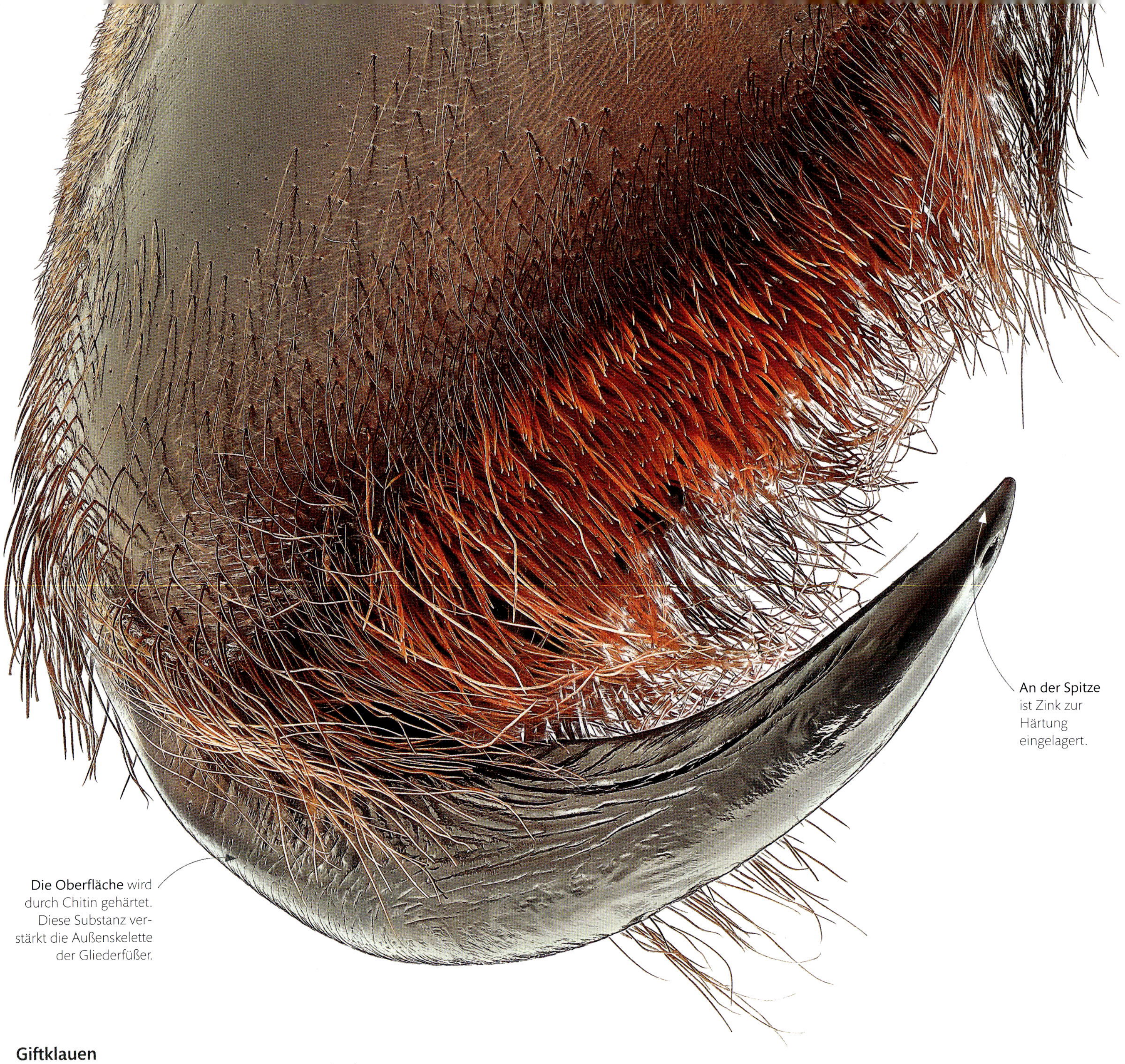

Giftklauen
Die Kieferklauen der größten Spinne der Welt, der Goliath-Vogelspinne (*Theraphosa blondi*), behalten ihren Glanz, nachdem das Außenskelett gehäutet wurde, wie hier zu sehen ist. Man kann sogar die kleinen Öffnungen erkennen, durch die das Gift abgegeben wird. Trotz ihrer Größe ist die Spinne für Menschen ungefährlich.

Gift einspritzen

Spinnen sind fast überall an Land die wichtigsten wirbellosen Prädatoren. Für Insekten und einige Echsen oder Vögel sind Spinnen tödlich. Die meisten der rund 50 000 Spinnenarten töten mit Giften, die sie der Beute mithilfe ihrer Kieferklauen injizieren. Nur einige hundert Arten sind ungiftig. Spinnen können keine feste Nahrung aufnehmen. Sie geben beim Biss Verdauungsenzyme ab, um den Körper der Beute zu verflüssigen. Nur wenige, wie die Schwarze Witwe, die brasilianischen Bananenspinnen und die Sydney-Trichternetzspinne, können Menschen gefährlich werden.

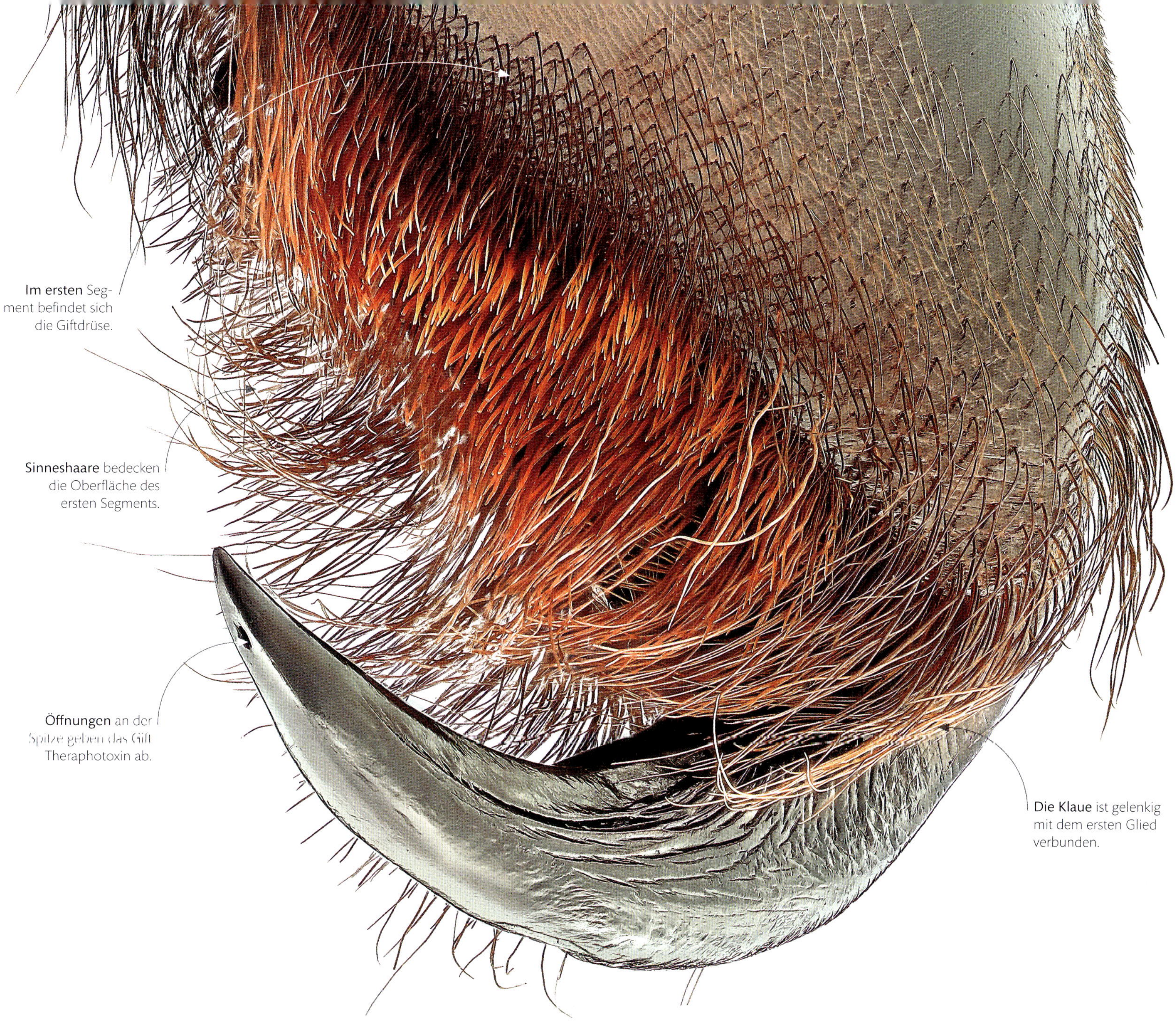

Groß und stark
Die meisten Spinnen fangen ihre Beute mit Spinnenseide, die von einer Drüse am Ende des Abdomens abgegeben wird. Andere Arten, wie die Goliath-Vogelspinne, überwältigen ihre Beute mit ihrer schieren Kraft. Nur wenige Spinnen haben so starke Kieferklauen, dass sie die Haut eines großen Wirbeltiers durchdringen könnten.

GIFTDRÜSEN

Die Kieferklauen oder Cheliceren sind die Mundwerkzeuge der Spinnen. Eine Drüse an ihrer Basis erzeugt meist neurotoxische Substanzen. Die Gifte beeinträchtigen die Nerven- und Muskelzellen. Sie beeinflussen die Erregungsleitung der Nerven und führen zu Lähmungen der Beute.

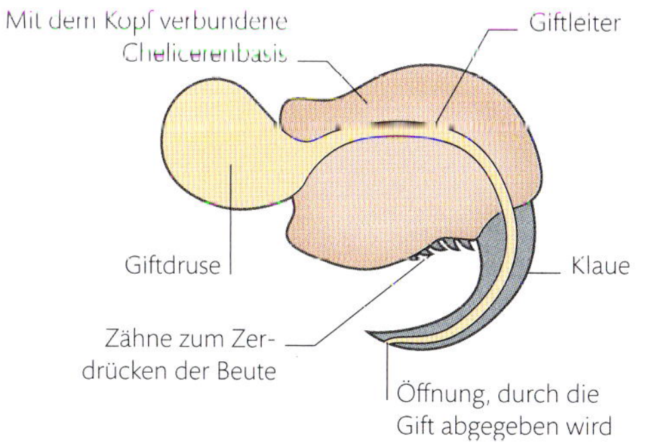

SCHNITT DURCH DIE CHELICEREN EINER SPINNE

Hornzähne umgeben die Mundöffnung.

Wirbeltiere ohne Kiefer
Neunaugen und Schleimaale sind die einzigen heute lebenden kieferlosen Wirbeltiere. Das europäische Bachneunauge (*Lampetra planeri*) hält sich mit seinem saugnapfartigen Maul an Steinen fest. Nur die Larven, denen die Saugscheibe fehlt, fressen. Andere Arten sind als erwachsene Tiere Parasiten, die sich an einem Fisch festsaugen und sich von seinem Blut und Gewebe ernähren.

VON KIEMENBÖGEN ZU KIEFERN

Untersuchungen der Embryonalentwicklung und von Fossilien zeigen, dass die Wirbeltierkiefer aus den Kiemenbögen der Fische entstanden sind. Kiemenbögen sind die Stützelemente des Kiemengewebes an den Seiten des Kopfs. Es ist wahrscheinlich, dass aus dem ersten Kiemenbogen Ober- und Unterkiefer hervorgegangen sind.

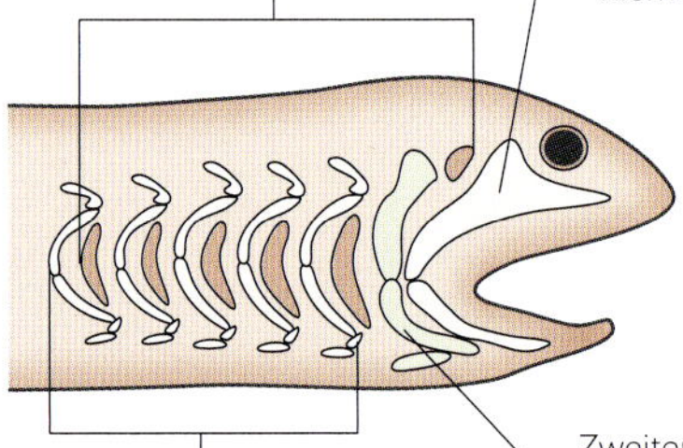

VERMUTETER URSPRUNG DES WIRBELTIERKIEFERS

Wirbeltierkiefer

Der erste Fisch, der vor einer halben Milliarde Jahren in einem urzeitlichen Meer schwamm, war kieferlos und raspelte seine Nahrung wahrscheinlich vom Meeresboden ab. Doch dann entwickelten sich Kiefer und mit ihnen bald eine hohe Artenvielfalt. Indem ein Fisch seine Kiefer öffnet und schließt, pumpt er sauerstoffreiches Wasser durch seine Kiemen. Vermutlich war dies anfangs die wichtigste Aufgabe der Kiefer. Da ein Tier mit Kiefern aber auch beißen kann, entwickelten sich völlig neue Fresstechniken. Mit beißenden Kiefern können Pflanzenfresser Blätter und Gräser kauen und Raubtiere ihre Beute töten.

Kieferknochen
Wie bei allen Säugetieren besteht der Unterkiefer des Zwergflusspferds aus einem einzigen Knochen, der als Mandibula bezeichnet wird. Bei den Reptilienvorfahren der Säugetiere waren am Kiefergelenk noch weitere Knochen beteiligt, aber im Verlauf der Evolution sind sie zu winzigen Gehörknöchelchen geworden.

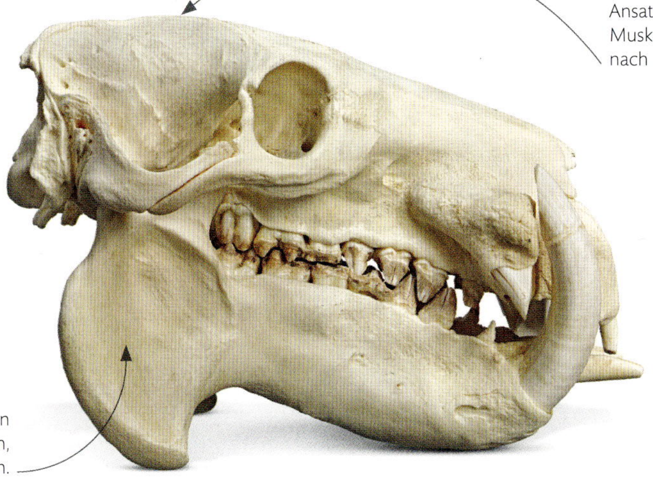

Der Scheitelkamm ist der Ansatzpunkt des Temporalis-Muskels, der den Unterkiefer nach oben zieht.

Die Mandibula kann den Kräften der starken Muskeln widerstehen, die den Kiefer schließen.

Weite Öffnung

Bei Auseinandersetzungen reißt das Zwergflusspferd (*Choeropsis liberiensis*) sein Maul weit auf, um seine riesigen Eckzähne zu präsentieren. Dies ist möglich, weil die Kaumuskulatur ungewöhnlich dehnbar ist. Außerdem wird bei weit geöffnetem Maul Luft- und Speiseröhre offen gehalten.

Die großen Augen sind stärker nach vorn gerichtet als bei anderen Vogelarten.
Der Oberschnabel ist mit einem Kiel verstärkt.
Die kräftige Halsmuskulatur trägt das Gewicht des Schnabels samt schwerer Beute.
Mit der breiten Schneide kann das Tier große Beute köpfen.
Schlüpfrige Fische werden mit dem Haken festgehalten.

Ein eindrucksvoller Anblick
Der Schuhschnabel, der in den ostafrikanischen Sümpfen heimisch ist, kann 1,2 m groß werden. Er schreitet durch die Vegetation und fängt mit seinem gewaltigen Schnabel große Beutetiere wie Lungenfische, die mehr als 70 cm lang sind.

Die Spannweite kann bis zu 2,3 m betragen.

Im breiten Schnabel kann der Vogel viel Wasser transportieren, um seine Eier oder Jungvögel zu kühlen.

Vogelschnäbel

Im Verlauf der Evolution verloren die Vögel ihre Zähne und konnten nicht mehr zubeißen wie ihre Reptilienvorfahren. Stattdessen entwickelte sich ein Hornschnabel, der eine scharfkantige Waffe sein kann, aber auch ein präzises Instrument, mit dem Samen zerkleinert werden oder Nektar aufgesaugt wird (siehe S. 198–199). Dank des flexiblen Baus senkt sich beim Öffnen der Unterschnabel, während sich der Oberschnabel gleichzeitig hebt.

AUFBAU EINES VOGELSCHNABELS

Der Knochenkern des Schnabels ist von einer Hornscheide oder Rhamphotheca umgeben, die aus Keratin besteht wie unsere Fingernägel. Sie wird von Blutgefäßen und Nerven durchzogen und ist berührungsempfindlich.

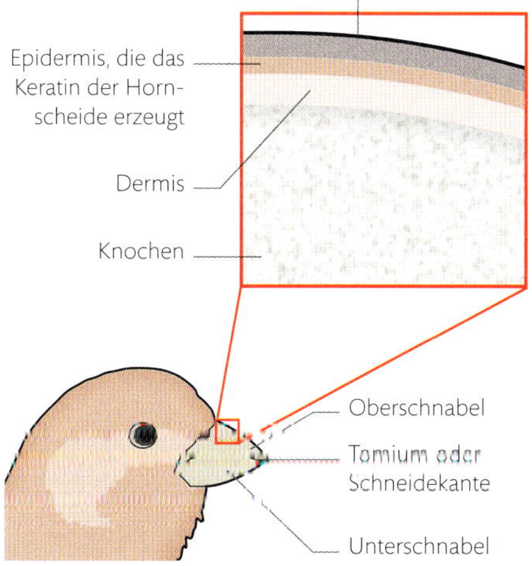

SCHNITT DURCH EINEN VOGELSCHNABEL

Ein Verwandter der Pelikane
Früher stellte man den Schuhschnabel (*Balaeniceps rex*) zu den Schreitvögeln, aber nach DNA-Untersuchungen ist er wohl eher mit den Pelikanen verwandt. Er hat zwar keinen Kehlsack, doch der Oberschnabel ist wie bei einem Pelikan mit einem Kiel verstärkt.

Schnabelformen

Die Vogelschnäbel haben sich je nach der zur Verfügung stehenden Nahrung entwickelt. Die Vielfalt der Formen weist darauf hin, was und wie die Vögel fressen. Viele Vögel sind Allesfresser und verzehren abhängig von der Jahreszeit Pflanzen und Tiere, doch die meisten haben sich spezialisiert, etwa auf Samen, Nektar oder wirbellose Tiere.

Früchte, Samen und Nüsse fressen

Die Kegelform ermöglicht das Zerkleinern von Zedern-, Kiefern- und Birkensamen.

MASKENKERNBEISSER
Eophona personata

Ein kräftiger Schnabel zum Fressen von Nüssen, Samen und Früchten

GELBBRUST-ARA
Ara ararauna

Mit dem langen Schnabel erreicht der Vogel Früchte an Zweigen.

FURCHENHORNVOGEL
Rhyticeros undulatus

Nektar trinken

Der Schnabel eignet sich zum Trinken von Nektar und zum Insektenfang.

GELBSTIRN-HONIGFRESSER
Lichenostomus melanops

Dank des gebogenen Schnabels dringt die Zunge tief in Blüten ein.

SCHWARZKEHL-NEKTARVOGEL
Aethopyga saturata

Mit dem langen Schnabel gelangt der Vogel in Röhrenblüten.

VIOLETT-KRONENNYMPHE
Thalurania colombica colombica

In Schlamm und Erde stochern

Der Vogel bewegt seinen nach oben gebogenen Schnabel auf der Suche nach Wirbellosen hin und her.

AMERIKANISCHER SÄBELSCHNÄBLER
Recurvirostra americana

Mit den Nasenlöchern an der Schnabelspitze spürt der Vogel Beute im Boden auf.

NÖRDLICHER STREIFENKIWI
Apteryx mantelli

Mit seinem dünnen Schnabel sucht der Sichler im Wasser nach Krebsen und Wirbellosen.

ROTER SICHLER
Eudocimus ruber

Der passende Schnabel
Die Form und Größe des Schnabels erlaubt Rückschlüsse auf die Ernährungsweise des Vogels. So deutet ein dicker, kegelförmiger Schnabel wie der eines Finken auf einen Samenfresser hin, während Greifvögel wie die Adler eine nach unten gekrümmte Schnabelspitze haben, mit der sie die Beute in Stücke reißen können.

Fleisch zerreißen und hinunterwürgen

RIESENSEEADLER
Haliaeetus pelagicus

KÖNIGSGEIER
Sarcoramphus papa

MARABU
Leptoptilos crumenifer

Insekten fangen

ZIEGENMELKER
Caprimulgus europaeus

ROTKEHLCHEN
Erithacus rubecula

SMARAGDSPINT
Merops orientalis

Fische fangen

ROSAPELIKAN
Pelecanus onocrotalus

PAPAGEITAUCHER
Fratercula arctica

RIESENFISCHER
Megaceryle maxima

Nº 14.
PLATE LXVI.
2
1
3
Drawn from Nature and Published by John J. Audubon F.R.S.E. L.S.
Ivory-billed Woodpecker, PICUS PRINCIPALIS. Linn. Male 1 Female, 2, 3.
Engraved, Printed & Coloured by R. Havell.

Galápagos-Rubintyrann
John Gould arbeitete mit den Präparaten, die man auf Charles Darwins Reise gesammelt hatte. Die Illustration dieses weiblichen Galápagos-Rubintyrannen (*Pyrocephalus nanus*) wurde in *The Zoology of the Voyage of H. M. S. Beagle* (1838) veröffentlicht.

Tiere in der Kunst

Kunstwerke von Ornithologen

Für die Naturkundler des 19. Jahrhunderts war die Artenvielfalt der Vögel mit ihren unterschiedlichen Farben, Gestalten und Gesängen eine große Herausforderung. In diesem Zeitalter klassifizierte man sie und bildete sie ab. Dank neuer Drucktechniken konnte man die Kunstwerke vervielfältigen.

Naturliebhaber, die die Welt bereisten, beschrieben ihre naturwissenschaftlichen Entdeckungen und brachten Vogelpräparate mit nach Hause, die oft in den Händen des Ornithologen John Gould (1804–1881) landeten. Als erster Kurator und Präparator der London Zoological Society veröffentlichte Gould herausragende Werke über Vögel. Die neue Technik der Lithografie, bei der auf Kalksteinblöcke gezeichnet wurde, ermöglichte den Druck der Illustrationen, die dann von Hand koloriert wurden. Gould bereiste Europa, um für sein Hauptwerk *The Birds of Europe* (1832–1837) Vögel zu zeichnen. Anschließend unternahm er eine zweijährige Expedition nach Tasmanien und Australien. Gemeinsam mit seiner Frau Elizabeth, einer Malerin, veröffentlichte er ein siebenbändiges Werk über die Vögel Australiens, in dem er 328 der Wissenschaft zuvor unbekannte Arten beschrieb.

Obwohl die Vögel lebendig wirken, wurden die meisten vor dem Malen getötet und präpariert. In den USA befestigte der Naturkundler und Jäger John James Audubon die toten Vögel mit Draht vor einem Hintergrund, der ihren Lebensraum darstellte, um realistische Bilder malen zu können. Da er bei amerikanischen Wissenschaftlern nicht anerkannt war, suchte er die Unterstützung von britischen Adelshäusern und Universitätsbibliotheken. Von *The Birds of America* erschienen 200 Exemplare und Audubon benötigte fast zwölf Jahre und 115 000 Dollar dafür.

Wellensittiche
Der englische Ornithologe John Gould schuf für sein Werk *The Birds of Australia* (1840–1848) 681 Lithografien. Nachdem er 1840 die ersten beiden Wellensittiche nach England gebracht hatte, wurden die kleinen Papageien beliebte Ziervögel.

Elfenbeinspecht
John James Audubons Vorhaben, lebensgroße Porträts aller amerikanischen Vögel zu schaffen, verlangte nach dem Format »Double Elephant« (100 cm × 67 cm). Der heute wohl ausgestorbene Elfenbeinspecht ist auf einer der 435 monumentalen Tafeln in *The Birds of America* (1827–1838) abgebildet.

»Jeden Tag habe ich den Vögeln zugehört oder sie beobachtet, um sie so gut wie irgend möglich darzustellen.«

JOHN JAMES AUDUBON, IN *AUDUBON AND HIS JOURNALS*, 1899

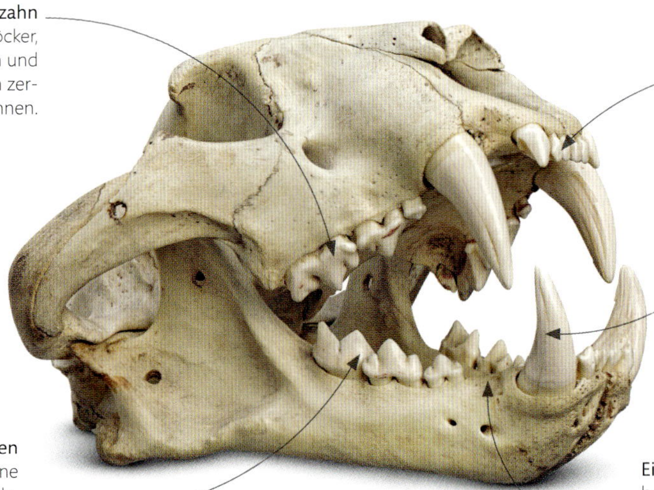

Tigerschädel
In den kräftigen Kiefern des Tigers (*Panthera tigris*) sitzen tief verwurzelte Backenzähne, die man als Reißzähne bezeichnet. Wie Scheren können sie Fleisch zerschneiden. Mit seinen langen Eckzähnen hält der Tiger wehrhafte Beute fest.

Raubtiergebiss

Alle fleischfressenden Tiere, ob Qualle, Laufkäfer oder Krokodil, bezeichnet man als Karnivoren, doch besonders beeindruckende Anpassungen an diese Ernährungsweise findet man in der Säugetierordnung Carnivora. Diese Raubtiere, unter ihnen Katzen, Hunde, Marder und Bären, haben kräftige Kiefer mit Zähnen, die erdolchen und zerstückeln können. Und außer der Nahrungsaufnahme haben die Zähne wie bei den meisten anderen Säugetieren noch weitere Aufgaben.

DIFFERENZIERTE ZÄHNE

Die meisten Fische, Amphibien und Reptilien haben ähnliche Zähne. Alle Zähne eines Alligators sind konisch geformt. Dies bezeichnet man als homodontes Gebiss. Säugetiere dagegen haben ein differenziertes, heterodontes Gebiss, mit dem sie die Nahrung auf unterschiedliche Weise verarbeiten können. Es gibt meißelförmige Schneidezähne zum Nagen und Schneiden, konische Eckzähne zum Stechen und höckrige Backenzähne (Prämolaren und Molaren) zum Zermahlen.

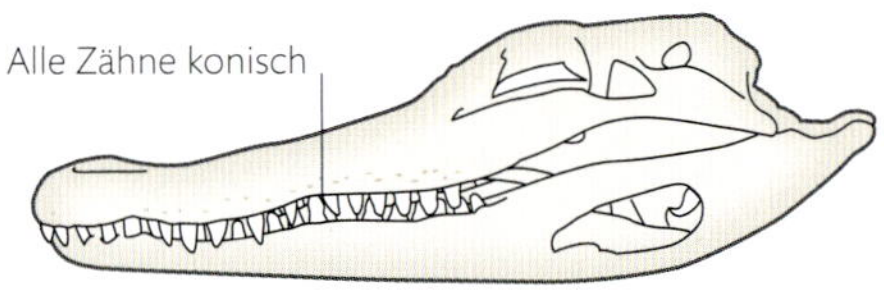

MISSISSIPPI-ALLIGATOR *Alligator mississippiensis*

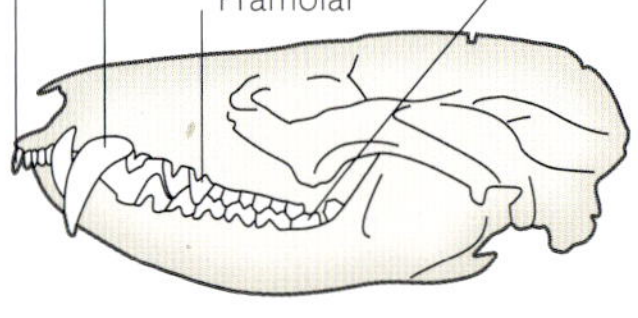

VIRGINIA-OPOSSUM *Didelphis virginana*

Zähne zum Töten
Obwohl sie eindrucksvoll sind, sind die Eckzähne eines Geparden (*Acinonys jubatus*) im Verhältnis kleiner als die der meisten anderen Katzen. Weil die Wurzeln kürzer sind, ist mehr Platz in der Nasenhöhle. Deshalb kann der Gepard durch die Nase atmen, wenn er seine Beute nach einer Hetzjagd packt. Die dolchartigen Eckzähne schließen sich um die Kehle des Opfers, um es zu ersticken.

Falsche Zuordnung
Bis in die 1860er-Jahre waren Große Pandas außerhalb Asiens unbekannt. Erst dann erreichte ein schwarz-weißes Fell den Westen, doch noch immer glaubten einige Wissenschaftler, es handle sich um einen riesigen Verwandten des Waschbären.

Tiere im Blickpunkt

Großer Panda

Mit seinem schwarz-weiß gemusterten Fell ähnelt der Große Panda (*Ailuropoda melanoleuca*) eher einem Waschbären. Er ernährt sich ausschließlich von Pflanzen. Obwohl er genetisch ein echter Bär ist, verwundern sein Körperbau und seine Ernährungsweise die Wissenschaftler noch immer.

Der Große Panda ist stark gefährdet. Vermutlich gibt es nur noch 1500 bis 2000 Tiere in der Natur. Erwachsene Pandas werden 1,2 bis 1,8 m lang und bis zu 135 kg schwer. Sie können gut schwimmen und klettern. Diese Bären besitzen einen speziellen Handwurzelknochen – einen Pseudodaumen –, mit dem sie Bambus greifen. Die im Alter von fünf oder sechs Jahren geschlechtsreifen Tiere sind Einzelgänger. Zur Paarungszeit, meist zwischen März und Mai, verbringen Männchen und Weibchen einige Tage oder Wochen miteinander. Die Jungen werden drei bis sechs Monate später geboren und bleiben bis zu zwei Jahre lang bei ihrer Mutter.

Ein Großer Panda verbringt rund 16 Stunden täglich damit, etwa 10 bis 20 kg Nahrung zu fressen, und ruht dann stundenlang. Seine Eckzähne und die kurzen Därme sind typisch für ein Raubtier, doch 99 % der Nahrung bestehen aus nährstoffarmem Bambus, den der Bär mit der starken Kiefermuskulatur und den breiten Backenzähnen zerkaut. Den meisten Raubtieren fehlen die Darmbakterien zur Verdauung von Gras, aber Große Pandas besitzen sie und können Zellulose aufbrechen. Sie nutzen aber nur 17 bis 20 % der aufgenommenen Energie. Deshalb können sie keine Fettreserven für eine Winterruhe im Körper einlagern.

Bergbewohner
Früher lebte der Große Panda auch im Tiefland, aber die Menschen verdrängten ihn in höher gelegene Regionen. Heute bewohnt er nur noch wenige Bergwälder in Zentralchina.

Die Zähne bleiben scharf
Das Gras, das die Thomson-Gazelle (*Eudorcas thomsonii*) frisst, enthält Kristalle aus glasartigen Siliziumverbindungen. Doch auf den Backenzähnen befinden sich selbstschärfende Leisten aus Zahnschmelz, der härtesten Substanz des Körpers. Deshalb kann die Gazelle das Gras kauen und zermahlen.

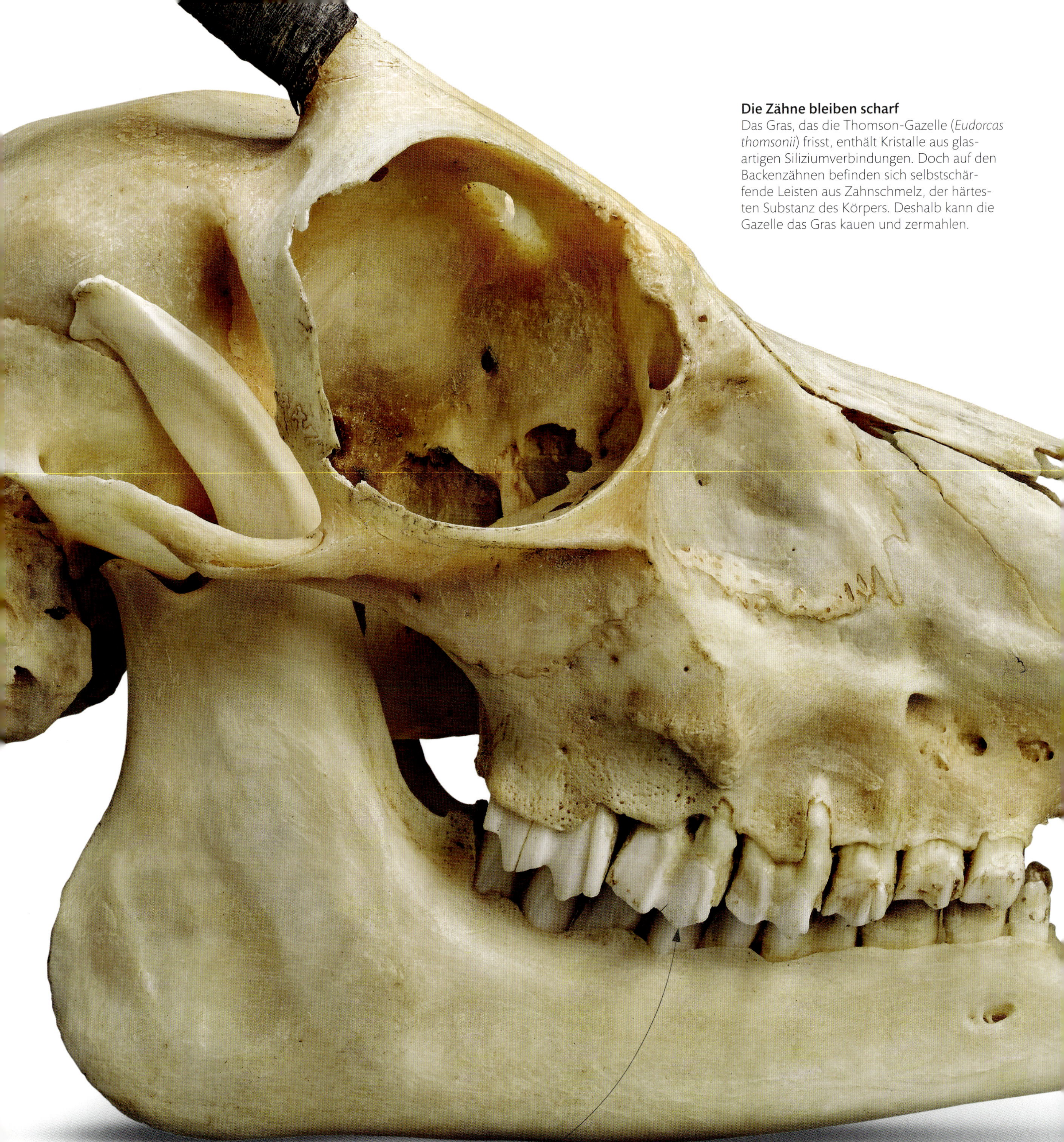

Schmelzleisten auf den Backenzähnen zerkleinern das Gras, unterstützt von den seitlichen Kaubewegungen des Unterkiefers.

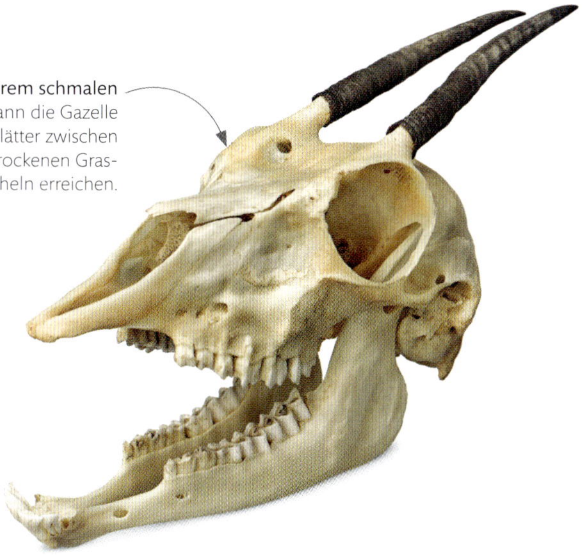

Mit ihrem schmalen Schädel kann die Gazelle saftige Blätter zwischen den trockenen Grasbüscheln erreichen.

Ein Schädel zum Grasen
Wie viele grasende Tiere besitzt die Thomson-Gazelle eine lange Reihe von Backenzähnen. Pflanzenfresser, die sich von Blättern oder niedrigen Büschen ernähren, haben oft kürzere Backenzahnreihen.

BAKTERIEN NUTZEN

Die Bakterien in den Därmen der Pflanzenfresser bilden das Enzym Cellulase, mit dem Pflanzenfasern in Zucker und Fettsäuren zerlegt werden. Bei Pferden, Nashörnern und Kaninchen bewohnen die Bakterien den vergrößerten Blinddarm. Bei Wiederkäuern (wie Rindern und Antilopen) befinden sich die Bakterien in einem aus mehreren Kammern aufgebauten Magen.

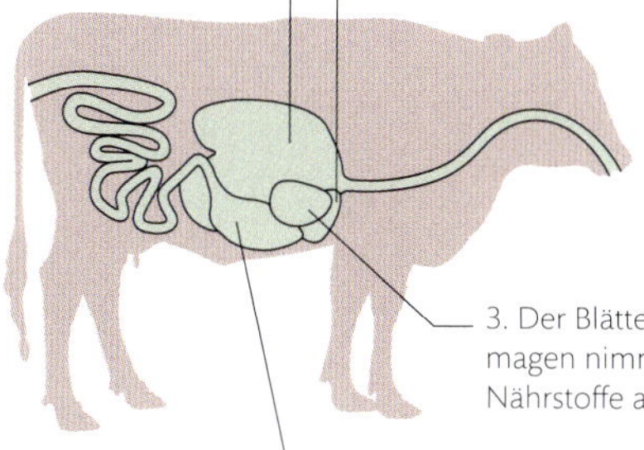

AUFBAU DER MÄGEN BEIM RIND

Pflanzenfresser

Ein Tier, das sich von Pflanzen ernährt, hat ein Problem: Pflanzen enthalten Zellulose, einen Baustein der Zellwände, der schwer zu verdauen ist. Pflanzenfresser müssen nicht nur die Nahrung zerkleinern, sondern dem entstandenen Brei auch die Nährstoffe entziehen. Daher haben sie nicht nur ein spezielles Gebiss, sondern beherbergen auch Bakterien in ihrem Verdauungsapparat. Diese liefern die Enzyme, mit denen das Pflanzenmaterial in Zucker umgewandelt werden kann, die als Nährstoffe dienen.

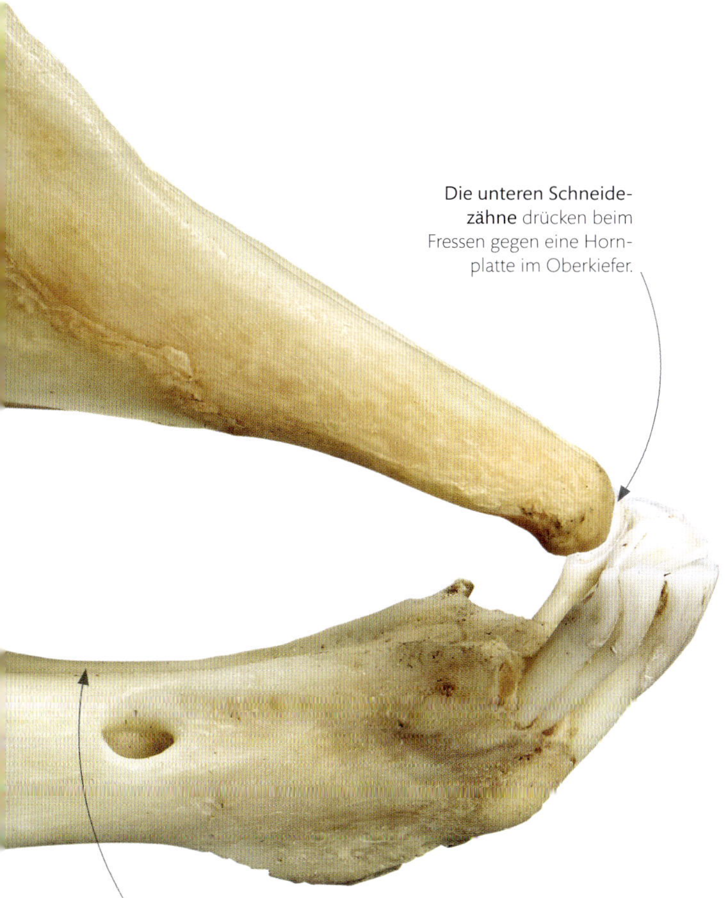

Die unteren Schneidezähne drücken beim Fressen gegen eine Hornplatte im Oberkiefer.

Im langen Diastema, der Lücke zwischen Schneide- und Vorbackenzähnen, befindet sich das abgebissene Gras, bevor es zu den Backenzähnen gelangt.

Mohn bildet harte Kapseln. Ein kleines Nagetier wie die Zwergmaus kann sich mit seinen Nagezähnen Zugang verschaffen.

Samen fressen
Einige Pflanzenfresser bevorzugen leicht verdauliche Samen und Früchte. Die meisten enthalten viele Kohlenhydrate, Öle und Eiweiße – ideal für Säugetiere mit hohem Grundumsatz, wie kleine Nagetiere.

Gesichtsausdruck

Das Maul eines Tiers dient in erster Linie der Nahrungsaufnahme. Doch Säugetiere, vor allem Menschenaffen, setzen ihr Gesicht, das von Hunderten kleiner Muskeln bewegt wird, auch dazu ein, Signale zu geben. Dies ist für die Organisation der Gruppe sehr wichtig. Tiere, die stark auf ihren Sehsinn angewiesen sind, drücken mit ihrem Gesicht oft ihre Stimmungen und Absichten aus.

AUSDRUCKSSTARKE GESICHTER

Schimpansen leben in komplexen sozialen Gruppen und drücken mit ihrer Mimik ihre Stimmung aus. Das sogenannte Spielgesicht drückt zum Beispiel Freude aus, ein zähnefletschendes Grinsen Angst, und ein Schmollen verlangt nach Besänftigung. Die Mimik ruft Reaktionen der anderen Gruppenmitglieder hervor und kann soziale Bindungen verstärken.

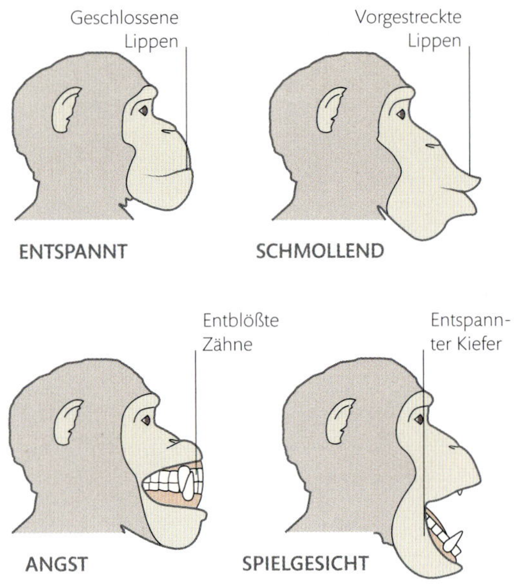

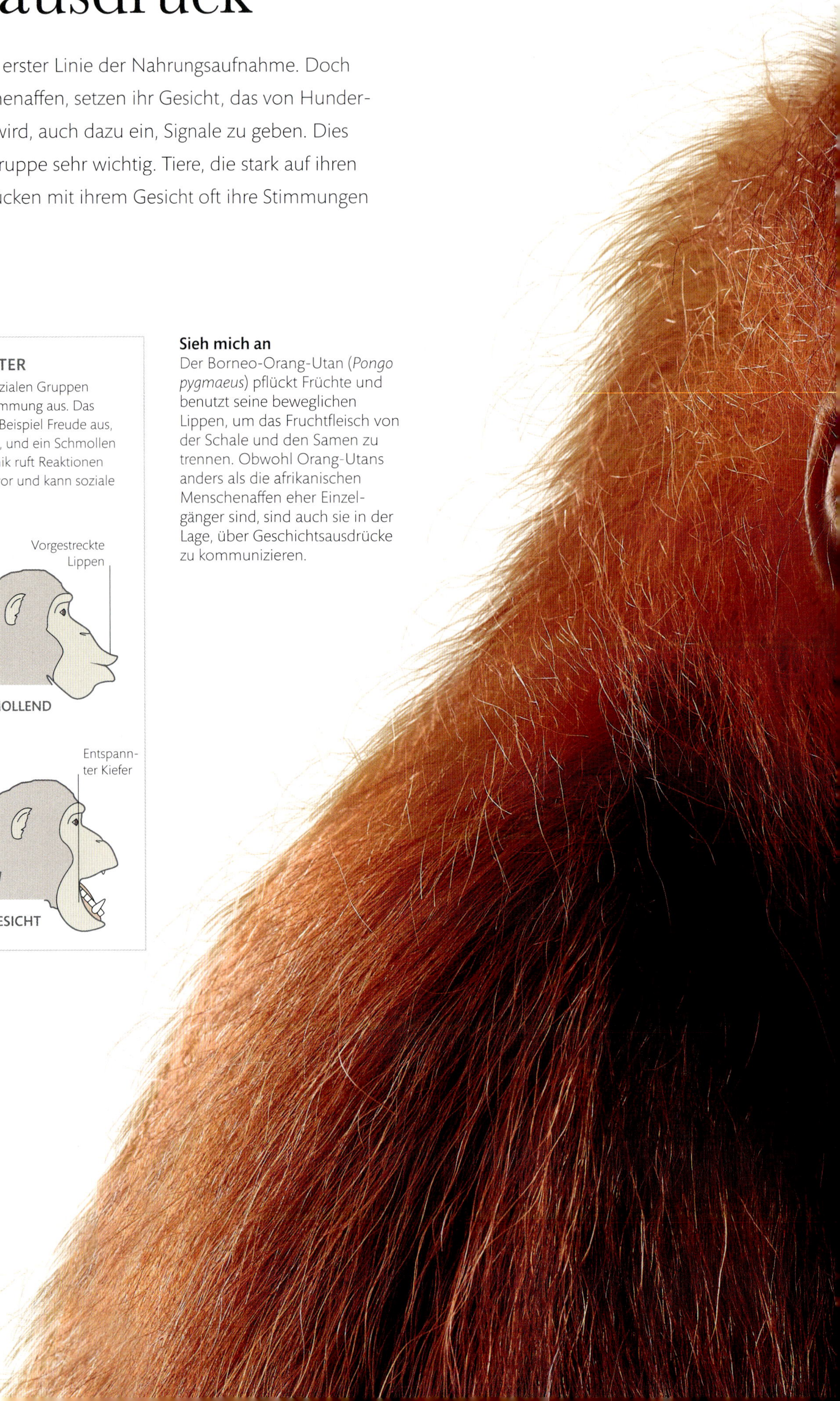

Sieh mich an
Der Borneo-Orang-Utan (*Pongo pygmaeus*) pflückt Früchte und benutzt seine beweglichen Lippen, um das Fruchtfleisch von der Schale und den Samen zu trennen. Obwohl Orang-Utans anders als die afrikanischen Menschenaffen eher Einzelgänger sind, sind auch sie in der Lage, über Geschichtsausdrücke zu kommunizieren.

Das Gesicht ist wie bei allen Menschenaffen fast unbehaart, sodass die Mimik besser sichtbar ist.
Mit seinen nach vorn gerichteten Augen kann das Tier Entfernungen abschätzen, aber auch Stimmungen ausdrücken.
Der junge Orang-Utan hat ein rosa Gesicht, das sich im Alter dunkelbraun färben wird.
Mit seinen beweglichen Lippen kann der Affe ein Geräusch machen, das man als »Kiss-squeak« bezeichnet. Dabei zieht er die Muskeln über und unter dem Maul zurück.

Beine, Arme, Tentakel und Schwänze

Bein. Eine Extremität, die das Gewicht trägt und der Fortbewegung dient.

Arm. Die vordere Extremität eines Wirbeltiers oder der Körperanhang eines Kraken, der zum Greifen dienen kann.

Tentakel. Ein beweglicher Körperanhang, der der Fortbewegung, dem Greifen, Fühlen oder Fressen dient.

Schwanz. Ein beweglicher Körperanhang am hinteren Ende eines Tiers.

Vielzweckfüße
Der Olivgrüne Schlangenstern (*Ophiarachna incrassata*) ist ein Verwandter der Seesterne, doch er kriecht mit seinen erstaunlich beweglichen Armen und fängt mit ihnen in der Nacht sogar Fische. Daher spielen die Röhrenfüßchen keine Rolle bei der Fortbewegung. Stattdessen produzieren sie Schleim, um Nahrung zum Mund zu transportieren.

Röhrenfüßchen

Seesterne und Schlangensterne weisen eine ähnliche Radiärsymmetrie wie Seeanemonen auf. Im Gegensatz zu ihnen können sie sich jedoch frei fortbewegen und ihre Nahrung aktiv suchen. Weil sie Hunderte sogenannter Röhrenfüßchen auf ihrer Unterseite koordiniert bewegen, gleiten Seesterne scheinbar über den Meeresgrund. Schlangensterne dagegen schlängeln sich mit den Armen voran und ergreifen sogar Beute. Die Röhrenfüßchen dienen bei ihnen eher dem Tasten und Fühlen.

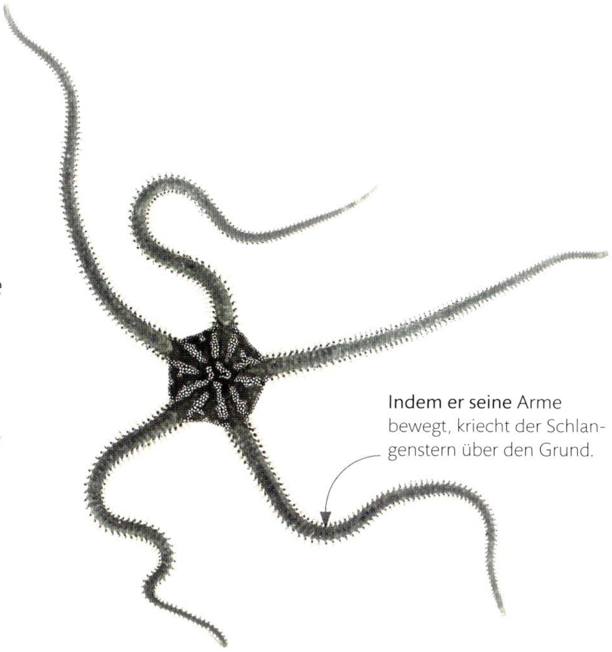

Indem er seine Arme bewegt, kriecht der Schlangenstern über den Grund.

OLIVGRÜNER SCHLANGENSTERN
Ophiarachna incrassata

Die gebänderten Stacheln bilden einen Käfig um die Beute, wenn das Tier mit seinen Armen einen Fisch ergriffen hat.

An der Unterseite jedes Arms befinden sich Reihen von Röhrenfüßchen.

SEESTERN-HYDRAULIK

Bei Seesternen wird ein Wassersack, der sich über jedem Röhrenfüßchen befindet, von einem Wasserkanalsystem versorgt. Man nennt ihn Ampulle. Kontrahieren die Muskeln der Ampulle, wird Wasser in das Füßchen gepresst. Es streckt sich und verankert sich mit dem Saugnapf auf dem Meeresgrund, sodass sich der Seestern mit Muskeln im Arm voran ziehen kann.

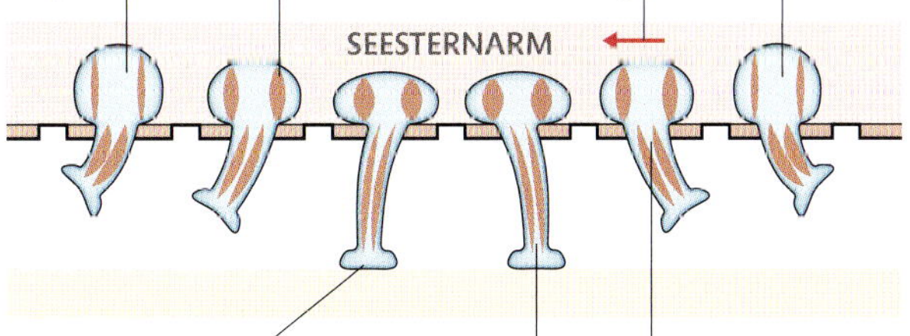

Saugnäpfe
An den Armen der Seesterne sitzen Röhrenfüßchen mit Saugnäpfen. Sie werden zur Fortbewegung, aber auch zum Öffnen von Muschelschalen eingesetzt.

Gliederfüße

Als sich das Exoskelett entwickelte (siehe S. 68–69), besaßen Tiere erstmals ein festes Gerüst. So konnten sich gegliederte Beine und andere Körperanhänge ausbilden. Trotz des harten Außenskeletts können sich diese Anhänge gelenkig bewegen. Die Gelenke sind mit Muskeln im Inneren der Beine verbunden, sodass sie sich beugen und strecken können.

Erfolg beim Laufen
Mit ihren gegliederten Beinen kann die Vielfarbige Languste (*Panulirus versicolor*) sich schnell fortbewegen. Gliederfüßer oder Arthropoden sind überall erfolgreich. Zu ihnen gehören Krebstiere wie die Langusten im Wasser sowie Insekten, Spinnentiere, Hundert- und Doppelfüßer an Land.

Vielseitige Anhänge

Körperanhänge dienen nicht nur der Fortbewegung. Langusten leiten mit ihnen Wasser über die Kiemen und der Kopf trägt Antennen, die als Sinnesorgane eingesetzt werden.

EIN GEGLIEDERTES BEIN BEWEGEN

Der Bauplan eines Beins ist bei allen Gliederfüßern gleich, obwohl die Beine für unterschiedliche Zwecke, wie zum Schwimmen, modifiziert sein können. Wie beim Menschen ermöglichen Muskeln, die als Antagonisten arbeiten, die Bewegungen. Einer (der Flexor) beugt das Bein, während der andere (der Extensor) es streckt. Bei Wirbeltieren sind die Muskeln über Sehnen mit den Knochen verbunden. Bei Gliederfüßern setzen sie an Fortsätzen des Skeletts an, die man als Apodemen bezeichnet.

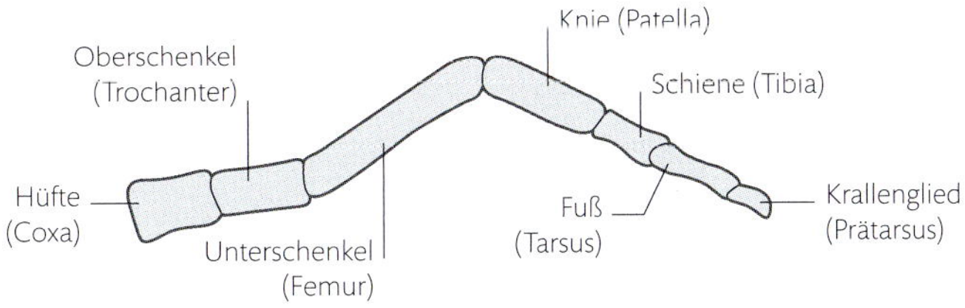

ABSCHNITTE EINES GEGLIEDERTEN BEINS

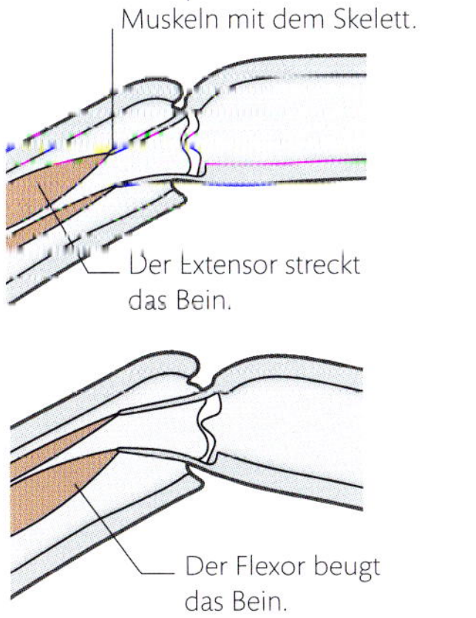

BEUGUNG DES GEGLIEDERTEN BEINS

Unterschiedliche Gliedmaßen
Die Skelette einer Eidechse und einer Schwalbe wurden angefärbt, um zu verdeutlichen, wie die Gliedmaßen für unterschiedliche Lebensweisen modifiziert sind. Während die Eidechse mit ihnen läuft, fliegt und sitzt die Schwalbe.

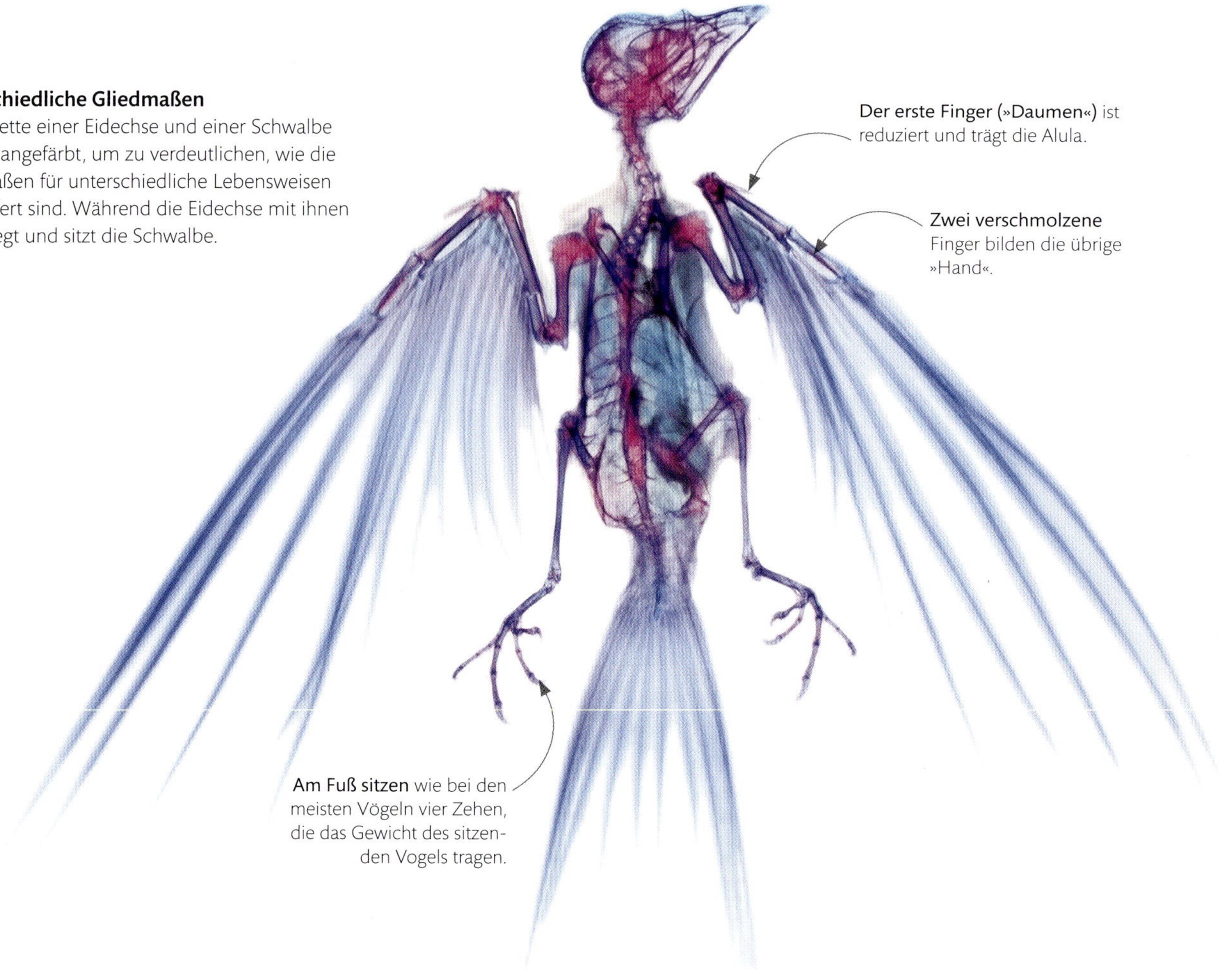

SCHWALBENSKELETT

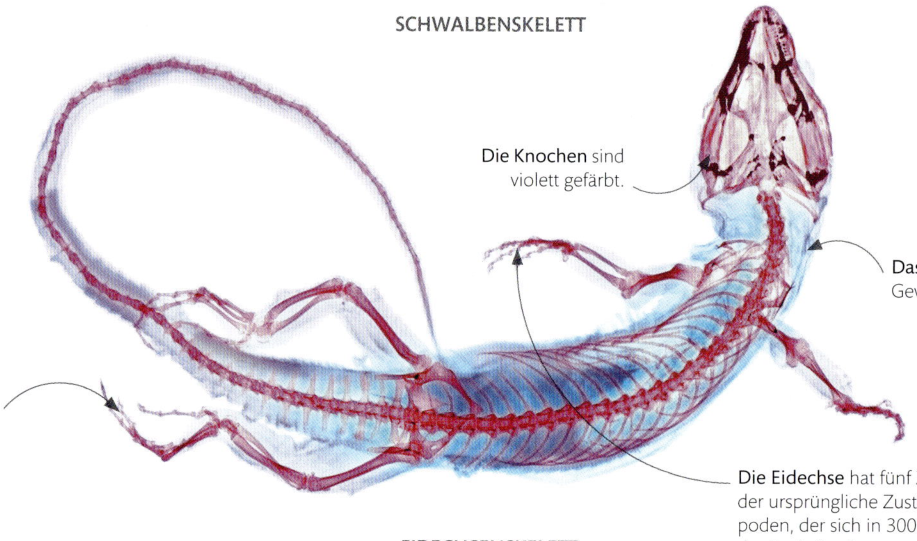

EIDECHSENSKELETT

Wirbeltierbeine

Vierbeinige Wirbeltiere oder Tetrapoden stammen von Fischen mit fleischigen Flossen ab. Zum Laufen an Land wurden die Flossen modifiziert. In den Gliedmaßen befinden sich ein einzelner oberer und zwei parallele untere Knochen, die mit einem Fuß mit fünf Zehen verbunden sind. Aus dieser pentadaktylen (fünfzehigen) Struktur entstanden Flügel und Flipper. Bei Schlangen bildeten sich die Gliedmaßen zurück.

Segelnder Frosch
Dieses Röntgenbild zeigt einen Wallace-Flugfrosch (*Rhacophorus nigropalmatus*) mit vierzehigen Vorder- und fünfzehigen Hinterfüßen. Die meisten heutigen Amphibien haben diesen Körperbau. Die verlängerten Zehen spannen Häute auf, die zum Fallschirmsprung von hohen Ästen und für kurze Segelflüge geeignet sind.

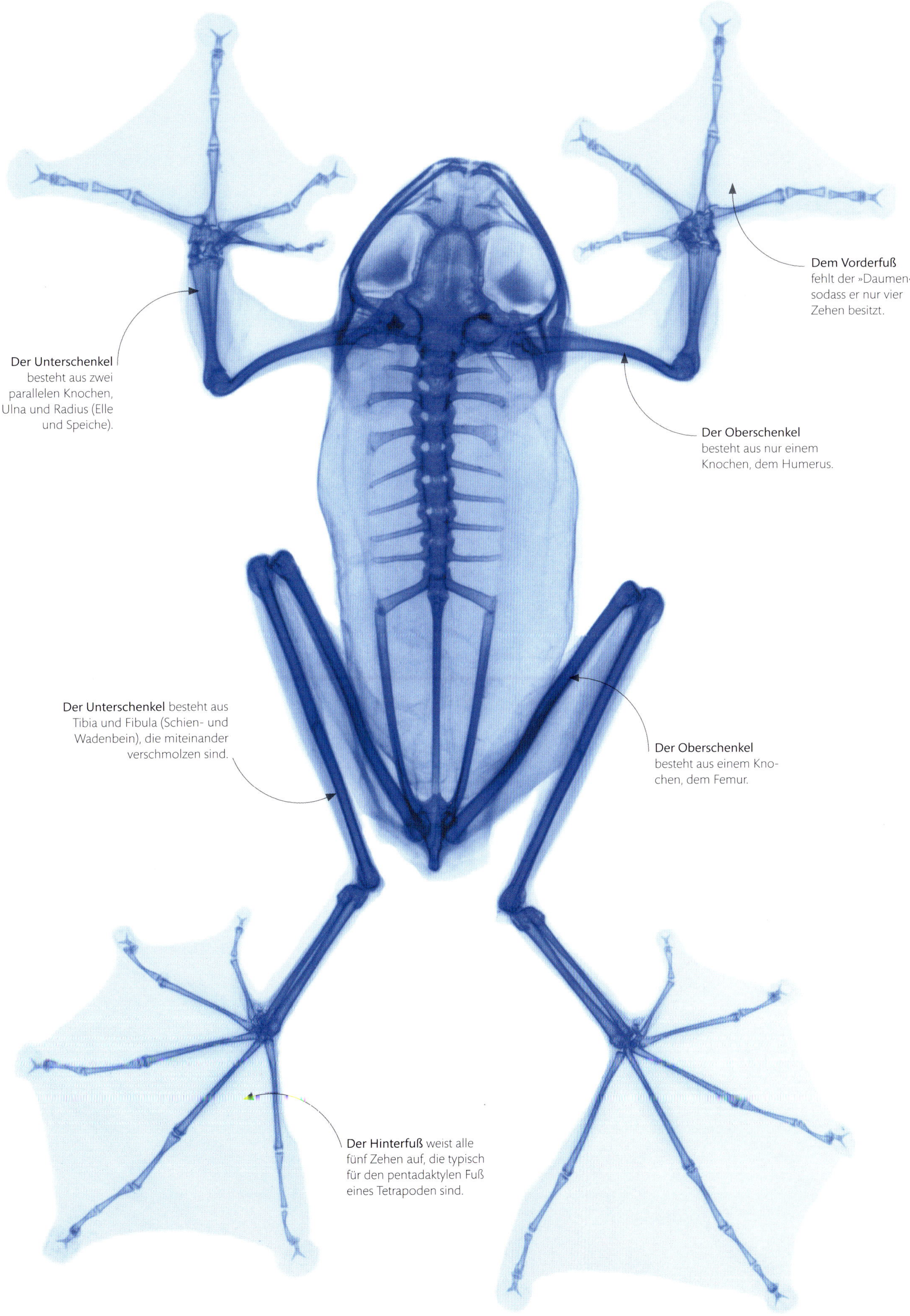
Dem Vorderfuß fehlt der »Daumen«, sodass er nur vier Zehen besitzt.
Der Unterschenkel besteht aus zwei parallelen Knochen, Ulna und Radius (Elle und Speiche).
Der Oberschenkel besteht aus nur einem Knochen, dem Humerus.
Der Unterschenkel besteht aus Tibia und Fibula (Schien- und Wadenbein), die miteinander verschmolzen sind.
Der Oberschenkel besteht aus einem Knochen, dem Femur.
Der Hinterfuß weist alle fünf Zehen auf, die typisch für den pentadaktylen Fuß eines Tetrapoden sind.

Zweifinger-Faultier
Dieses Hoffmann-Zweifingerfaultier (*Choloepus hoffmanni*) hat eine kräftige Schultermuskulatur und beachtliche Krallen, die an seine spezielle Lebensweise angepasst sind.

Drei Zehen mit Krallen sitzen an jedem Hinterfuß.

Zwei Zehen befinden sich an jedem Vorderfuß. Die Krallen sind kürzer als die der Dreifingerfaultiere.

Wirbeltierkrallen

Die gekrümmten Krallen an den Zehen der Landwirbeltiere dienen der Fellpflege, geben beim Laufen Halt und können als Waffen eingesetzt werden. Sie treten bei Vögeln, den meisten Reptilien und Säugetieren sowie bei einigen Amphibien auf. Krallen bestehen aus Keratin, dem gleichen Protein, das in Hörnern vorkommt, und werden von Zellen an ihrer Basis gebildet. Sie wachsen ständig und werden von einem zentralen Blutgefäß ernährt. Nur die Abnutzung verhindert, dass sie zu lang werden.

EINZIEHBARE KRALLEN

Unter den Säugetieren können nur Katzen und Zibetkatzen ihre Krallen einziehen, sodass die Spitzen geschützt sind. Sie werden ausgestreckt, wenn die Zehenmuskeln sich zusammenziehen, um die Pfote zu spreizen.

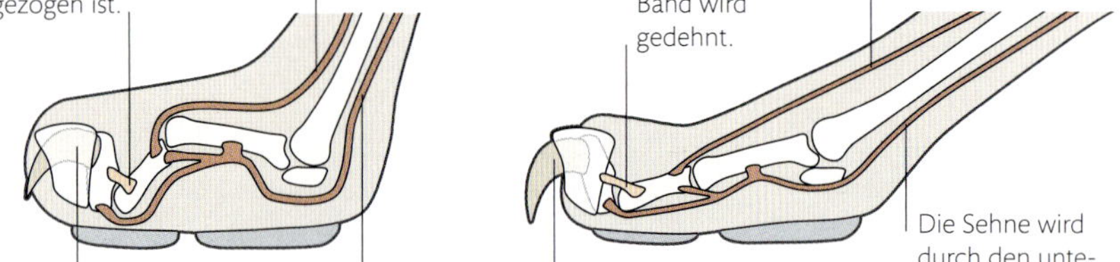

EINGEZOGENE KRALLE — AUSGESTRECKTE KRALLE

Mit seinen kürzer bekrallten Hinterfüßen kann sich das Tier auf dem Boden vorwärtsschieben.

Hakenförmige Krallen
Wie die anderen Faultiere Mittel- und Südamerikas kann das Braunkehl-Faultier (*Bradypus variegatus*) wegen seiner teilweise verschmolzenen Zehen keine Äste umgreifen. Stattdessen benutzt es seine Krallen als Haken, um sich von Ast zu Ast zu hangeln. Am Boden sind die Krallen hinderlich, sodass sich das Tier beim Vorwärtskriechen auf die Unterarme stützt.

Im Hals befinden sich acht oder neun Wirbel (die meisten Säugetiere haben sieben). Er kann um 330° gedreht werden.

Die Vorderkrallen dienen gelegentlich der Fellpflege.

Die Haare des zottigen Fells haben Rillen. In der Natur sind sie oft von Algen besiedelt, die vielleicht zur Tarnung der Tiere beitragen.

Die Vorderbeine sind bei Dreifingerfaultieren viel länger als die Hinterbeine. Im Vergleich zu Zweifingerfaultieren können sie beim Klettern deshalb weiter ausgreifen.

Faultierhaare wachsen so, dass die Haarspitzen von den Beinen wegweisen, was für ein Säugetier ungewöhnlich ist. Deshalb läuft der Regen besser ab, wenn die Tiere mit dem Rücken nach unten an einem Ast hängen.

Die drei Krallen der Vorderfüße werden bis zu 8 cm lang.

Das junge Faultier hält sich mit den Krallen im Fell seiner Mutter fest, während es mehrere Monate lang gesäugt wird.

Sicherer Halt
Ein weibliches Faultier hängt an seinen Krallen, während es sein Junges trägt. Die Krallen umfassen die Äste, sodass nur wenig Kraftaufwand nötig ist. Faultiere bleiben manchmal noch nach ihrem Tod an einem Ast hängen.

Tiere im Blickpunkt

Tiger

Der Tiger (*Panthera tigris*) ist die größte Katzenart und ein vollendeter Räuber, bei dem fast jeder Teil des Körpers an den Fang, das Töten und Fressen der Beute angepasst ist. Der meist nachtaktive Einzelgänger verlässt sich auf seine feinen Sinne, hohe Geschwindigkeit und rohe Kraft. Sein Beutespektrum umfasst unter anderem Schweine, kleine Hirsche und sogar Wasserbüffel.

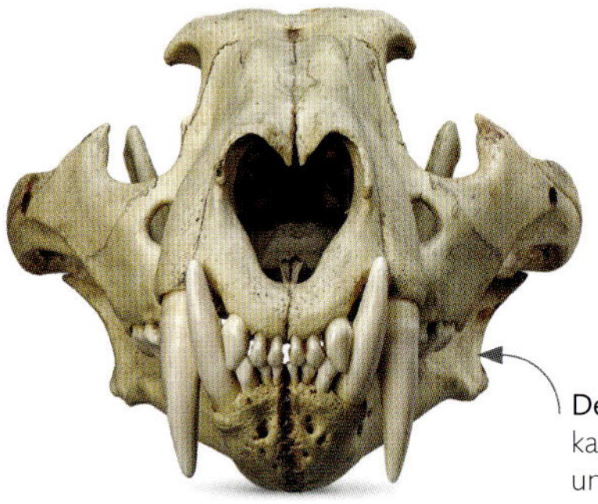

Der Unterkiefer kann sich nur auf und ab bewegen.

Mächtiger Biss
Der Tigerschädel ist kurz, breit und robust. Der Kiefer ist eher auf das kraftvolle Beißen als auf das Kauen ausgerichtet.

Nicht alle Tiger sind gewaltige Raubkatzen. Amur- oder Sibirische Tiger sind bis zu dreimal so schwer wie Sumatratiger. In deren Lebensraum wäre die Größe hinderlich und könnte zur Überhitzung führen. Doch alle Unterarten sind mit ihrer beweglichen Wirbelsäule und den langen, muskulösen Beinen sehr athletisch. Ein großes Tier kann aus dem Stand 10 m weit springen. Mit seinen großen, nach vorn gerichteten Augen kann ein Tiger räumlich sehen und Distanzen exakt einschätzen. Vorderbeine und Schultern sind gewaltig und die Krallen einziehbar, sodass sie sich nicht abnutzen. Sie eignen sich zum Klettern, zur Reviermarkierung und zum Kämpfen, vor allem aber zum Überwältigen der Beute. Mit dem bezahnten Kiefer drückt die Raubkatze wie mit einem Schraubstock die Luftröhre großer Tiere ab oder tötet kleinere Opfer mit einem Biss in den Nacken, bei dem die Wirbelsäule gebrochen wird.

Obwohl sie so groß sind, sind Tiger überraschend unauffällig. Das gemusterte Fell ist im Licht und Schatten im Wald und auch in der Steppe und auf felsigem Untergrund kaum zu erkennen. Selten ist die Grundfarbe Weiß statt Orange, doch alle Tiger haben Streifen.

Tiger sind weit verbreitet und kommen in unterschiedlichen Lebensräumen vor. Dies weist auf eine große Anpassungsfähigkeit hin, aber dennoch sind die Raubkatzen stark gefährdet. Gründe dafür sind vor allem die Jagd und die Wilderei. Drei von neun beschriebenen Unterarten sind bereits ausgestorben.

Rohe Kraft
Tiger greifen meist von hinten an und können mit ihrem Körpergewicht das Opfer innerhalb von Sekunden überwältigen. Einen Hirsch dieser Größe kann die Katze auf einmal verzehren, während größere Beute für mehrere Tage ausreicht.

Haftzehen

Krallenzehen und Greiffüße sind ideal zum Klettern. Für kleine Tiere können die Anziehungskräfte zwischen Atomen und Molekülen aber bereits ausreichen, sodass sie selbst auf den glattesten Oberflächen Halt finden. Die Zehenscheiben der Geckos sind mit Millionen mikroskopisch kleiner Härchen (Setae) bedeckt. Sie haften an Oberflächen. Eine 300 g schwere Echse kann deshalb sogar an der Zimmerdecke laufen.

Geckos laufen die Wände hoch
Viele Geckoarten klettern an glatten Blättern oder Felsen empor. Einige jagen auch an den Wänden und Decken von Gebäuden Insekten und andere Wirbellose. Der Tokeh (*Gekko gecko*) kommt in Regenwäldern vor, ist aber ein Kulturfolger. In den Tropen trifft man ihn oft in Häusern an.

Haare auf den Zehen
Bündel der Setae sind in Reihen organisiert, die man als Lamellen bezeichnet. Jede Seta ist tausendmal dünner als ein menschliches Haar. An der Spitze teilt sie sich in noch feinere Spatulae auf.

GECKOFÜSSE
Die feinen Setae verzweigen sich an der Spitze in Spatulae. Sie werden von einer Oberfläche durch schwache Wechselwirkungen zwischen den Atomen (Van-der-Waals-Kräfte) und elektrostatische Kräfte angezogen. Diese Kräfte sind winzig, doch Milliarden von Spatulae halten gemeinsam einen Gecko an der Wand.

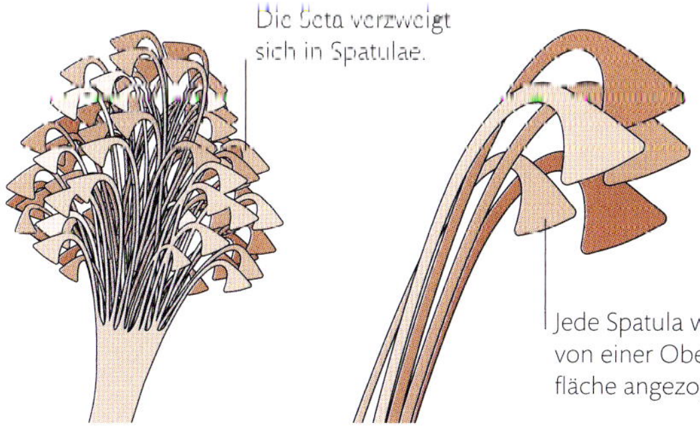

Füße eines Räubers
Bei der Jagd greift der Uhu (*Bubo bubo*) seine Beute aus der Luft an und spreizt dabei seine Klauen, sodass sie ein Viereck bilden. Wenn der Druck der Krallen die Beute nicht tötet, wird sie mit einem Biss in den Hinterkopf zur Strecke gebracht.

Ein mächtiger Jäger
Der Uhu ist eine der größten Eulenarten und wiegt bis zu 4,2 kg. Er kann Rehkitze erbeuten und man hat sogar beobachtet, dass er andere Räuber wie Füchse oder Bussarde angreift.

FISCHJÄGER

Wie die Eulen heben auch Fischadler ihre schwere Beute mit zwei nach vorn und zwei nach hinten gerichteten Klauen hoch. Mit den langen, gebogenen Krallen und der stachligen Haut auf der Unterseite der Zehen können sie den schlüpfrigen Fang sicher aus dem Wasser ziehen.

FISCHADLER *Pandion haliaetus*

Vogelkrallen

Eulen und Greifvögel besitzen hervorragende Waffen: ihren Schnabel und ihre Klauen. Beide durchdringen wie Dolche das Fleisch und werden mit enormer Muskelkraft bewegt, doch meist töten die Klauen die Beute. Der Vogel drückt seine Krallen wie einen Schraubstock zusammen und verletzt innere Organe. Das Opfer ist leblos, wenn er zu fressen beginnt.

Kraftsparendes Hängen
Fledertiere wie der Indische Riesenflughund (*Pteropus giganteus*) haben spezielle Sehnen, die in ihrer Position bleiben, wenn der Fuß einen Ast umgreift. So können die Tiere mit wenig Muskeleinsatz ruhen. Anders als Vögel haben Fledertiere keine opponierbaren Zehen.

Die Zehen schließen sich unter dem Gewicht des hängenden Körpers.

Klettern und sitzen

Als die vierbeinigen Wirbeltiere das Fliegen erfanden, wurden ihre Vorderbeine zu Flügeln, sodass die Hinterbeine den Körper bei der Landung unterstützen mussten. Heute haben die Fledertiere immer noch Krallen an den Flügeln, mit denen sie sich festhalten können, während die Vögel zum Laufen und Sitzen ihre Hinterbeine einsetzen. Doch bei beiden Gruppen können die Füße das gesamte Körpergewicht tragen, wenn sie auf einem Ast sitzen oder an ihm hängen – und sogar, wenn sie schlafen. Die Fledertiere wie auch die meisten Vögel sind hoch über dem Erdboden zu Hause.

KRAFT SPAREN

Wenn sich ein Vogel niederlässt, beugen die Oberschenkelmuskeln die Beine und ziehen an den Sehnen, die bis zu den Zehenspitzen reichen. Die Zunahme der Spannung in den Sehnen führt dazu, dass der Fuß den Zweig umgreift. Die Sehnen verlaufen durch Sehnenscheiden. Sehnen wie Sehnenscheiden besitzen gerippte Oberflächen, die unter dem Gewicht des Vogels aneinander haften.

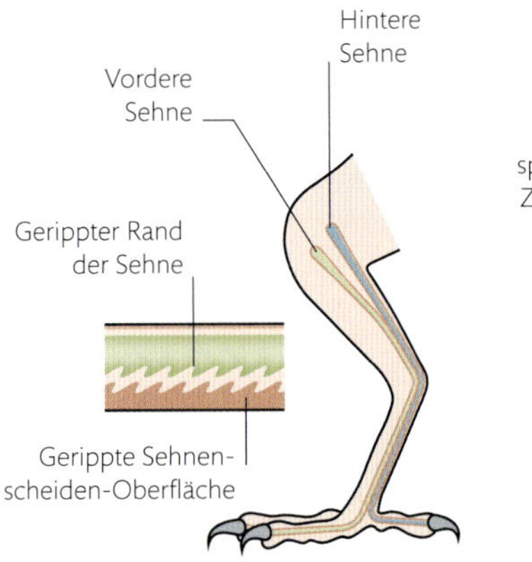

STEHEN AUF FLACHEM UNTERGRUND

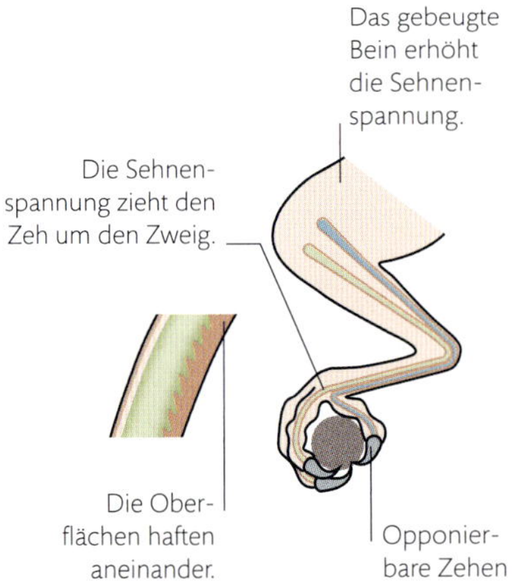

EINEN ZWEIG GREIFEN

An Bäumen Halt finden

Tiere, die in den Bäumen leben, müssen sich festhalten können und dürfen das Gleichgewicht nicht verlieren. Der Carolinaspecht (*Melanerpes carolinus*) kann zwei Zehen nach vorn und zwei nach hinten richten und sich mit dem Schwanz abstützen. Der kleinere Carolinakleiber (*Sitta carolinensis*) läuft sogar mit dem Kopf voran Baumstämme herab.

Paarhufer
Hirschferkel sind teils kaum größer als Kaninchen und gehören zu den kleinsten Huftieren. Wie bei anderen Paarhufern wird das Körpergewicht von der dritten und vierten Zehe getragen.

Hufe der Säugetiere

Viele Tiere, die schnell laufen, haben stark umgebildete Füße. Sie laufen nicht auf Pfoten mit Krallen wie ihre Vorfahren, sondern auf ihren Zehenspitzen, die in Hufen enden. Die Zahl der Zehen ist reduziert. Bei Hirschen, Antilopen und anderen Paarhufern wird das Gewicht von einem Hufpaar, bei Pferden, Nashörnern und Tapiren dagegen von einer ungeraden Zahl an Hufen getragen. Zehen mit Hufen und lange, schlanke Beine erlauben größere Schritte und eine höhere Geschwindigkeit auf der Flucht vor Raubtieren, denn die Muskeln kontrahieren weiter oben in der Nähe des Körperschwerpunkts.

GANGARTEN

Sohlengänger wie Menschen oder Bären tragen ihr Gewicht mit dem ganzen Fuß. Bei schnelleren Läufern sind die Fußknochen angehoben, sodass die Beine verlängert sind. Bei Zehengängern wie den Hunden liegen die Endglieder der Zehen flach auf dem Boden, doch Spitzengänger wie die Huftiere laufen auf den Zehenspitzen, sodass die Schrittlänge maximiert wird.

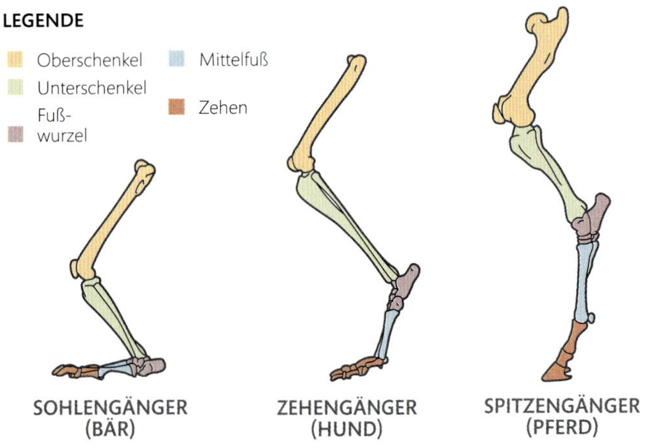

Unpaarhufer
Przewalski-Pferde (*Equus przewalskii*) haben wie alle Pferde nur einen Huf an jedem Bein. Sie sind Unpaarhufer, bei denen das Gewicht auf dem dritten (mittleren) Zeh ruht. Auch Nashörner (drei Zehen an allen Füßen) und Tapire (vier Zehen vorn und drei hinten) sind Unpaarhufer.

Tiere im Blickpunkt

Alpensteinbock

Man braucht Nerven wie Drahtseile, um an einem steilen Abhang zu balancieren, doch Schafe, Ziegen und Steinböcke gehen dieses Risiko ein. Es lohnt sich, denn die Huftiere sind hier außer Reichweite von Raubtieren, und das ist ein erheblicher Vorteil gegenüber dem Leben im offenen Gelände.

Vor etwa elf Millionen Jahren entwickelten sich irgendwo in Asien aus einer Gruppe trittsicherer Huftiere spezialisierte Kletterer mit kurzen, robusten Beinen. Heute machen die Takine, Gämsen, Ziegen, Schafe und Steinböcke über ein Drittel aller Paarhufer mit Hörnern in Eurasien und Teilen Nordamerikas aus.

Der mitteleuropäische Alpensteinbock (*Capra ibex*) wurde zu einem der besten Kletterer unter den Huftieren. Er lebt in Höhen von bis zu 3200 m, hoch über der Baumgrenze. Die Tiere sind auch schon an Staumauern mit 60° Neigung beobachtet worden. Sie haben Sohlenpolster zur besseren Haftung und Schwielen in den Kniekehlen entwickelt, die sie vor Felskanten schützen. In ihrem Lebensraum kommen keine großen Raubtiere vor und im Winter liegt kein Schnee an den steilen Felshängen und den Wänden der Schluchten. Die Geißen bringen hier ihre Jungen zur Welt, die bald das Klettern lernen. Im Frühjahr führen sie die Jungtiere zu den Almen, wo sie besser grasen können. An steilen Wänden kann nur ein leichtes Tier mit kurzen Beinen klettern. Die Böcke suchen daher in ihrem elften Lebensjahr flacheres Gelände auf und kehren nicht mehr an die Hänge zurück.

Das Leben in den Bergen ist hart und viele Steinböcke sterben in Lawinen. Sie können auch eine Augenkrankheit bekommen, an der sie erblinden. Dies ist die Ursache für fast ein Drittel der tödlichen Stürze. Doch wenn genügend Nahrung vorhanden ist, werden bis zu 95 % der Jungtiere erwachsen.

Geschickte Jungtiere
Ein junger Alpensteinbock klettert an der Wand eines norditalienischen Damms, weil er an dem ausblühenden Salz interessiert ist. Beim Aufstieg verfolgt er eine Zickzackroute, beim Abstieg schlägt er einen geraderen Kurs ein.

DIE HUFE GEBEN HALT

Die Paarhufigkeit ist der Schlüssel für die Kletterkünste des Steinbocks. Seine Zehen können sich spreizen, sodass er Halt findet. Unter jedem Zeh wirkt ein gummiartiges Sohlenpolster wie ein Saugnapf und die Füße haften besser auf dem Untergrund als Gummi auf Beton.

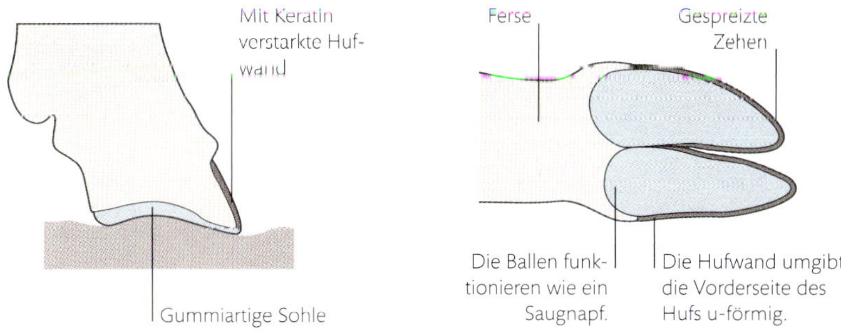

SEITENANSICHT DES HUFS — HUF VON UNTEN

KAISERSKORPION
Pandinus imperator

Gliederfüßerscheren

Manche Mundwerkzeuge der Arthropoden ähneln Scheren. Andere Scheren tragen Krabben, Krebse und Skorpione an ihren gegliederten Beinen. Diese sogenannten Chelae sind ähnlich wie die Laufbeine aufgebaut. Die Scherenmuskeln führen die Teile der Schere wie scharfkantige Finger zusammen. Mit kleinen Scheren verarbeiten die Tiere ihre Nahrung, während große auch als Waffen eingesetzt werden.

SCHERENBEWEGUNG

Wie viele bewegliche Körperteile enthalten Scheren antagonistische Muskelgruppen: Eine schließt den beweglichen Teil, die andere öffnet ihn. Die Muskeln setzen an Fortsätzen des Exoskeletts an, die man Apodeme nennt. Große Beugermuskeln verleihen den Scheren enorme Kraft. Der Palmendieb kann mit ihnen sogar Kokosnüsse aufbrechen.

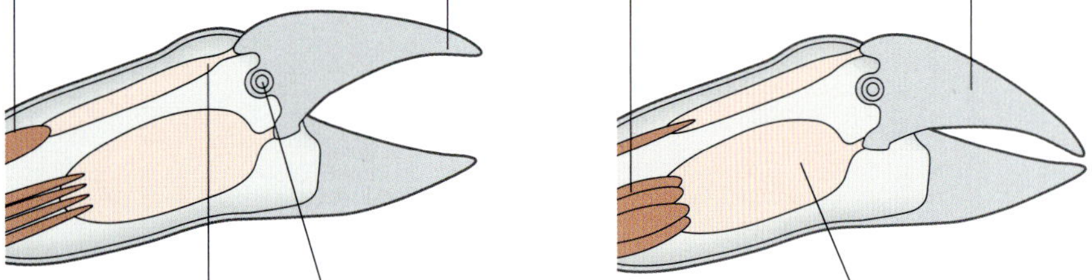

OFFENE SCHERE **GESCHLOSSENE SCHERE**

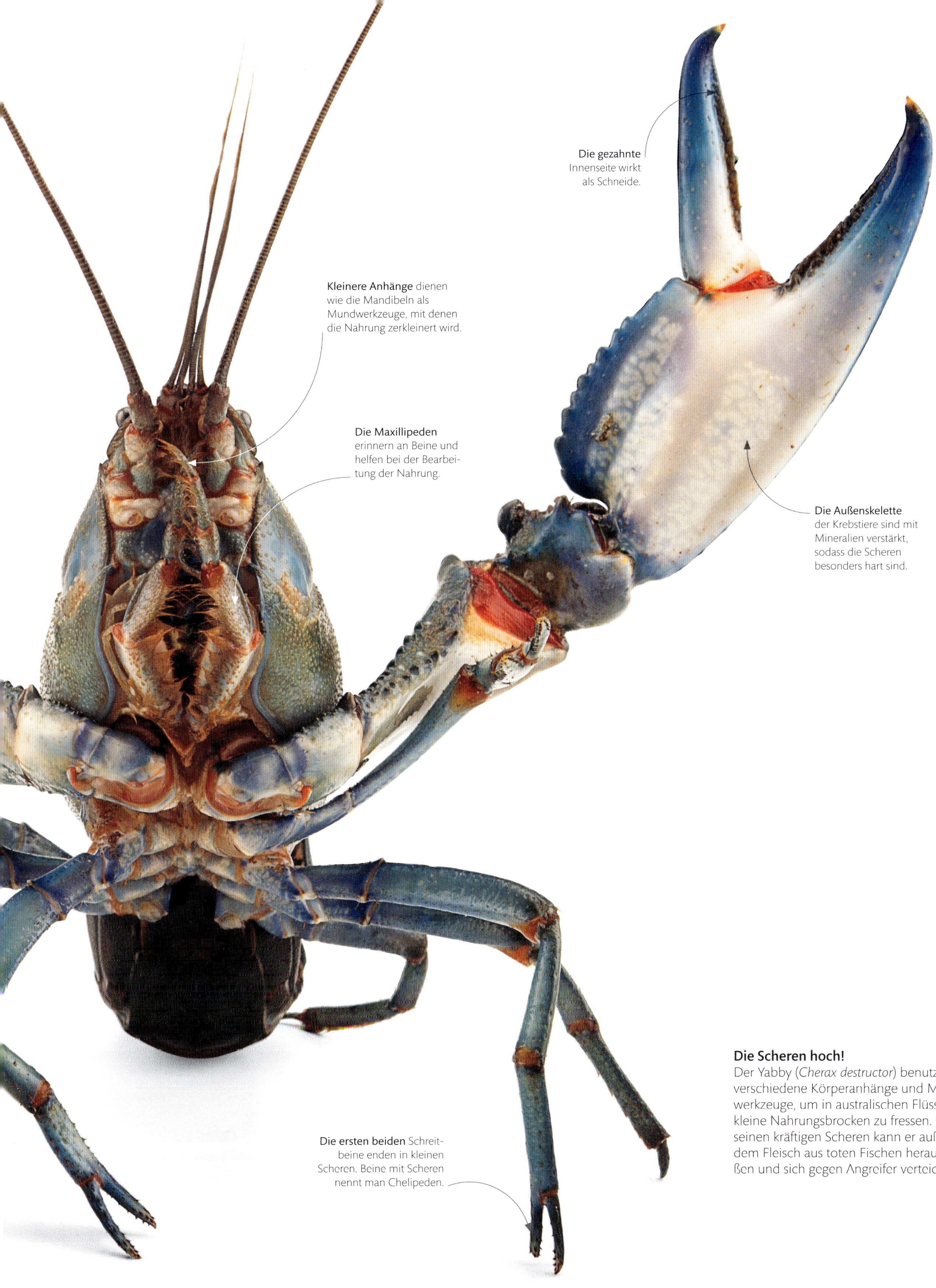

Die Scheren hoch!
Der Yabby (*Cherax destructor*) benutzt verschiedene Körperanhänge und Mundwerkzeuge, um in australischen Flüssen kleine Nahrungsbrocken zu fressen. Mit seinen kräftigen Scheren kann er außerdem Fleisch aus toten Fischen herausreißen und sich gegen Angreifer verteidigen.

Languste und zwei Garnelen (etwa 1840)
Während seiner Reisen war Utagawa Hiroshige (Ando) so sehr von der Schönheit des Landes angetan, dass er bemerkenswerte Holzschnitte von Landschaften, Tieren und Pflanzen schuf. Auf Künstler im Westen machten sie großen Eindruck. Die eigenwilligen Beine und Fühler der Languste wirken sehr lebendig. Das Bild entstand, als die japanische Kunst des Holzschnitts ihren Höhepunkt erreichte.

Zwei Karpfen (1831)
Jede Schuppe und jeder Flossenstrahl sind in Katsushika Hokusais Holzschnitt, der zwei Karpfen vor smaragdgrünen Teichpflanzen zeigt, deutlich zu erkennen. Karpfen waren bei den Samurai ein Symbol für Mut, Ehre und Ausdauer.

Tiere in der Kunst

Bilder der fließenden Welt

Holzschnitte, die die fließende Welt darstellten, sogenannte *Ukiyo-e*, waren keine Abbildungen von Lebewesen in den Meeren und Flüssen. »Fließende Welt« nannte man in Japan die Theater und Bordelle, die wohlhabende Händler im späten 17. Jahrhundert besuchten. Bilder von erotischen Szenen, dem Stadtleben, Sagen und Landschaften wurden populär. Gegen Ende des 19. Jahrhunderts bereisten Japaner als Touristen das ganze Land und die Künstler verkauften ihnen Bilder von Landschaften, Vögeln, Fischen und anderen Tieren.

Auf dem Höhepunkt des *Ukiyo-e* fertigte man Drucke zu Tausenden zu Festpreisen an, sodass sie für jedermann erschwinglich waren. Der Verleger kontrollierte alle Auflagen und arbeitete mit einem Künstler, einem Holzschneider und einem Drucker zusammen. Eine Kopie des Bilds wurde mit der Vorderseite nach unten auf einen Kirschholzblock gelegt. Dann setzte der Holzschneider das Bild um. Ab der Mitte des 18. Jahrhunderts wurden einfarbige und einfache zweifarbige Drucke durch farbige »Brokatdrucke« abgelöst, bei denen man für jede Farbe einen eigenen Block verwendete. Man druckte von Hand, sodass die Blöcke sich kaum abnutzten. So konnte man mehrere Tausend Drucke anfertigen.

»(Hiroshige) hatte das Geschick, dem Geist des Betrachters die Schönheiten der Natur lebhaft nahezubringen.«

SOTARO NAKAI, IN *THE COLOUR-PRINTS OF HIROSHIGE*, EDWARD F. STRANGE, 1925

Der Grundgedanke der Shinto-Religion ist es, dass in jedem Berg, jedem Gewässer und jedem Baum einen Geist wohnt, der Kami. Kaninchen symbolisieren beispielsweise Wohlstand und Kraniche ein langes Leben. Als der Künstler Utagawa Hiroshige (Ando) im 19. Jahrhundert die üblichen Motive von Kurtisanen, Kabuki-Schauspielern und Szenen aus dem Stadtleben durch idealisierte Naturdarstellungen ersetzte, war dies ein Aufruf zur Rückbesinnung auf traditionelle Werte. Hiroshiges Landschaften und Bilder von Vögeln, Fischen und anderen Tieren fanden auch im Westen Anklang und inspirierten Impressionisten und Post-Impressionisten wie Vincent van Gogh, Claude Monet, Paul Cézanne und James Whistler.

Das Lebenswerk des Künstlers Katsushika Hokusai, das 70 Jahre umfasste, bewunderte man sowohl in Japan wie auch im Westen. Er schrieb, zurückblickend auf seine zahlreichen Pinselzeichnungen, Studien des Meeres, vieler Landschaften, des Bergs Fuji sowie unzähliger Blumen und Tiere: »Mit 73 Jahren begann ich den Körperbau von Vögeln, anderen Tieren, Insekten und Fischen zu begreifen … Übe ich weiter, werde ich sie besser begriffen haben, wenn ich 86 bin. Mit 90 Jahren werde ich ihr Wesen verstanden haben.«

Gemeinsam mit der Mutter
Ein junger Kappengibbon (*Hylobates pileatus*) hält sich an seiner Mutter fest. Später wird er sich mit seinen Händen durch die Kronenregion des Regenwalds hangeln. Doch es dauert noch etwa zwei Jahre, bis er dazu in der Lage ist.

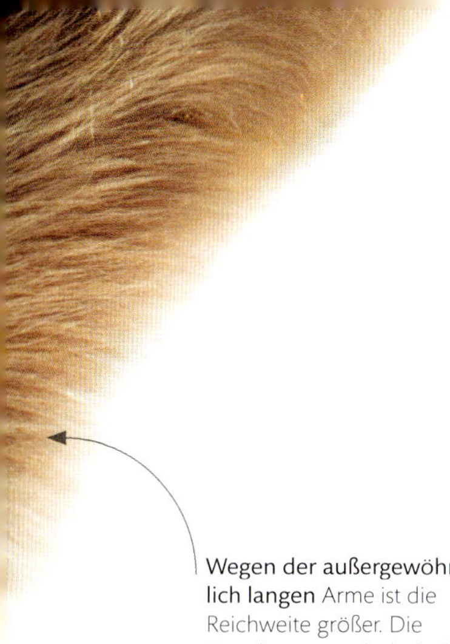

Aufrecht laufen
Als Anpassung an ein Leben in den Bäumen sind die Knie der Gibbons modifiziert. Sie können größere Schritte machen als viele andere Primaten.

Wegen der außergewöhnlich langen Arme ist die Reichweite größer. Die Tiere können sich deshalb rasch in den Bäumen fortbewegen.

Der Daumen ist im Verhältnis kürzer und weniger opponierbar als der Daumen der meisten anderen Affen. Daher können Gibbons weniger gut nach Dingen greifen.

Schwinghangler

Weil kletternde Primaten an ein Leben in den Baumkronen angepasst sind, befindet sich ein großer Teil ihrer kräftigen Muskeln in den Armen. Gibbons haben außergewöhnlich lange Arme im Verhältnis zum restlichen Körper. Mit ihnen ziehen sie sich an Ästen hoch oder hangeln sich von Ast zu Ast. Dieses Schwinghangeln, das man auch als Brachiation bezeichnet, ist im Kronendach eine sehr effiziente Fortbewegungsweise. Gibbons und auch Klammeraffen setzen sie für gewöhnlich ein.

Die langen Finger bilden beim Schwinghangeln einen Haken.

BRACHIATION

Die flexiblen Handgelenke der Gibbons machen beim Schwinghangeln eine Rotation. Hangeln die Tiere langsam, bleibt immer eine Hand auf dem Ast. Wenn die Affen vollständig frei schwingen, kommen sie schneller voran, weil sie weiter ausgreifen können.

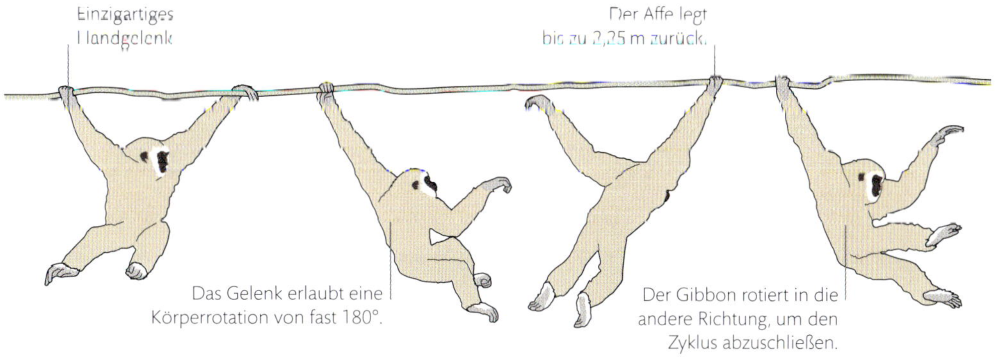

WIE SICH EIN GIBBON DURCH DIE BÄUME BEWEGT

GESCHICKTE HÄNDE

Mit ihrem opponierbaren Daumen (er steht den anderen Fingern gegenüber) können die Tiere zugreifen. Menschenaffen klettern auf diese Weise. Sie können Dinge auch bearbeiten, aber ihr kurzer Daumen drückt dabei gegen die Seite des Zeigefingers. Nur Menschen erreichen mit ihrem langen Daumen die Zeigefingerspitze.

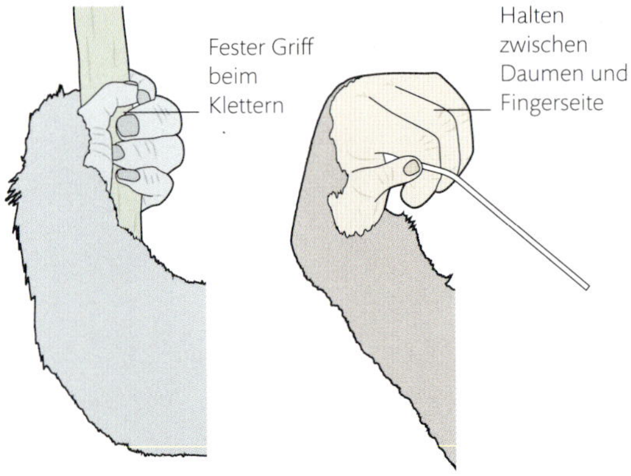

Vielseitige Werkzeuge
Die Hände eines Bonobos (*Pan paniscus*) sind kräftig und zugleich außerordentlich empfindsam. Wie ihre nächsten Verwandten, die Schimpansen und Menschen, sind die meisten Bonobos Rechtshänder, doch sie können auch beide Hände gleichzeitig benutzen.

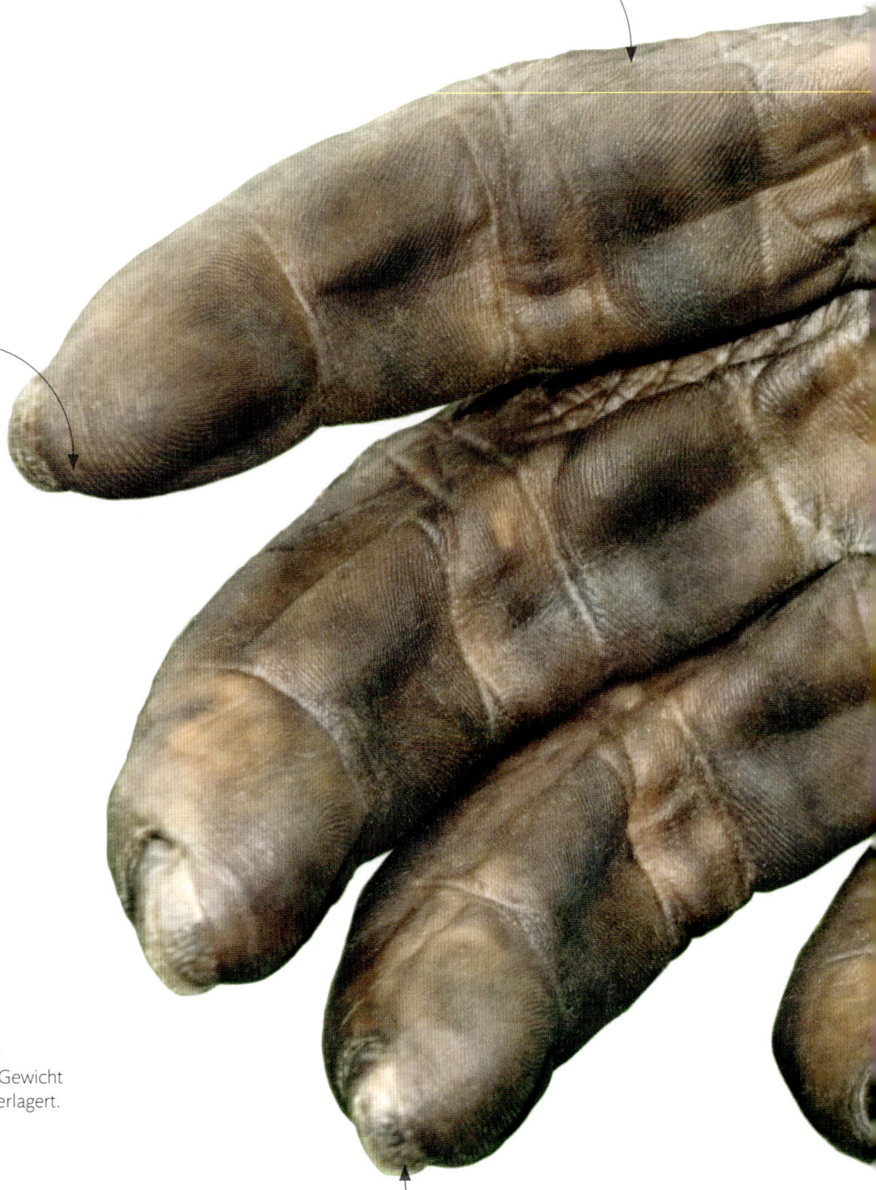

Knöchelgang
Greifhände mit empfindlichen Fingerspitzen eignen sich gut zum Klettern, aber beim Laufen auf allen vieren sind sie eher hinderlich. Dieser Schimpanse (*Pan troglodytes*) verbringt wie alle afrikanischen Menschenaffen viel Zeit auf dem Boden. Er stützt sich dabei auf seinen Knöcheln ab. Das schützt die Handflächen und das Tier kann beim Laufen gleichzeitig Dinge tragen.

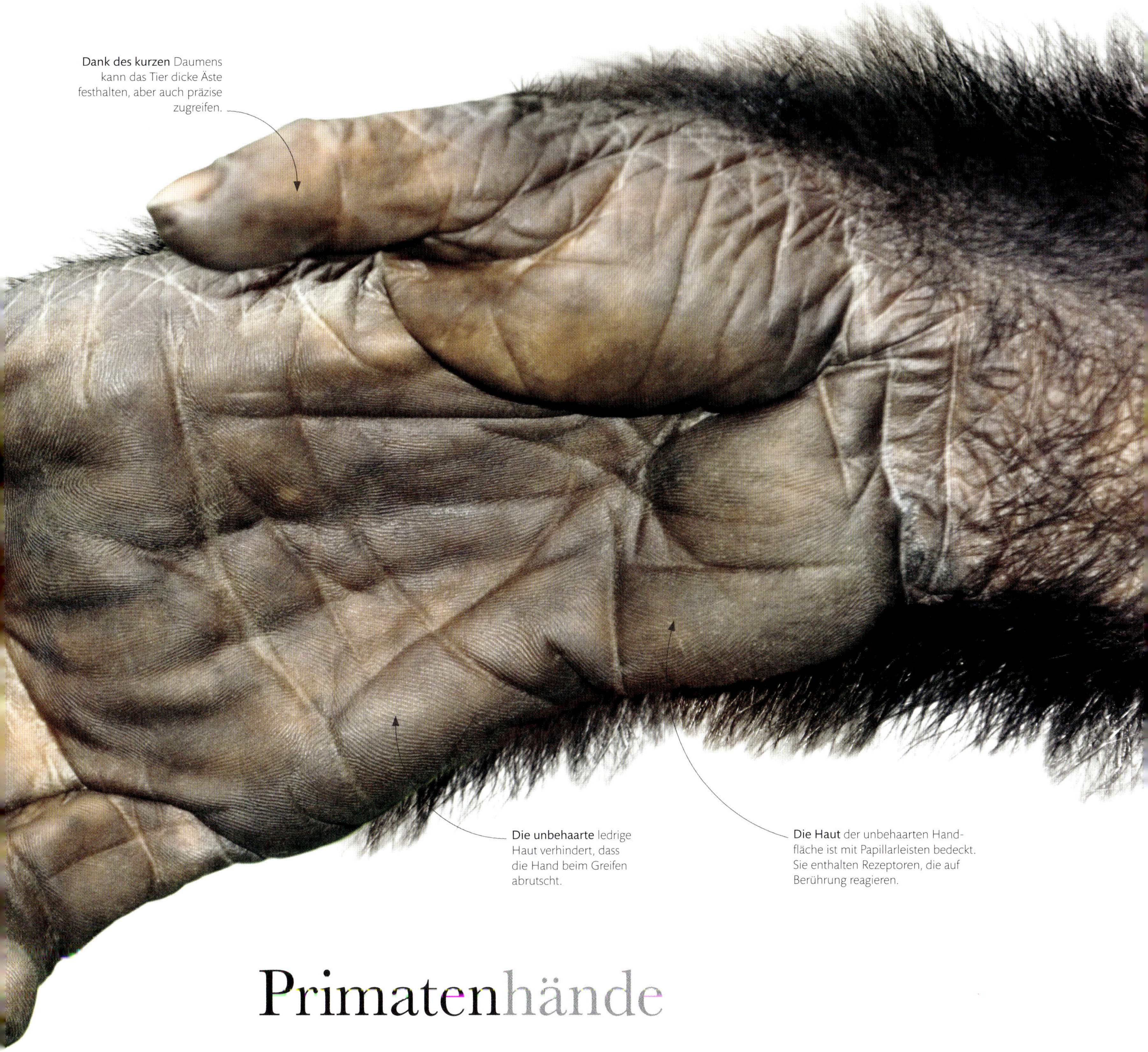

Primatenhände

Viele Tiere setzen ihre Gliedmaßen zum Greifen ein, doch die Primaten sind am geschicktesten. Die Hände und Finger der Affen sind sehr beweglich und mit den Fingerspitzen können die Tiere unzählige Berührungspunkte auseinanderhalten. Dank ihres leistungsfähigen Gehirns können Primaten Dinge in ihrer Umwelt deshalb hervorragend manipulieren und bearbeiten.

Tiere im Blickpunkt

Orang-Utan

Als einzige Überlebende der Gattung *Pongo* leben die Orang-Utans in den schrumpfenden Regenwäldern Asiens. Der Körper ist an das Klettern im Kronendach angepasst. Die intelligenten Tiere fertigen Werkzeuge und Regendächer an und fressen bestimmte Kräuter, wenn sie krank sind.

Die asiatischen Menschenaffen sind die größten und schwersten baumbewohnenden Tiere der Erde und sie sind vom Aussterben bedroht. Das Wort »Orang-Utan« bedeutet »Mensch des Waldes«. Es gibt drei Arten: den Borneo- (*Pongo pygmaeus*), den Sumatra- (*P. abelii*) und den seltenen Tapanuli-Orang-Utan (*P. tapanuliensis*), der ausschließlich im Batang-Toru-Wald auf Sumatra lebt. Mit ihrem orangefarbenen bis rötlichen zottigen Fell, dem relativ kurzen, kräftigen Körper und den langen Armen ähneln sich die drei Arten sehr.

Erwachsene Männchen wiegen mehr als 90 kg und Weibchen 30–50 kg. Sie sind daran angepasst, sich in den Baumkronen fortzubewegen. Anders als leichtere Primaten laufen und klettern sie und überbrücken größere Lücken zwischen den Ästen, indem sie schwinghangeln. Orang-Utans verbringen ihr Leben damit, zu fressen, zu ruhen und sich im Kronendach fortzubewegen. Vor allem die Sumatra-Orang-Utans kommen selten auf den Boden herab, weil sie Angst vor Tigern haben. Sie ernähren sich von Früchten, Blättern und sonstigen Pflanzenteilen. Außerdem fangen sie Insekten, gelegentlich auch ein kleines Säugetier, oder sie stehlen ein Ei. Erwachsene Tiere sind Einzelgänger. Nur die Weibchen, die alle vier bis fünf Jahre trächtig werden und meistens nur ein Junges zur Welt bringen, leben mit ihrem Nachwuchs bis zu elf Jahre lang zusammen.

Neue Höhen erforschen
Mit Greifhänden und -füßen und Armmuskeln, die siebenmal so kräftig sind wie die eines Menschen, sind Orang-Utans hervorragende Kletterer. Dieser Borneo-Orang-Utan erklimmt eine 30 m hohe Würgefeige.

Ein Leben im Kronendach
Orang-Utans haben hoch entwickelte Muskeln und auch ihr Skelett ist in einzigartiger Weise an das Leben in den Bäumen angepasst.

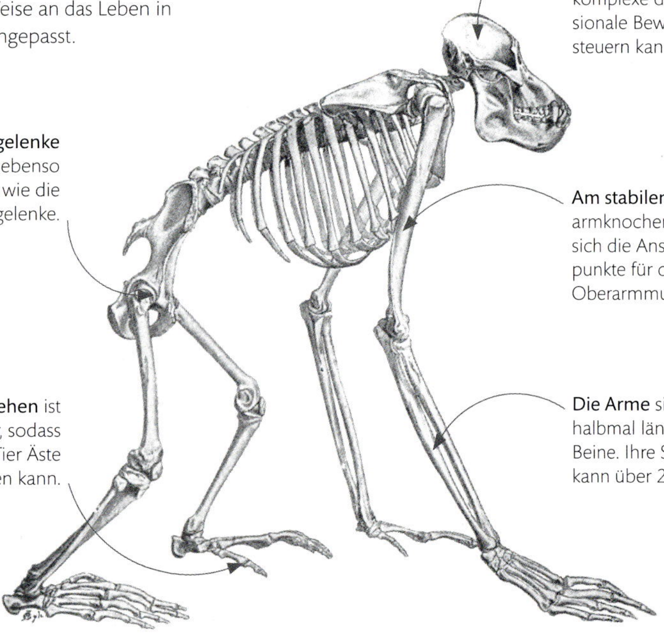

Als Ligula bezeichnet man das löffelförmige Ende des Begattungsarms.

Begattungsarm
Der männliche Oktopus hat einen Begattungsarm, den sogenannten Hectocotylus. Mit ihm überträgt er das Sperma in die Geschlechtsöffnung des Weibchens. Beim Löcherkraken (*Tremactopus violaceus*) scheint der Arm groß zu sein, doch das Männchen ist winzig – das Weibchen wird bis zu 40 000-mal schwerer.

Arme eines Kraken

Einige Mollusken, wie die Kraken (Oktopoden) und Kalmare, gaben die kriechende Lebensweise ihrer Schneckenverwandtschaft auf und wurden zu aktiven Jägern. Sie haben einen großen Kopf mit auffälligen Augen und um ihren Mund herum befindet sich ein Kranz muskulöser Arme. Kraken besitzen acht mit Saugnäpfen versehene Arme, mit denen sie ihre Beute ergreifen.

In den Saugnäpfen befinden sich Muskeln und Tastrezeptoren.

MUSKULÖSE ARME

Beim Oktopusarm, der fast ausschließlich aus Muskeln besteht, arbeiten Muskeln gegeneinander und nicht gegen ein Skelett. Longitudinale, horizontale und vertikale Muskeln bewegen den Arm in unterschiedliche Richtungen, wie auch in unserer Zunge oder im Elefantenrüssel.

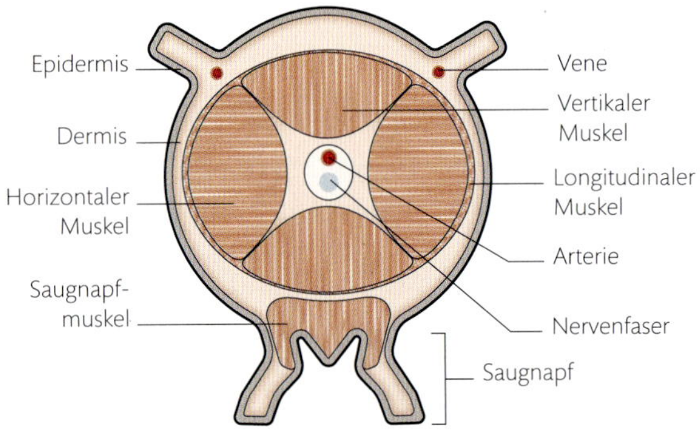

SCHNITT DURCH EINEN OKTOPUSARM

Aufgerollte Arme

Mit seinen emporgehaltenen, aufgerollten Armen ahmt der Südliche gekielte Oktopus (*Octopus berrima*) Algen nach. Über dem hellbeigen Sand vor der australischen Küste ist er so gut getarnt. Das Koordinieren von acht Armen ist eine Herausforderung. Zwei Drittel der Nervenzellen des Oktopus beschäftigen sich mit der Bewegungssteuerung.

Ein Dactylozooid dient dem Greifen. Die meisten dieser Polypen sitzen an den Tentakeln und erbeuten Nahrung.

Die blaue Farbe der Portugiesischen Galeere wird durch einen Gallenfarbstoff hervorgerufen, der mit einem Protein verbunden ist. Sie ist auf dem Meer vielleicht eine Tarnfarbe und reflektiert schädliche Strahlung.

Ein Gastrozooid ist ein Polyp, der auf die Nahrungsaufnahme spezialisiert ist. Mit seinem Mund verschlingt er die gelähmte Beute.

Tödliche Reichweite
Die Portugiesische Galeere (*Physalia physalis*) gehört zu den Staatsquallen. Staatsquallen sind keine Einzeltiere, sondern schwimmende Kolonien aus miteinander verbundenen Tieren, den Polypen (siehe S. 32–33). Die spezialisierten Polypen der Portugiesischen Galeere erfüllen verschiedene Aufgaben, wie das Fressen oder die Vermehrung. Einige besitzen bis zu 30 m lange Tentakel mit Nesselzellen. Mit ihnen erbeuten sie alle kleinen Tiere, die ihnen über den Weg schwimmen.

Die Tentakel enthalten Batterien von Nesselzellen, mit denen kleine Fische oder andere Meerestiere gelähmt werden.

Nesselnde Tentakel

Quallen und ihre Verwandten, wie die Portugiesische Galeere, sind Räuber, die ihre Beute nicht mit Muskelkraft überwältigen. Stattdessen lähmen sie ihre Opfer mit Gift. Die Tentakel sind mit Nesselzellen besetzt. Jede dieser Zellen enthält einen komplizierten Apparat, der eine winzige, mit Gift beladene Harpune in das Fleisch der Beute abschießt.

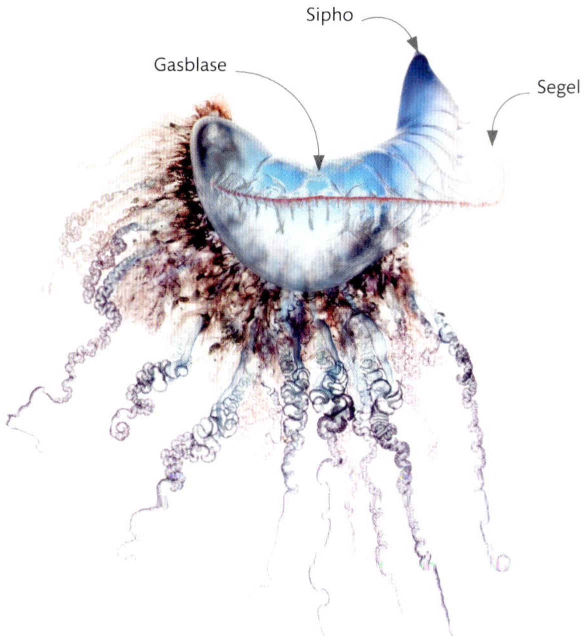

Schwimmende Kolonie
Die Polypen der Portugiesischen Galeere hängen von einem gasgefüllten Floß herab. Das Floß hat ein Segel, mit dem es im Wind treibt, und einen Sipho, der bei Gefahr die Luft aus dem Segel ablässt.

MIT GIFT BELADEN

In der Nesselzelle befindet sich ein umgestülpter Nesselschlauch, der Gift enthält. Beim Kontakt mit der Beute öffnet sich der Deckel der Nesselzelle und der Schlauch schießt heraus. Ein Stilett durchbricht die Haut des Opfers, sodass das Gift in die Wunde fließen kann.

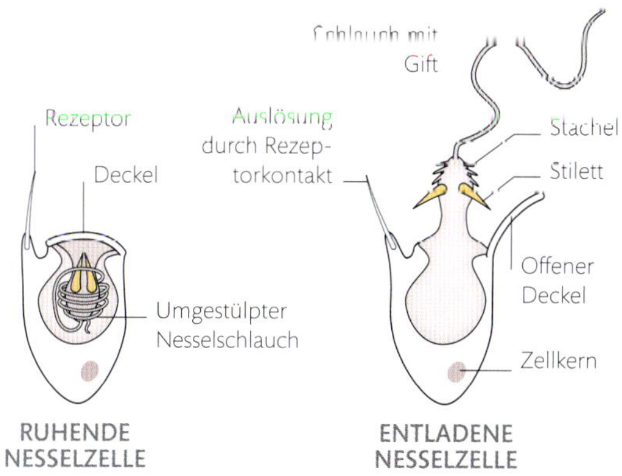

Greifschwänze

Normalerweise werden Hände und Füße zum Greifen benutzt, doch manche Tiere können auch ihren Schwanz dafür einsetzen. Ein echter Greifschwanz kann das gesamte Körpergewicht tragen. Klammeraffen setzen ihren Schwanz wie einen dritten Arm ein, wenn sie an Ästen hängen, während Seepferdchen sich mit dem Schwanz verankern, um nicht von der Strömung abgetrieben zu werden (siehe S. 262–263). Viele Tiere setzen ihre Schwänze aber weniger zum Greifen ein, sondern um zu klettern oder um den Körper abzustützen.

Empfindsamer Schwanz
In der Nähe der Schwanzspitze des Braunkopfklammeraffen (*Ateles fusciceps*) befindet sich ein nackter Fleck mit Rillen, die den Papillarleisten auf den Fingern der Primaten ähneln (siehe S. 238). Mit dem Schwanz hängt das Tier beim Fressen oder Trinken an Ästen.

Mit ihrem keilförmigen Kopf frisst die Echse Blätter, Früchte und Blüten.

Ein Schwanz zum Klettern
Die Skinke bilden eine der größten Echsenfamilien. Mehr als ein Zehntel aller Reptilienarten gehören ihr an. Viele Skinke sind Bodenbewohner, doch die größte Art, der Wickelskink (*Corucia zebrata*), hat einen sehr beweglichen Schwanz, mit dem er in den Bäumen klettert, ohne herabzufallen.

Mit seinem kräftigen Schwanz kann sich der Skink auf den Ast hinaufziehen.

Greifen mit dem Schwanz
Mit seinen modifizierten Schwanzmuskeln dreht sich der Wickelskink in verschiedene Richtungen. So kann er sehr gut klettern und fällt dabei nicht vom Baum.

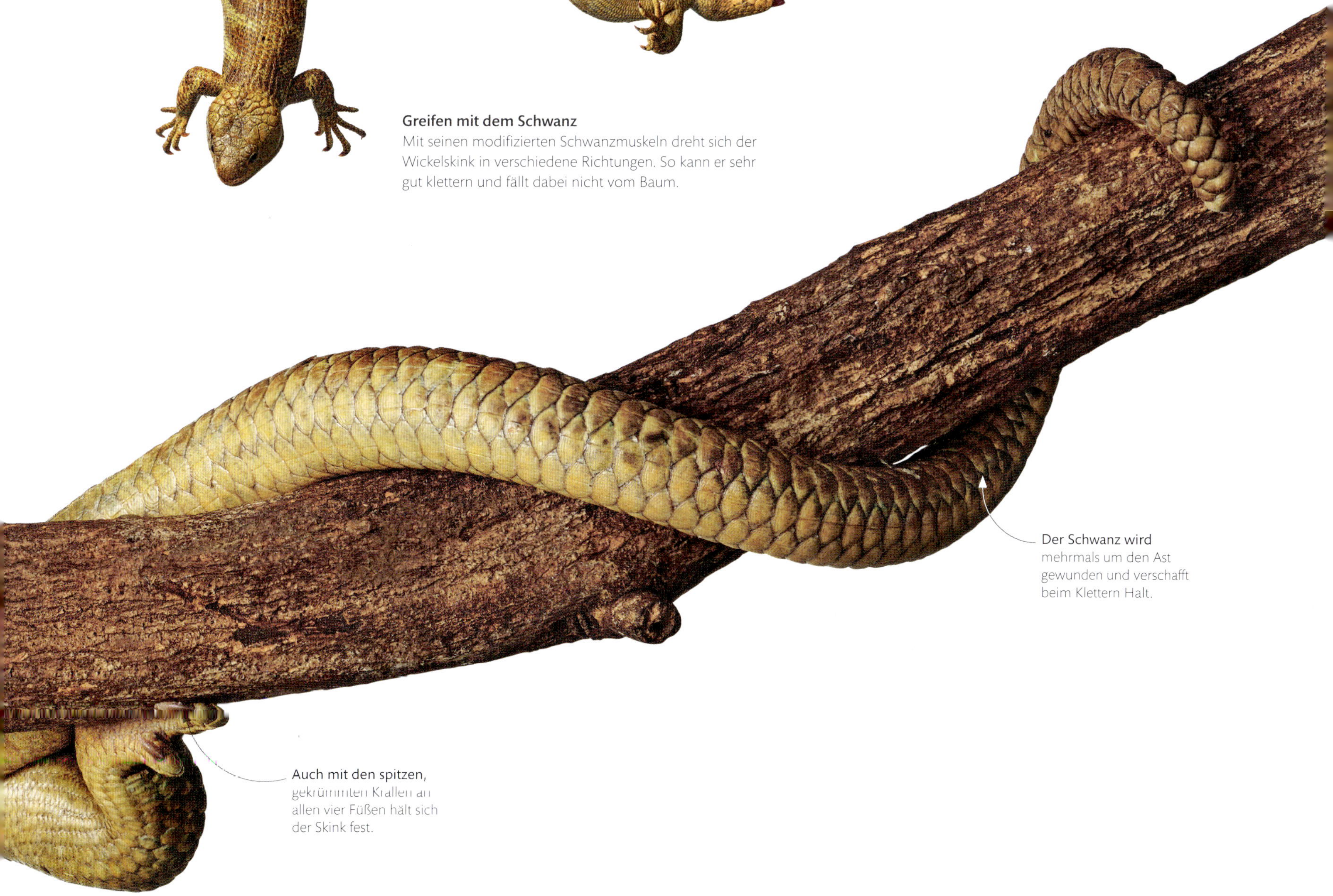

Der Schwanz wird mehrmals um den Ast gewunden und verschafft beim Klettern Halt.

Auch mit den spitzen, gekrümmten Krallen an allen vier Füßen hält sich der Skink fest.

Tiere im Blickpunkt

Dominikanerwitwe

Die finkenähnliche Dominikanerwitwe (*Vidua macroura*) ist in ökologischer Hinsicht faszinierend. Lauter Gesang, spektakuläre Flugeinlagen und bandförmige Schwanzfedern zeichnen die Männchen aus. Von den recht unscheinbaren Weibchen werden sie jedoch sehr kritisch beäugt.

Die Dominikanerwitwe ist in Afrika südlich der Sahara weit verbreitet und es gibt eingeschleppte Populationen in Portugal, Puerto Rico, Kalifornien und Singapur. Beide Geschlechter sind klein, der Körper ist etwa 12–13 cm lang. Obwohl die Weibchen unscheinbar sind, haben sie einen erheblichen Einfluss auf die Männchen ihrer Art. Sie bevorzugen ein schwarzweißes Gefieder, einen scharlachroten Schnabel und lange Schwanzfedern. Eine Variante der sexuellen Selektion, die sogenannte »Runaway Selection«, ist vermutlich die Ursache dafür, dass die Schwanzfedern enorme Längen erreichen. Mit etwa 20 cm Länge sind sie fast doppelt so lang wie der Körper.

Die kräftigen Farben und der auffällige Schwanz sind wohl begehrenswert, weil sie auf Vitalität, einen guten Ernährungszustand und geringen Parasitenbefall hinweisen. Mit der Zeit haben Generationen von Weibchen mit ihrer Partnerwahl die Schwanzlänge vorangetrieben, bis zu einem Punkt, an dem sie nachteilig für das Überleben war. Das Wachstum der Federn kostet Energie, sie verschlechtern das Flugverhalten und erhöhen das Risiko, erbeutet zu werden. Doch sie steigern auch die Brutchancen. Meistens leben Männchen mit kürzeren Schwänzen länger, haben jedoch im Schnitt weniger Nachkommen. Doch die Schwänze können nicht unendlich lang werden und die Männchen mit den längsten Federn werden ausselektiert, ganz gleich, wie attraktiv sie sind.

Balz
Diese Mehrfachbelichtung zeigt ein einziges Männchen, das seine Schwanzfedern präsentiert, während es in der Nähe des Weibchens auf und ab fliegt. Dabei schlägt es rhythmisch mit seinen Flügeln.

Pflegeeltern
Die Dominikanerwitwe ist ein Brutparasit. Sie legt ihre Eier in die Nester anderer Vögel, meist in die des Wellenastrilds (*Estrilda astrild*). Dieser zieht dann die jungen Dominikanerwitwen zusammen mit seinen eigenen Jungen groß.

Flossen, Flipper und Fluken

Flosse. Ein Körperanhang, der im Wasser zum Antrieb und zum Steuern dient.
Flipper. Die breite, flache Vorderflosse der Wale und Delfine, mit dem die Tiere beim Schwimmen steuern.
Fluke. Die Schwanzflosse der Wale und Delfine, die keinen Knochen enthält.

Gute Schwimmer
Tiere wie diese balzenden Karibischen Riffkalmare (*Sepioteuthis sepiodea*), die gegen die Strömung anschwimmen können, zählen zum Nekton.

Mit dem Flossensaum auf beiden Seiten des Körpers und dem Rückstoß aus dem Sipho verschaffen sich die Weichtiere Antrieb.

Eine Schnecke des Planktons
Ruder- und Flügelschnecken wie auch andere Schnecken der offenen Meere setzen die fleischigen, flügelartigen Lappen ihres Fußes (Parapodien) ein, um sich fortzubewegen. Die größte Ruderschnecke, die Engelschnecke (*Clione limacina*), wird nur 3 cm lang. Sie ist von den Strömungen abhängig und deshalb ein Lebewesen des Planktons.

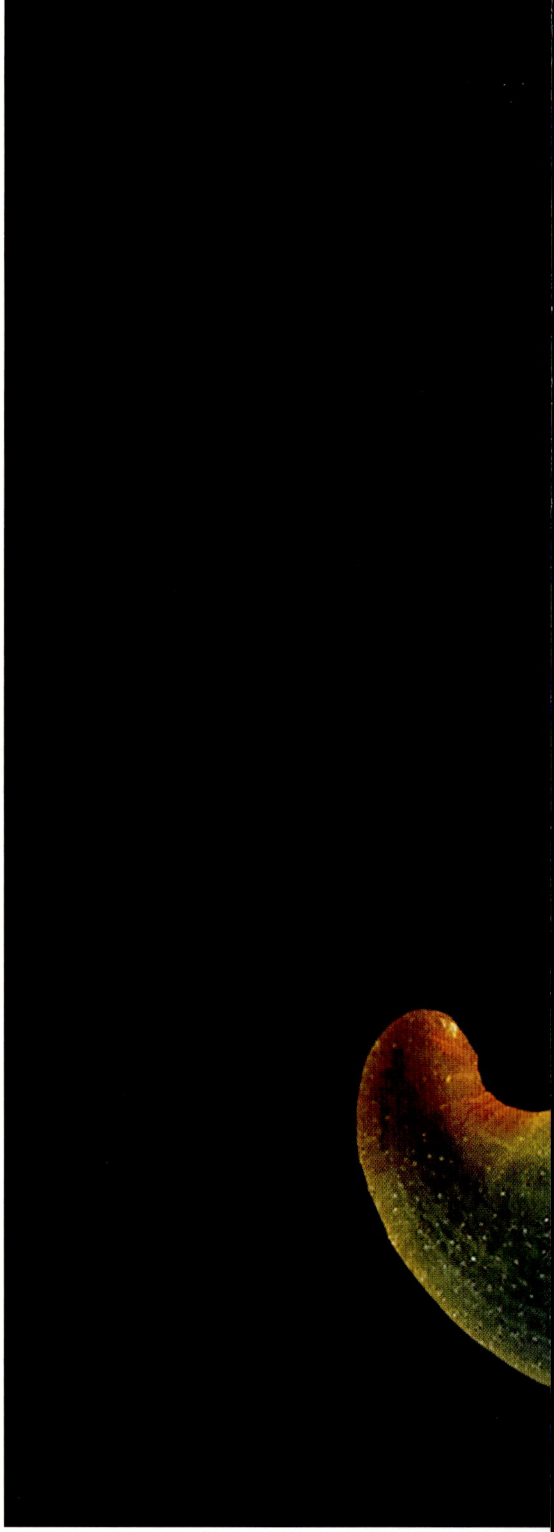

Nekton und Plankton

Gute Schwimmer, die sich gegen die Strömung fortbewegen können, zählt man zum Nekton. Die Lebewesen, die sich treiben lassen, bilden das Plankton. Die kleinsten Organismen sind meist planktonisch: Die Viskosität des Wassers macht die Fortbewegung für sie so mühsam, wie es für uns das Schwimmen in Sirup wäre. Bei Fischen und Krebsen sind nur die Larven Planktonorganismen. Andere Tiere zählen ihr Leben lang zum Plankton.

TIERE DES PLANKTONS
Ruderfußkrebse (rechts) sind oft weniger als 1 mm lang und gehören zum Zooplankton, das in allen Lebensräumen vorkommt, von Teichen bis in die Meere. Viele dieser Tiere besitzen lange, antennenähnliche Körperanhänge, die sie nach hinten schlagen können, um sich auf diese Weise fortzubewegen. Mit den hüpfenden Bewegungen überwinden sie die Viskosität des Wassers ohne Ermüdung. Deshalb sind diese Krebschen im Verhältnis zu ihrer Größe die schnellsten und kräftigsten Tiere.

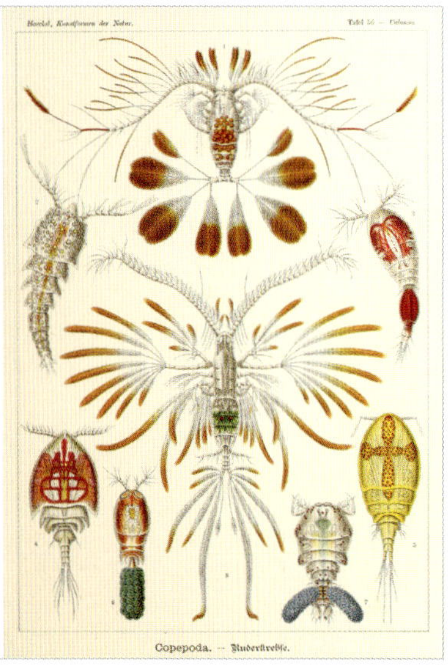

Treibender Räuber
Die Schnecke kann auf dem Rücken schwimmen und nutzt die Oberflächenspannung, wenn sie sich den Nesseltieren nähert, die sie frisst. Die dunkelblaue Farbe der Spitzen der Cerata stammt vermutlich von ihrer Beute.

Tiere im Blickpunkt

Blaue Ozeanschnecke

Die Blaue Ozeanschnecke (*Glaucus atlanticus*) ist eine schlechte Schwimmerin. Sie verbringt den größten Teil ihres Lebens damit, mit dem Bauch nach oben dahinzutreiben. Vor allem die hochgiftige Portugiesische Galeere ist ihre Beute. Mit ihrem Biss kann die nur 3 cm lange Schnecke Staatsquallen überwältigen, obwohl diese giftige Nesselzellen besitzen.

Die Schnecke, die man auch »Blauer Drache« oder »Seeschwalbe« nennt, gehört zu den Fadenschnecken. Wie ihre Verwandten hat sie kein Gehäuse, einen weichen Körper und eine mit Zähnchen besetzte Radula, mit der sie Stücke aus ihrer Beute reißt. Anders als ihre benthischen (auf dem Grund lebenden) Verwandten ist die Blaue Ozeanschnecke jedoch pelagisch: Sie lebt in den oberen Bereichen der Meere und kommt weltweit in gemäßigten und tropischen Gewässern vor.

Die Ausstülpungen an den Körperseiten bezeichnet man als Cerata. Sie befinden sich meist auf dem Rücken der Schnecken, doch bei dieser Art entspringen sie seitlichen Körperanhängen, die an kurze Beinstümpfe erinnern. Die Schnecke kann diese Anhänge und Cerata bewegen, sodass sie wie Beine und Finger funktionieren. So schwimmt sie langsam auf ihre Beute zu. Weil sie einen luftgefüllten Sack im Magen hat, kann sie an der Wasseroberfläche treiben. Auch die große Oberfläche der Cerata trägt dazu bei. Dies ist die bevorzugte Fortbewegungsart der Schnecke. Mit Wind und Wellen segelt sie dahin. Dank ihrer Konterschattierung ist sie gut getarnt. Wenn sie auf dem Rücken liegt, verschmilzt der silberblaue Bauch mit der Wasseroberfläche, sodass sie aus der Luft kaum zu erkennen ist. Ihre Oberseite ist heller. Wenn ein Räuber von unten auf sie blickt, ist sie vor dem hellen Himmel ebenfalls getarnt.

Schnecke mit Tentakeln
Die Tentakel der Portugiesischen Galeere sind die Lieblingsnahrung der Blauen Ozeanschnecke. Sie nimmt dabei die unversehrten Nesselzellen der Qualle auf, lagert sie in die Spitzen ihrer Cerata ein und nutzt sie selbst zur Verteidigung.

Wie Fische schwimmen

Fische schwimmen, indem sie den Körper wellenförmig bewegen oder mit Körperanhängen schlagen (siehe S. 50 und 259). Doch im Wasser ist nicht nur Antrieb nötig. Fische müssen sich gezielt waagrecht und senkrecht fortbewegen und in aufrechter Haltung bleiben. Außerdem muss der Auftrieb des Körpers stimmen. Haie erreichen dies mit ölgefülltem Gewebe, während die meisten Knochenfische eine gasgefüllte Schwimmblase besitzen.

Leben auf dem Grund
Aalförmige Fische wie die Quappe (*Lota lota*), hier eine Illustration aus dem 16. Jahrhundert, leben auf dem Meeresgrund. Mit den schlängelnden Bewegungen ihres langen Körpers erzeugen sie mehr Widerstand als kürzere Fische. Langsame Schwimmer leben häufig in Höhlen und Spalten.

Mit der Stromlinienform und der schuppigen Haut ist der Widerstand im Wasser gering.

Mit den paarigen Flossen steuert der Fisch, manövriert auf engem Raum und schwebt im Wasser.

Die Rückenflosse trägt dazu bei, dass sich der Fisch im Wasser aufrecht halten kann.

Die Brustflossen ermöglichen kurze Sprünge und das Schweben über dem Meeresboden.

Der Schwanz spielt wie der Rumpf eine geringere Rolle als bei Arten des offenen Wassers.

DIE ROLLE DER FLOSSEN
Die Rücken- und Afterflossen verhindern das Rollen um die Längsachse. Die paarigen Brust- und Bauchflossen stabilisieren den Körper bezüglich der Neigung nach vorn (nicken) und zur Seite (gieren). Indem er die Flossenpositionen ändert, kann der Fisch steuern.

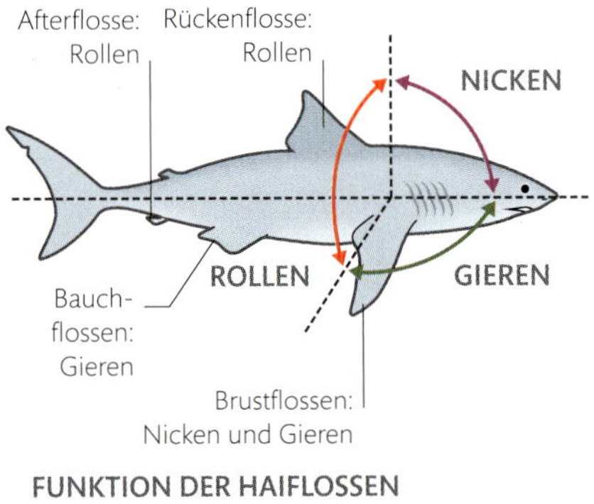

FUNKTION DER HAIFLOSSEN

Schwimmen und sinken
Haie, Thunfische, Heringe und andere gute Schwimmer des offenen Wassers generieren den Vortrieb mit wellenförmigen Körperbewegungen, doch der LSD-Leierfisch (*Synchiropus picturatus*) bewegt nur die Brustflossen. Dies ist eine Anpassung an das Leben auf dem Grund der Korallenriffe, wo kurze Sprünge eine gute Fortbewegungsweise sind. Bei Leierfischen ist die Schwimmblase klein oder sie fehlt völlig, sodass sie absinken, wenn sie nicht schwimmen. Sie bewegen sich mit ihren Brustflossen über den Grund.

Auch über der Wasseroberfläche schlägt der Rochen mit seinen Brustflossen.

Große Rochen
Kuhnasenrochen gehören mit ihrem rautenförmigen Körper und dem auffälligen Kopf zu den größten Rochenarten. Sie schwimmen in warmen Gewässern über dem Schelf und in Ästuaren und Buchten. Der Kurzschwänzige Kuhnasenrochen (*Rhinoptera jayakari*) erreicht eine Spannweite von 90 cm. Die Tiere bilden oft große Schwärme, wie hier zu sehen.

Springender Teufelsrochen
Teufelsrochen (*Mobula* sp.) springen aus dem Wasser. Ob sie dabei Parasiten loswerden oder ob das Verhalten eine soziale Funktion hat, ist unklar.

Fliegen unter Wasser

Alle Fische benötigen Antrieb. Rochen verschaffen ihn sich mit ihren riesigen Brustflossen, die vom Kopf bis zum Schwanz mit dem Körper verbunden sind. Die kleinsten Rochen schwimmen mit Wellenbewegungen der Brustflossensäume und können sogar im Wasser schweben. Die größeren Arten schlagen mit den Flossen auf und ab und fliegen geradezu durch die Meere.

VORWÄRTSBEWEGUNG

Manche Fische setzen Wellenbewegungen des Körpers ein (orangefarben). Makrelen sind mit diesen Bewegungen schneller als zum Beispiel Rochen mit Flossenbewegungen. Andere Fische nutzen die Bewegung der hier blau gefärbten Flossen. Kugelfische bewegen vor allem Rücken- und Afterflossen, setzen die Schwanzflosse jedoch auf der Flucht ein. Lippfische rudern mit ihren Brustflossen durch das Wasser.

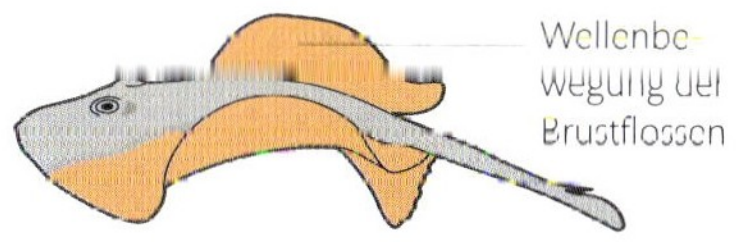

GENETZTER SÜSSWASSER-STECHROCHEN
Potamotrygon orbignyi

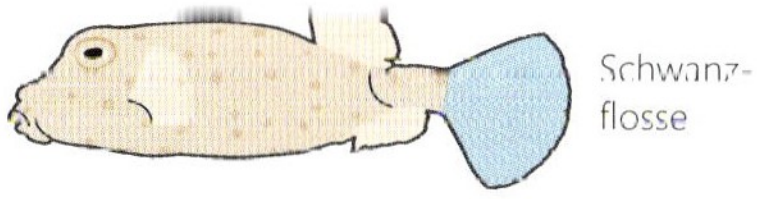

GELBBRAUNER KOFFERFISCH
Ostracion cubicus

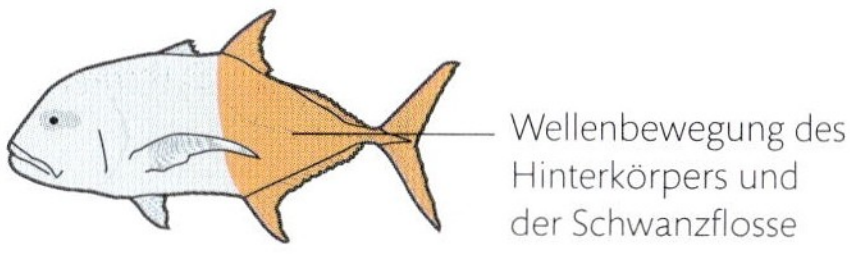

DICKKOPF-STACHELMAKRELE
Caranx ignobilis

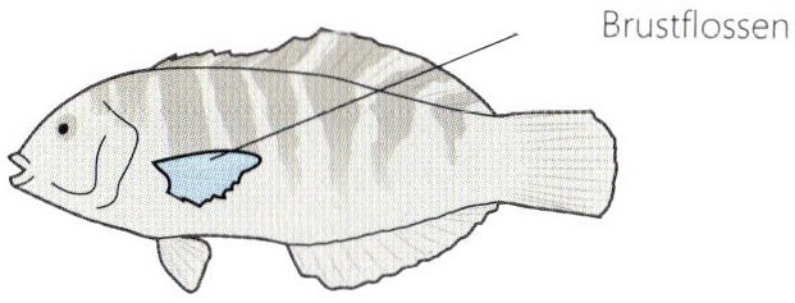

SCHORNSTEINFEGER-LIPPFISCH
Notolabris fucicola

Fischflossen

Wenn sich ein Fisch fortbewegt, bestimmen die Flossen die Richtung (siehe S. 259) und tragen zum Vortrieb bei. Die Schwanzflosse verstärkt die Kraft, während sich der Fischkörper wellenförmig bewegt. Viele Fische, wie die Seepferdchen (siehe S. 262–263), bewegen nur ihre Flossen. Die wichtigsten Flossen sind die Schwanz- und Rückenflossen sowie die paarigen Brust- und Bauchflossen.

Ein gepanzerter Jäger
Der Russische Stör (*Acipenser gueldenstaedtii*) ist mit Reihen von Knochenplatten gepanzert. Er zählt zu den ältesten Fischarten, aber er besitzt die gleichen Flossen wie die meisten Fische. Bei der Jagd nach Wirbellosen macht er mit seinen paarigen Flossen elegante Wendungen.

Rückenflossen
Die meisten Fische besitzen Rückenflossen. Mit ihnen stabilisiert sich der Fisch beim Schwimmen und sie können vor Fressfeinden schützen. Mit den Flossen kann ein Fisch auch Aggression ausdrücken oder balzen. Manchmal tragen sie zur Tarnung bei. Bei Anglerfischen sind sie zu Ködern umgebildet, mit denen Beute angelockt wird. Mit einer Reihe von Muskeln, die an den Flossenstrahlen ansetzen, kann die Rückenflosse gehoben oder gesenkt werden.

FAHNENARTIG
Halfterfisch
Zanclus cornutus

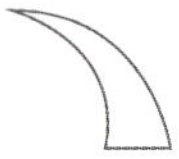

STACHLIG
Heringskönig
Zeus faber

Schwanzflossen

Bei den meisten Fischen dient die Schwanzflosse dem Antrieb. Sie gibt einen Hinweis auf Lebensweise und Lebensraum. Nicht gelappte, runde oder gerade Flossen finden sich meistens bei den langsameren Flachwasserbewohnern, während sichelförmige oder gegabelte Schwanzflossen für schnelle Schwimmer des offenen Meeres typisch sind.

ABGERUNDET
Samt-Anemonenfisch
Premnas biaculeatus

SICHELFÖRMIG
Roter Thun
Thunnus thynnus

GEGABELT
Gotteslachs
Lampris guttatus

EINGEKERBT
Forellenbarsch
Micropterus salmoides

SPITZ ZULAUFEND
Tausenddollarfisch
Chitala ornata

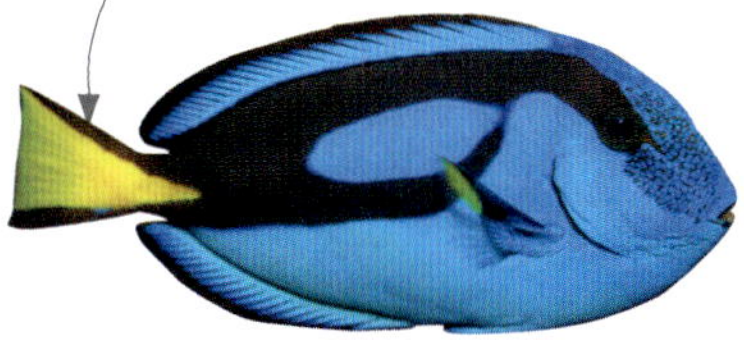

ABGESCHNITTEN
Paletten-Doktorfisch
Paracanthurus hepatus

GESPERRTER FLOSSENSTRAHL
Königin-Drückerfisch
Balistes vetula

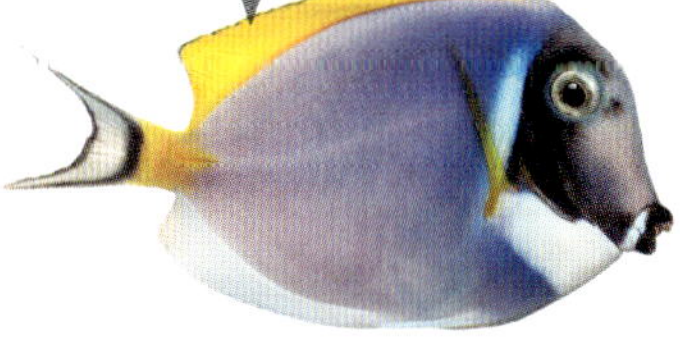

DURCHGEHEND
Weißkehl-Doktorfisch
Acanthurus leucosternon

DOPPELT
Amerikanischer Flussbarsch
Perca flavescens

Die paarigen Rückenflossen sitzen hoch oben hinter dem Kopf und dienen zum Steuern.

Jeder Flossenstrahl wird von einem Muskelpaar an seiner Basis hin- und herbewegt.

Ein gut getarnter Räuber
Das Ästuarseepferdchen (*Hippocampus kuda*) bewegt seine durchsichtige Rückenflosse 30- bis 40-mal pro Sekunde und kommt dabei langsam voran. In seinem Küstenlebensraum ist es zwischen den Algen hervorragend getarnt. Es erzeugt einen Unterdruck im Maul, um Krebstierchen einzusaugen.

Schwimmen mit der Rückenflosse

Während andere Fische durch das Wasser flitzen, gleiten Seepferdchen wie von einer unsichtbaren Kraft getrieben zwischen Algen und Korallen dahin. Dabei halten sie ihren Körper, der mit einem Panzer aus Knochenringen geschützt ist, senkrecht und neigen den Kopf leicht nach vorn. Nur der flossenlose Schwanz ist beweglich und wird eher zum Festhalten als zum Schwimmen eingesetzt. Die transparente Rückenflosse erzeugt Vortrieb, während die Brustflossen als Steuer dienen.

Tiere im Blickpunkt

Fliegende Fische

Auf der Flucht vor Feinden hat der Vierflügel-Flugfisch (*Hirundichthys affinis*) einen deutlichen Vorteil. Er kann aus dem Wasser schnellen und mit über 70 km/h bis zu 400 m weit durch die Luft gleiten. Manchmal ändert er sogar seine Richtung, während der fliegt.

Etwa 65 Flugfischarten kommen in den Meeren der Tropen und gemäßigten Breiten vor. Man unterteilt sie nach der Anzahl der Flügel in zwei Gruppen. Alle besitzen zwei stark vergrößerte Brustflossen, mit denen sie gleiten können, einen stromlinienförmigen Körper und eine asymmetrische Schwanzflosse mit einem größeren unteren Lappen. Vierflüglige Arten wie *Hirundichthys affinis*, der im östlichen und nordwestlichen Atlantik, im Golf von Mexiko und in der Karibik lebt, haben außerdem vergrößerte Bauchflossen. Das zweite Flügelpaar verschafft ihnen gegenüber den zweiflügligen Verwandten einen Vorteil.

Anders als Vögel und Fledertiere fliegen Flugfische nicht aktiv, sondern gleiten mithilfe der ausgebreiteten Brustflossen. Die Bauchflossen von *H. affinis* und anderen Vierflüglern kontollieren das Nicken, ähnlich wie die Höhenruder eines Flugzeugs. Vielleicht haben sie sich entwickelt, weil die Fische größer wurden. Flugfische sind 15 bis 50 cm lang, und die meisten Vierflügler, wie *H. affinis*, sind größer als die Zweiflügler. Nur die Vierflügler können die Richtung im Flug ändern.

Um abzuheben schwimmt ein vierflügeliger Flugfisch mit bis zu 36 km/h zur Oberfläche. Er schlägt etwa 50-mal in der Sekunde mit dem Schwanz und durchbricht die Wasseroberfläche. Dabei entfalten sich die Brustflossen, und der Fisch beginnt zu gleiten. Flugfische leben in mindestens 20–23 °C warmem Wasser. Vermutlich kann ihre Muskulatur in kälterem Wasser nicht schnell genug kontrahieren.

Verlängerte Flugzeit
Flugfische tauchen mit dem Schwanz voran wieder ins Wasser ein. Wenn sie bei Berührung mit dem Wasser schnell mit der Schwanzflosse schlagen, können sie nochmals abheben. In der Luft stabilisiert die Schwanzflosse den Flug.

Fresko mit Flugfischen
Bereits im Altertum waren die Menschen von Flugfischen fasziniert. Dieses minoische Fresko aus Phylakopi auf der Insel Milos entstand etwa 2500 v. Chr.

Zweiflüglige Flugfische schmücken dieses Fresko.

Stachliger Fisch
Der Rotfeuerfisch (*Pterois volitans*) ist mit 18 giftigen Flossenstrahlen bewaffnet. Das Gift verursacht einen brennenden Schmerz und ist neurotoxisch. Die Steuerung der Muskeln des Gestochenen wird beeinträchtigt, der Puls sinkt ab und es kommt zu Lähmungen.

Die roten Streifen warnen vor der Gefährlichkeit des Fischs. Man bezeichnet diese optische Warnung als Aposematismus.

Vorn in der Afterflosse befinden sich drei giftige Hartstrahlen.

Giftige Flossenstrahlen

Die Flossen fast aller heute lebenden Fische werden von steifen, aber biegsamen Flossenstrahlen aufgespannt. Die Träger der Flossenstrahlen reichen bei den unpaarigen Flossen bis ins Muskelgewebe. Bei manchen Fischen wird der vordere Teil einiger Flossen zudem von stachelartigen Hartstrahlen gestützt. Diese bieten einen gewissen Schutz vor Räubern. Manche Arten, wie die Angehörigen der Familie der Skorpionsfische, injizieren mit den Hartstrahlen sogar ein Gift. Es gehört zu den unangenehmsten Gift-Cocktails, die im Tierreich vorkommen.

GIFT VERABREICHEN

Der Schnitt durch einen der giftigen Hartstrahlen des Rotfeuerfischs zeigt massiven Knochen, der an beiden Seiten gekerbt ist. In der Kerbe befindet sich von einem schwammigen Epithel geschütztes Drüsengewebe. Wenn der Hartstrahl in das Fleisch eindringt, wird das Epithel zurückgeschoben und der Druck des Einstichs quetscht das Drüsengewebe, sodass es Gift in die Wunde abgibt.

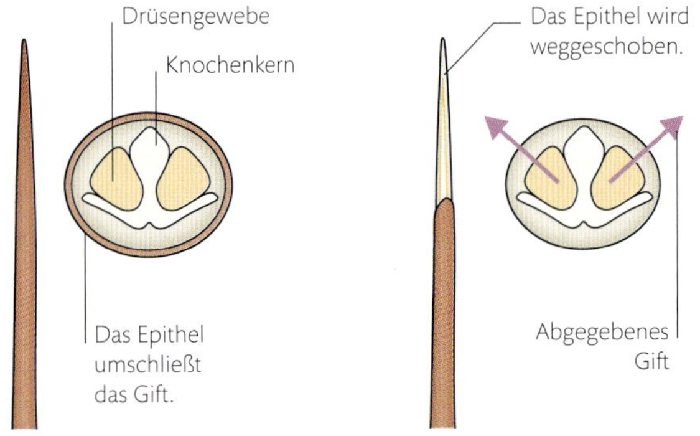

VOR DEM EINDRINGEN IN DAS OPFER

NACH DEM EINDRINGEN IN DAS OPFER

Versteckte Gefahr

Der Steinfisch (*Synanceia verrucosa*) besitzt ein Gift, das unbehandelt für Menschen tödlich sein kann. Der Fisch ist perfekt getarnt und die meisten Unfälle geschehen, wenn Taucher versehentlich auf seine giftigen Hartstrahlen treten.

Elefantenmosaik
Die Römer schätzten Elefanten als exotische Tiere. Dieser Elefant ist zusammen mit einem Pferd und einem Bären abgebildet. Das Mosaik stammt aus dem 2. oder 3. Jahrhundert und man fand es im »Haus der Laberii« in Uthina, Tunesien.

Tiere in der Kunst

Natur im Römischen Reich

In vielen Teilen des Römischen Reichs sind Fresken und Mosaike erhalten geblieben, die den Reichtum der Natur abbilden. Es sind Darstellungen von Tieren als Speise, von heiligen Tieren und exotischen Haustieren. Auch Jagd- und Zirkusszenen sind unter den Kunstwerken. Doch tatsächlich waren viele Römer kaum am Wohlergehen der Tiere interessiert.

Namenlose Kunsthandwerker schmückten die Wände und Böden römischer Häuser mit Fresken und Mosaiken aus. Die Bilder sollten vor allem den Status des Haushalts demonstrieren. In öffentlichen Bädern und Privathäusern waren große Mosaike mit Meerestieren besonders beliebt, denn man hielt in Meer- und Süßwasserteichen Fische und Krebstiere, um sie zu essen.

Fresko eines Pfaus
Die Römer importierten Pfaue aus Indien und hielten sie zu Ehren der Göttin Juno. Exotische Tiere hielt man als Haustiere oder verspeiste sie als Delikatessen. Dieser Pfau auf einem Zaun ist Teil eines Wandfreskos (63 v. Chr. bis 79 n. Chr.). Wahrscheinlich stammt es aus Pompeji in Italien.

Auf den besten Kunstwerken kann man die Arten gut erkennen. Es sind Dornhaie, Rochen, Brassen und Barsche. Manche Villen wurden über Kanäle mit Wasser aus der Bucht von Neapel versorgt.

Die dargestellten Elefanten gehörten größtenteils der kleinen, heute ausgestorbenen nordafrikanischen Unterart an. Größere Asiatische Elefanten trugen Soldaten in den Kampf. Auf sizilianischen Mosaiken ist dargestellt, wie Elefanten, Leoparden, Löwen, Tiger, Nashörner und Bären in Indien und Afrika gefangen werden. Sie wurden auf Schiffen transportiert, zur Schau gestellt und oder bei den grausamen *venationes*, den öffentlichen Tierhetzen in Arenen, getötet.

Tiere des Meeres
Auf diesem Mosaik aus dem 1. Jahrhundert sind die Tiere im Meer vor Neapel dargestellt. Man fand es in den Ruinen von Pompeji im »Haus des Fauns«. Die Fische und Krebstiere und der Krake, der mit einer Languste kämpft, wirken fast wie eine Speisekarte der Antike.

> »Welchen Gefallen kann ein gebildeter Mann daran finden, ein edles Tier von einem Jagdspieß durchbohrt zu sehen?«
>
> CICERO, *EPISTULAE AD FAMILIARES*, 62–43 V. CHR.

Laufen auf dem Meeresgrund

Manche Fische gaben das Schwimmen im offenen Wasser auf und gingen zum Leben auf dem Meeresboden über. Bei vielen haben sich die Flossen dieser Lebensweise angepasst und dienen nun dem Laufen auf dem Meeresgrund. Die paarigen Brust- und Bauchflossen sind so kräftig geworden, dass sie das Gewicht des Fischs tragen können. Sie wurden breiter, sodass sie eher Füßen als Flossen ähneln. Bei den Anglerfischen und ihren Tiefseeverwandten sind die Brustflossen ellbogenartig abgewinkelt, sodass sie noch beweglicher sind.

Flossen, die an Hände erinnern
Die fingerartigen Flossenstrahlen der Brustflosse reichen über die Membranen hinaus. So findet der Fisch auf dem Meeresboden Halt.

Ein Clown im Felsenriff
Zwischen den Schwämmen in einem felsigen Korallenriff ist der Clown-Anglerfisch (*Antennarius maculatus*) perfekt getarnt. Er ist nicht so schnell und beweglich wie viele Fische des offenen Wassers, doch er kann in seinem Revier herumklettern. Mit seiner fahnenartigen Angel lockt er Fische vor sein Maul.

Mit seiner warzigen, bunten Haut ist der langsame Anglerfisch zwischen den Korallen, Schwämmen und Algen gut getarnt.

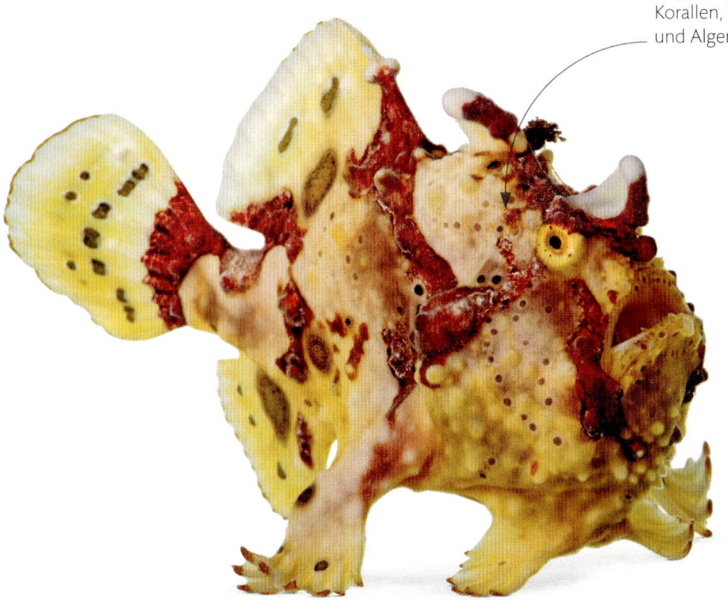

Ein **»Ellbogengelenk«** in den Brustflossen macht es möglich, dass der Fisch mit den Flossen läuft.

FLOSSEN ALS BEINE

Die Flossen verschiedener Fischgruppen haben sich zu »Beinen« entwickelt. Die Bauchflossen wanderten weiter nach vorn, um den Fisch zu stabilisieren, während die verlängerten Brustflossen Beinen ähnlich geworden sind. Der Schlammspringer, der viel Zeit außerhalb des Wassers verbringt, bewegt sich mit den Brustflossen fort und benutzt seine saugnapfähnlichen Bauchflossen zur Stabilisation. Bei Anglerfischen sind beide Flossenpaare beinähnlich. Fast wie ein vierbeiniges Landtier setzt der Fisch sie zum Laufen ein.

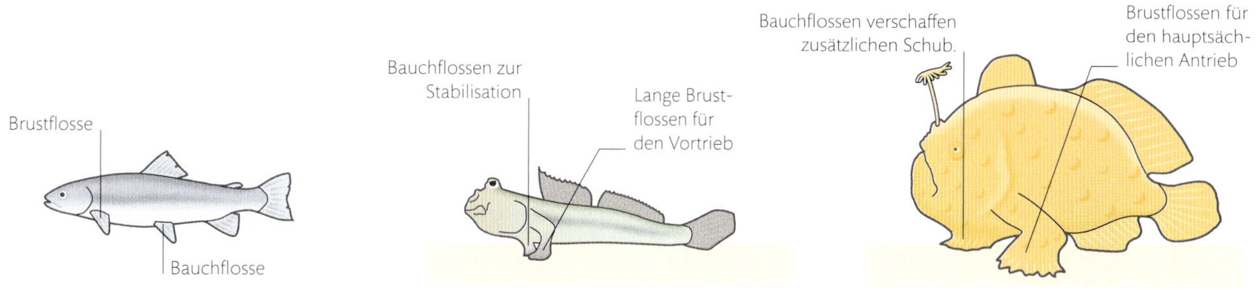

NORMALER FISCH

SCHLAMMSPRINGER AN LAND

UNTER WASSER LAUFENDER ANGLERFISCH

Der bewegliche Köder befindet sich an einer »Angel«, die man auch Illicium nennt. Mit ihr lockt der Fisch Beute an.

Mit den kleinen Bauchflossen hält sich der Fisch aufrecht, doch kann er sich mit ihnen auch vom Meeresgrund abstoßen.

Rückkehr ins Wasser

Reptilien haben sich mit ihrer robusten, wasserdichten Haut an Land entwickelt, doch viele von ihnen sind in die Wasserlebensräume ihrer Vorfahren zurückgekehrt. Bei Meeresschildkröten hat diese Umwandlung fast vollständig stattgefunden. Sie und eine Süßwasserschildkrötenart sind die einzigen heute lebenden Reptilien, deren Beine vollständig zu Flossen umgebildet sind. Nur zur Eiablage kommen diese Reptilien an Land.

In den Meeren unterwegs
Wie alle Meeresschildkröten schwimmt die Suppenschildkröte (*Chelonia mydas*) mit ihren Vorderbeinen. Mit Auf- und Abschlägen verschafft sie sich Antrieb und mit ihren Hinterbeinen mit Schwimmhäuten steuert sie.

Lederschildkröten, die größten aller Schildkröten, sind nach ihrem Panzer benannt, der mit ledriger Haut bedeckt ist.

Die Eiablage
Die Lederschildkröte (*Dermochelys coriacea*), die mehr als eine Tonne wiegt, wuchtet sich mit den Vorderbeinen an Land. Dann gräbt sie mit den Hinterfüßen ein Nest

KONVERGENTE EVOLUTION

Obwohl sie nur entfernt miteinander verwandt sind, haben verschiedene Wirbeltiergruppen Flossen entwickelt, die in ihrer hydrodynamischen Form denen der Fische ähneln. Schildkröten und Delfine stammen von laufenden Vorfahren ab, während Pinguinflossen modifizierte Flügel sind.

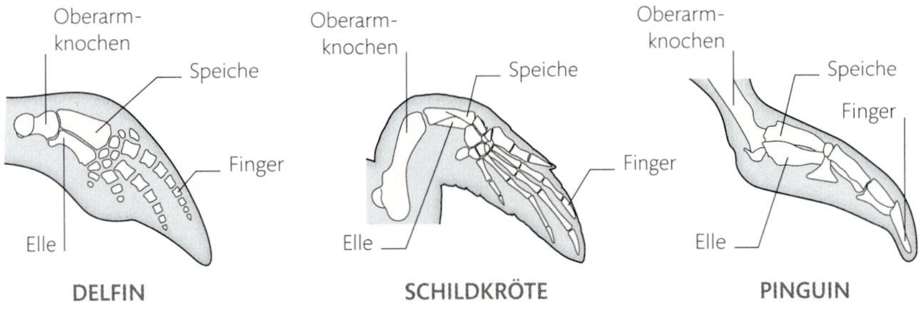

Unglaubliche Kraft
Die Fluke eines Wals enthält keine Knochen, denn die Wirbelsäule endet an ihrer Basis. Doch diese massive Schwanzflosse erzeugt durch ihre Auf- und Abschläge die enorme Kraft, die den mächtigen Walkörper vorantreibt.

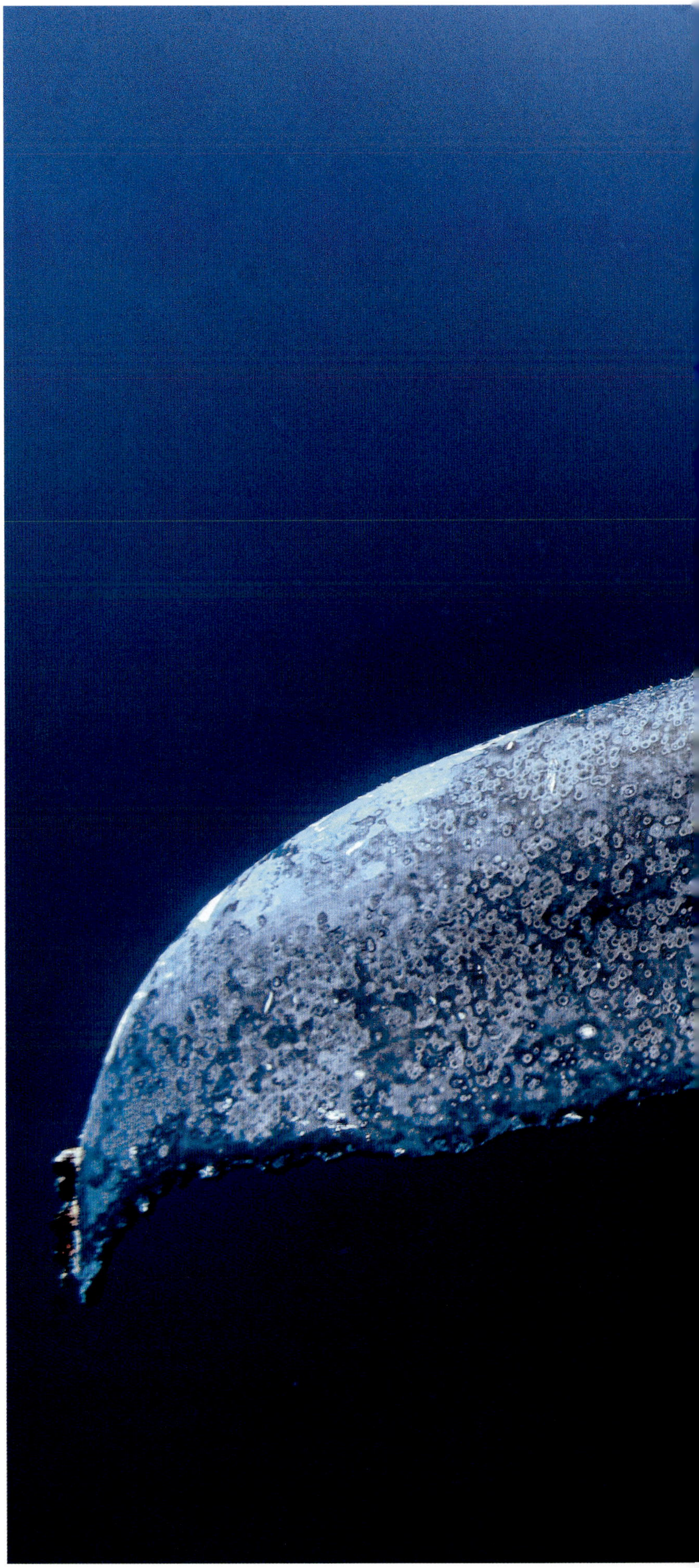

Fluken

Keine andere Säugetiergruppe ist besser an das Wasser angepasst als die Wale und Delfine, die die Gruppe der Cetacea bilden. Ihre stromlinienförmigen Körper haben einen geringen Wasserwiderstand und ihre zu Flippern umgebildeten Vorderbeine sorgen für Stabilität. Die große Schwanzflosse oder Fluke sorgt für den Antrieb. Sie besteht aus Bindegewebe, das mit parallel ausgerichteten Bündeln aus Kollagen, einem robusten Strukturprotein, verstärkt wird.

FLACHER SCHWANZ

Die Manatis und der Dugong, die gemeinsam als Seekühe bezeichnet werden, sind Meeressäuger, die ähnliche Anpassungen entwickelt haben wie die Wale. Auch sie bewegen ihre Schwanzflosse auf und ab, anders als die Fische. Der Dugong hat eine gegabelte Schwanzflosse, ähnlich wie ein Wal. Die Manatis besitzen einen abgerundeten Schwanz.

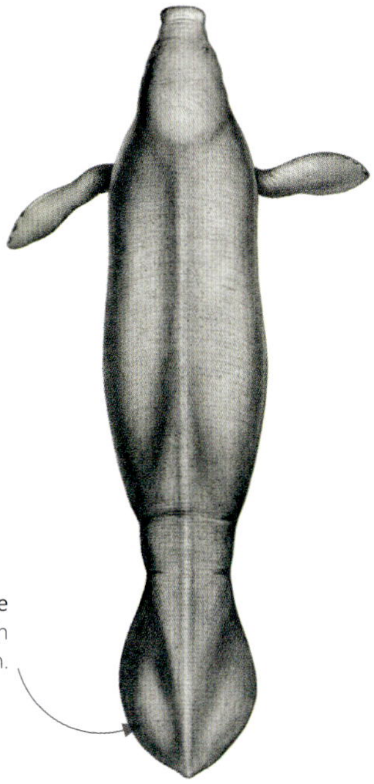

MANATI *Trichechus* sp.

Flügel und Flughäute

Flügel. Eine Struktur, die aktives Fliegen erlaubt. Dazu gehören die vorderen Gliedmaßen der Vögel und Fledertiere sowie die Auswüchse der Thoraxcuticula bei den Insekten.
Flughäute. Jede Struktur, wie Membranen oder Hautfalten zwischen Zehen oder Gliedmaßen, die den Luftwiderstand erhöht und damit zum aktiven Frlug oder zum Gleiten beiträgt.

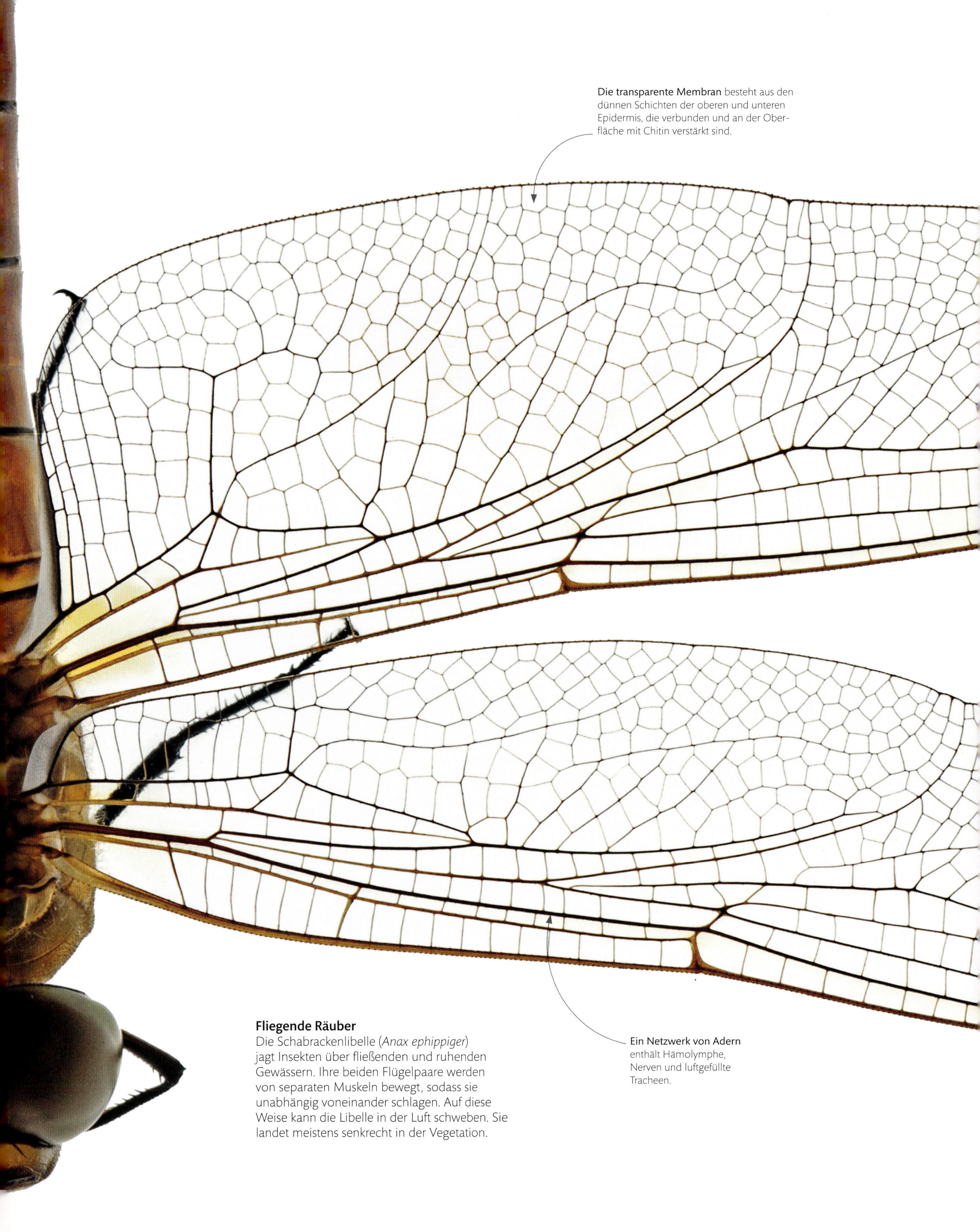

Fliegende Räuber
Die Schabrackenlibelle (*Anax ephippiger*) jagt Insekten über fließenden und ruhenden Gewässern. Ihre beiden Flügelpaare werden von separaten Muskeln bewegt, sodass sie unabhängig voneinander schlagen. Auf diese Weise kann die Libelle in der Luft schweben. Sie landet meistens senkrecht in der Vegetation.

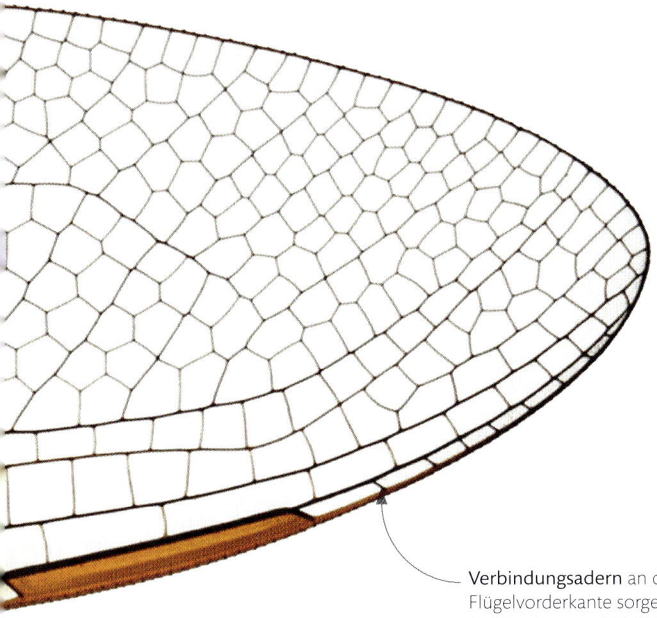

Verbindungsadern an der Flügelvorderkante sorgen für eine bessere Stabilität.

Aerodynamik
Indem sie mit den Flügeln schlagen, erzeugen Insekten kleine Luftwirbel. Diese schaffen Auftrieb. Er wirkt der Schwerkraft entgegen, die den Körper nach unten zieht. Diese Gestreifte Quelljungfer (*Cordulegaster bidentata*) ist eine hervorragende Fliegerin.

Libellen ziehen im Flug die Beine an den Körper heran.

Insektenflug

Vor 400 Millionen Jahren waren die Insekten die ersten Tiere, die den Himmel eroberten. Sie schlugen mit ihren Flügeln und bis heute sind sie die einzigen Wirbellosen, die dazu in der Lage sind. Mit ihren einzigartigen Flügeln, die sich aus Auswüchsen des Außenskeletts entwickelt haben, konnten sie abheben und in der Luft manövrieren. Kräftige Muskeln bewegten die leichten und gleichzeitig robusten Insektenflügel.

Kleine Falten an der Spitze können den Aufprall abfedern, wenn das Insekt gegen ein Objekt stößt.

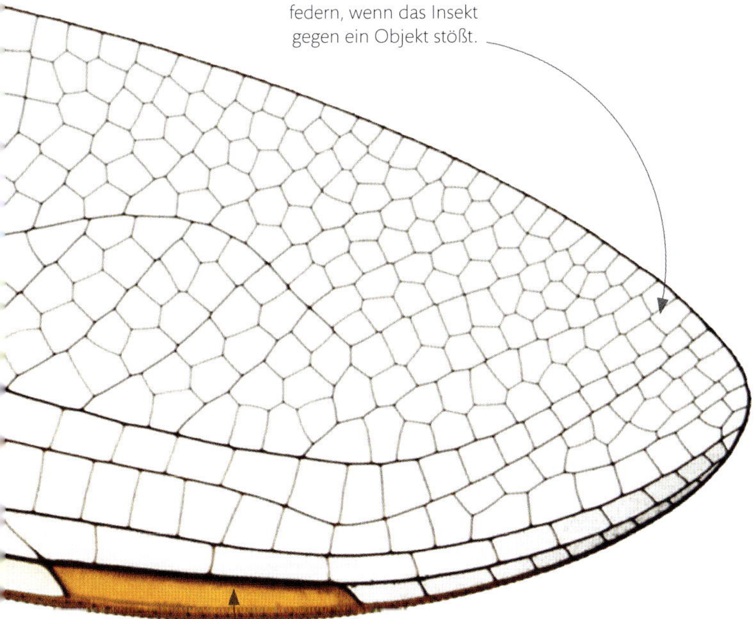

Das Flügelmal oder Pterostigma macht die Flügelkante schwerer. So werden störende Vibrationen verringert.

MUSKELN IM THORAX

Die ersten Fluginsekten bewegten ihre Flügel mit zwei Muskelgruppen. Eine setzte direkt an den Flügeln an und zog sie nach unten und die andere wirkte indirekt und setzte am Rückenteil des Thorax an, um die Flügel wieder hochzuheben. Libellen und Eintagsfliegen fliegen noch immer so. Insekten, die sich später entwickelten, setzten verstärkt indirekte Muskeln ein, die die Flügel bewegen, indem sie den Thorax verformen. Fliegen und Bienen können 100-mal pro Sekunde mit den Flügeln schlagen.

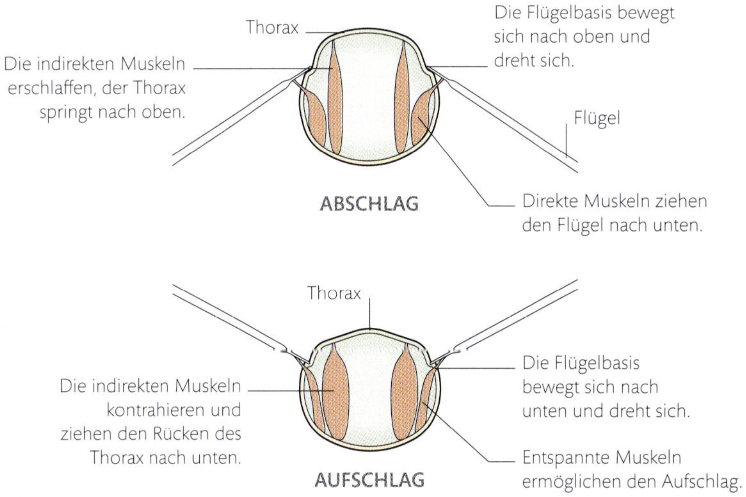

Spiel des Lichts
Das schillernde Blau des Blauen Morphos (*Morpho peleides*) ist keine Pigment-, sondern eine sogenannte Strukturfarbe. Winzige Leisten auf jeder Schuppe, kaum 1/1000 mm voneinander entfernt, reflektieren das Licht so, dass die Interferenz der Lichtstrahlen alle Farben mit Ausnahme von Blau auslöscht.

BLAUER MORPHO
Morpho peleides

Für den schwarzen Flügelrand ist das Pigment Melanin verantwortlich.

Flügelschuppen

Die Tag- und Nachtfalter und die Motten bilden die Insektenordnung der Lepidoptera oder Schuppenflügler. Sie sind unverwechselbar, weil ihre Flügel winzige Schuppen tragen, die sich wie Staub lösen können. Unter dem Mikroskop ähneln sie Dachziegeln. Vielleicht fangen sie Luft ein, um Auftrieb zu erzeugen, oder sie tragen dazu bei, dass die Falter aus Spinnennetzen entkommen können. Auf jeden Fall sind sie für die fantastischen Farben dieser Insekten verantwortlich.

VIELZWECK-FARBEN

Consul fabius (oben), *Myscelia orsis* (Mitte links) und *Ceretes thais* (Mitte rechts) gehören zu den buntesten Schmetterlingen. Die Farben und Muster locken Weibchen an oder schrecken Rivalen ab. Doch Farben können auch tarnen: Die Flügelunterseite von *Consul fabius* (unten) ähnelt einem toten Blatt so verblüffend, dass der Schmetterling mit geschlossenen Flügeln fast unsichtbar ist.

Pelziger Gleitflieger
Der Malaien-Riesengleiter (*Galeopterus variegatus*) hat eine Flughaut zwischen den Vorder- und Hinterbeinen, die man als Patagium bezeichnet. Wenn er seine Beine ausstreckt, kann sie ihn 100 m weit tragen und er verliert auf dieser Strecke keine 10 m an Höhe.

Gleiten und segeln

In jeder größeren Wirbeltiergruppe, von den Fischen bis hin zu den Säugetieren, haben sich einige Gleitflieger entwickelt. Das überrascht nicht, weil Gleiten eine sehr effiziente Fortbewegungsweise ist: Wenn das Tier einen Startpunkt hat, nutzt es nur den Auftrieb statt seiner Muskelkraft, um die Entfernung zu überwinden. Beim Gleiten ist der Luftwiderstand minimal. Wenn Flughäute als Fallschirm eingesetzt werden, ist er maximal und das Tier kann sicher landen.

NAGER IM FLUG

Das Gleiten mit einer Flughaut hat sich in verschiedenen Wirbeltiergruppen entwickelt, etwa bei den Gleitbeutlern und den Gleithörnchen. Die Patagia der Gleithörnchen reichen vom Handgelenk bis zum Knöchel. Diese Nagetiere können sogar die Richtung im Flug ändern.

GLEITHÖRNCHEN

Wie Vögel fliegen

Um zu fliegen, muss ein Tier die Schwerkraft überwinden, sich in die Luft erheben und Vortrieb erzeugen. In keiner Wirbeltiergruppe gibt es so viele fliegende Arten wie bei den Vögeln. Als sie sich aus aufrecht laufenden, gefiederten Dinosauriern entwickelten, wurden ihre Vorderbeine zu Flügeln, mit denen sich die Tiere sowohl Auf- als auch Vortrieb verschafften. Die Finger wurden zurückgebildet und die Armknochen zum Gerüst des Flügels. Steife, in den Knochen verankerte Schwungfedern bildeten die Tragflächen.

Räuber der Lüfte
Im normalen Flug erreicht der Turmfalke (*Falco tinnunculus*) ein wenig mehr als 30 km/h. Mit seinen langen, spitzen Flügeln kann er schnell fliegen, gelegentlich segeln und auch gegen den Wind rütteln, während er den Boden unter sich nach kleinen Säugetieren absucht.

FLÜGEL IN AKTION

Die Flugmuskeln sind mit dem gekielten Brustbein verbunden. Sie kontrahieren, wenn der Vogel mit den Flügeln schlägt. Dabei wird Vortrieb erzeugt, bei den meisten Vögeln mit dem Abschlag der Flügel. Der Auftrieb hängt von der Form der Flügel ab. Über die konvexe Oberfläche fließt die Luft schneller, sodass über den Flügeln ein Unterdruck entsteht, der den Körper nach oben zieht.

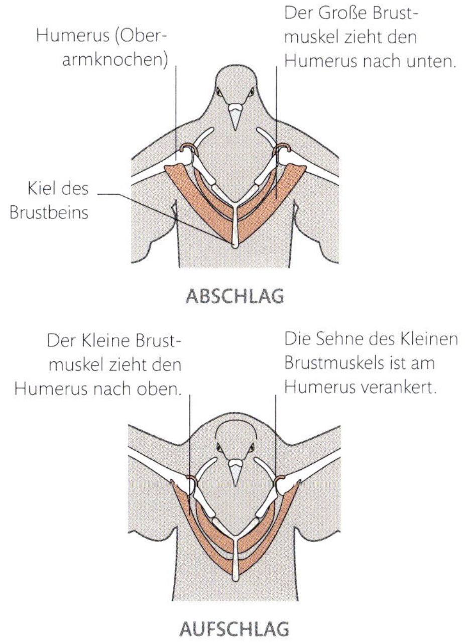

Tiere im Blickpunkt

Bartgeier

Der Bartgeier (*Gypaetus barbatus*) ist so hoch wie ein fünfjähriges Kind. Er wiegt doppelt so viel wie die meisten Hauskatzen. Dieser Vogel ist schon am Boden beeindruckend und in der Luft noch eindrucksvoller: Der Segler gleitet auf der Suche nach Knochen stundenlang durch die Luft.

Der Bart- oder Lämmergeier kommt in Gebirgen in Europa, Asien und Afrika vor. Er nistet auf Klippen, meist in über 1000 m Höhe. In Nepal lebt er noch in mehr als 5000 m Höhe.

Bartgeier sind die einzigen Wirbeltiere, die sich fast ausschließlich (bis zu 85 %) von Knochen ernähren. Obwohl sie kaum Nahrungskonkurrenten haben, müssen sie weit umherfliegen, um genügend Futter zu finden. Manche Vögel legen bis zu 700 km an einem einzigen Tag zurück. Aus diesem Grund besiedeln sie ihren Lebensraum nur dünn und ihre Reviere erstrecken sich in manchen Gegenden über Hunderte von Quadratkilometern.

Dank ihrer große Spannweite – bis zu 3 m bei den etwas größeren Weibchen – können sie auf Aufwinden segeln. Dabei brauchen sie kaum mit den Flügeln zu schlagen. Wenn sie das Gelände aus großer Höhe beobachten oder über den Erdboden fliegen, entdecken sie die Kadaver von Ziegen oder Schafen auf Gipfeln oder in Tälern.

Während andere Geier große Mengen auf einmal fressen, verzehren Bartgeier pro Tag etwa 8 % ihres Körpergewichts (knapp 500 g) an Knochen. Kleine Knochen werden am Stück verschluckt. Größere lassen die Vögel aus 50–80 m Höhe auf Felsen fallen, wo sie in mundgerechte Stücke zerbrechen. Die starke Magensäure löst die Knochenmahlzeit innerhalb von 24 Stunden auf.

Leben im Flug
Erwachsene Bartgeier verbringen 80 % der hellen Zeit des Tages im Segelflug und suchen dabei nach Nahrung. Sie gleiten im Gebirge mit 20–77 km/h auf den Aufwinden voran.

Rotnackiger Räuber
Bartgeier baden in eisenoxidreichem Staub oder Wasser und färben dabei ihr Gefieder rostrot ein. Möglicherweise sind auffälliger gefärbte Tiere dominanter als ihre Artgenossen.

Eisenoxid verursacht die Färbung. Das Rot wird im Alter immer kräftiger.

Schwingen mit Randschlitzen
Tiefe Randschlitze zwischen den Handschwingen eines breiten Flügels verleihen viel Auftrieb. Die Vögel erreichen nicht nur mühelos große Höhen, sondern können auch dort landen, wo wenig Platz zur Verfügung steht. Diese Flügelform ist typisch für Greifvögel, kommt aber auch bei Schwänen und anderen großen Wasservögeln vor.

STEINADLER
Aquila chrysaetos

KÖNIGSBUSSARD
Buteo regalis

ROSAFLAMINGO
Phoenicopterus roseus

SUNDA-MARABU
Leptoptilos javanicus

Hochgeschwindigkeitsflieger
Sehr schnelle, wendige Flieger wie Schwalben und Mauersegler, die ihre Nahrung im Flug fangen, und Jäger wie die Falken haben schmale, spitz zulaufende Flügel. Auch bei einigen Enten und Küstenvögeln, die in kurzer Zeit lange Strecken zurücklegen, sind die Flügel ähnlich geformt.

BLAUFLÜGELENTE
Spatula discors

BUNTFALKE
Falco sparverius

SCHMUCKSEESCHWALBE
Thalasseus elegans

SCHORNSTEINSEGLER
Chaetura pelagica

Elliptische Flügel
Die elliptischen Flügel der Hühner- und Sperlingsvögel sind für schnelles Starten und kurzes Beschleunigen ideal. Diese Vögel können in dichter Vegetation manövrieren, benötigen dabei aber viel Energie. Sperlingsvögel können auf dem Vogelzug weite Entfernungen zurücklegen. Hühnervögel dagegen fliegen nur kurze Strecken.

Mit ihren elliptischen Flügeln kann diese Drossel in dichten Wäldern manövrieren.

TOWNSEND-KLARINO
Myadestes townsendi

Elliptische Flügel sind typisch für Häher, Elstern und Krähen.

GRÜNHÄHER
Cyanocorax luxuosus

Kurze, abgerundete Flügel ermöglichen einen schnellen Start.

BEIFUSSHUHN
Centrocercus urophasianus

Typische Flügelmuster sind im Flug auffällig.

EICHELHÄHER
Garrulus glandarius

Lange, schmale Flügel
Wie eine Balancierstange verleihen lange, schmale Flügel einem Vogel Stabilität. Diese Form verursacht einen geringen Luftwiderstand, sodass der Vogel mit geringem Energieeinsatz weit fliegen kann. Seevögel wie Albatrosse, Möwen, Tölpel und Sturmtaucher können sehr weite Strecken im Segelflug zurücklegen.

Die Flügelspitzen sind oben schwarz und unten weiß.

BONAPARTE-MÖWE
Chroicocephalus philadelphia

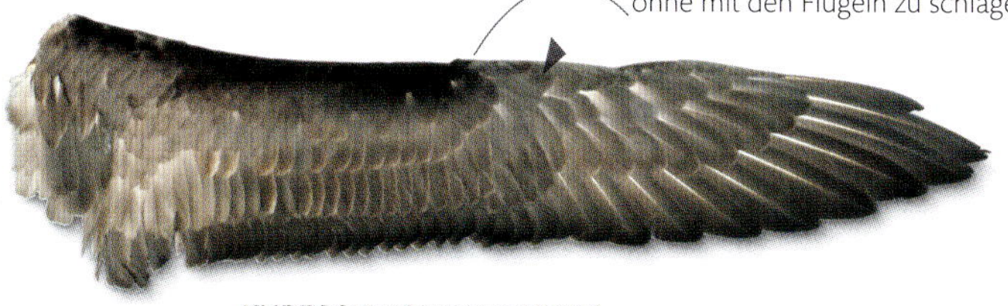

Mit einer Spannweite von 2,1 m kann der Vogel stundenlang fliegen, ohne mit den Flügeln zu schlagen.

KURZSCHWANZALBATROS
Phoebastria albatrus

Vogelflügel

Aus der Flügelform kann man schließen, wie ein Vogel fliegt und ob er ein Räuber oder ein Beutetier ist. Die Flügel der Kolibris (siehe S. 292–293) und einiger anderer Arten eignen sich zum Rüttelflug. Die Flügel der anderen Arten kann man je nach Fluggeschwindigkeit, Flugstil und zurückgelegten Entfernungen vier Gruppen zuordnen.

Tiere im Blickpunkt

Kaiserpinguin

Der antarktische Kaiserpinguin (*Aptenodytes forsteri*) wiegt bis zu 46 kg und kann 1,35 m hoch werden. Er ist die größte Pinguinart. Wie alle Pinguine kann er nicht fliegen, doch mit seinem stromlinienförmigen Körper und den zu Flossen umgebildeten Flügeln ist er ein meisterhafter Taucher.

Die Kaiserpinguine haben das Fliegen aufgegeben, und weil ihre Knochen dichter sind als die Knochen flugfähiger Vögel, sind sie ein wenig schwerer als Wasser. Deshalb haben die Vögel im Meer keinen Auftrieb. Die Flügel sorgen nun im Wasser, das dichter ist als Luft, für Antrieb. Ein einziges bewegliches Gelenk verbindet den Oberarmknochen mit der Schulter. Doch die Flugmuskulatur hat nichts an Kraft verloren, sodass Pinguine auf der Nahrungssuche sehr tief tauchen können. Die Füße dienen als Steuer. Sie sitzen so weit hinten, dass die Pinguine an Land aufrecht stehen müssen.

Weil der Körper schwer ist, müssen die Vögel bei tiefen Tauchgängen relativ wenig Energie aufwenden. Kaiserpinguine fressen Krillkrebse, doch der größte Teil der Nahrung besteht aus Fischen und Kalmaren, die sie häufig in über 200 m Tiefe erbeuten. Ein Tauchgang dauert meist drei bis sechs Minuten, doch die Vögel können auch 20 bis 30 Minuten lang im Meer jagen. Kaiserpinguine erreichen Tiefen von 565 m.

Das Körperfett, das im Sommer eingelagert wird, bringt die Kaiserpinguine durch den harten Winter. Dann brüten die Tiere. Nachdem das Weibchen ein einziges Ei gelegt hat, wandert es zum Meer, um dort zu fressen. Das Männchen bebrütet bei Temperaturen von bis zu −62 °C das Ei, das auf seinen Füßen unter einer Falte der Bauchhaut liegt. Es frisst nichts und ernährt das Küken mit »Milch« aus seiner Speiseröhre. Nach der Rückkehr des Weibchens tauschen die Vögel die Rollen und das Männchen wandert zum Meer. Hier fängt es sich nach vier Monaten seine erste Mahlzeit.

Mit den Flossen fliegen
Luftblasen entweichen dem wasserdichten Gefieder der Vögel. Sie schlagen mit ihren Flügeln einen so weiten Bogen, dass sich die Flossen über dem Körper nahezu berühren.

FLÜGEL ZUM TAUCHEN

Wie die Pinguine nutzen auch die Alkenvögel (Tordalk, Papageitaucher und Lummen) ihre Flügel beim Tauchen. Pinguine bewegen ihre kurzen Flügel nur an ihrer Basis. Alkenvögel haben beweglichere Flügel und können auch fliegen.

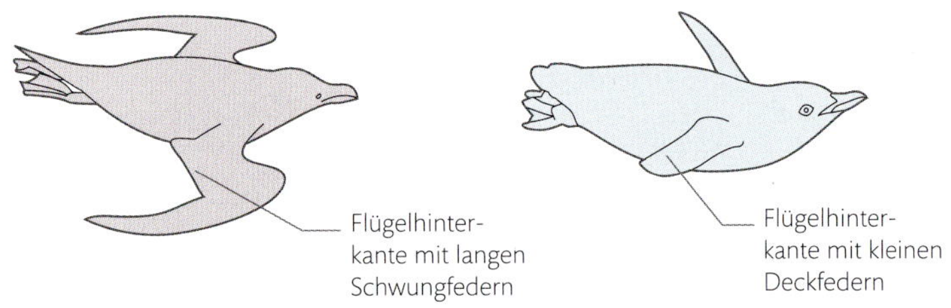

TORDALK
Alca torda
Tiefste Tauchtiefe: 15 m

ZWERGPINGUIN
Eudyptula minor
Tiefste Tauchtiefe: 69 m

Die Brustmuskeln ziehen sich rasch zusammen und übertragen ihre Kraft auf die Flügel. Sie machen bis zu 30 % der Körpermasse des Kolibris aus. Das ist mehr als bei anderen Vögeln, die ebenfalls gute Flieger sind.

Nektartrinker
Wie die meisten Kolibris ernährt sich diese Violettkronennymphe (*Thalurania colombica*) vor allem von Nektar und Pollen und fängt zusätzlich Insekten. Dank dieser energiereichen Nahrung können die Vögel vor nektarreichen Blüten in der Luft an einer Stelle schweben. Dabei schlagen sie bis zu 90-mal pro Sekunde mit den Flügeln.

Mit den winzigen Füßen kann der Vogel sitzen. Auch kurze Strecken läuft er nicht, sondern legt sie im Flug zurück.

Im Schwirrflug

Tiere können fliegen, weil die Luft, die über ihre Flügel strömt, ihnen Auftrieb verleiht (siehe S. 284–285). Doch wenn ein Tier in der Luft an einer Stelle bleibt, bewegt es sich nicht vorwärts. Es muss deshalb entweder gegen den Wind fliegen oder die Flügel so bewegen, dass die Luft weiter strömt. Viele Insekten schlagen mit ihren Flügeln nach vorn und hinten, sodass bei beiden Bewegungen Auftrieb entsteht. Die meisten Vögel sind dazu nicht in der Lage, aber die Kolibris bilden eine Ausnahme.

Rundkurs
Der Weißschwanz-Andenkolibri (*Coeligena phalerata*) zeigt ein Verhalten, das man als »Trap-lining« bezeichnet: Er besucht die Blüten in seinem Revier immer in der gleichen Reihenfolge, sodass sie in der Zwischenzeit wieder Nektar bilden können. Diese Strategie ist unter Kolibris verbreitet.

SCHWIRRFLUG

Kolibriflügel werden beim Aufschlag nicht gebeugt. Sie bleiben gestreckt und werden verdreht. Daher sorgt die über die Flügeloberfläche fließende Luft sowohl beim nach vorn gerichteten »Abschlag« als auch beim nach hinten gerichteten »Aufschlag« für Auftrieb. Der Schub wirkt vertikal der Schwerkraft entgegen. Die achtförmige Bewegung überwindet den Impuls des Abschlags und kehrt die Schlagrichtung um.

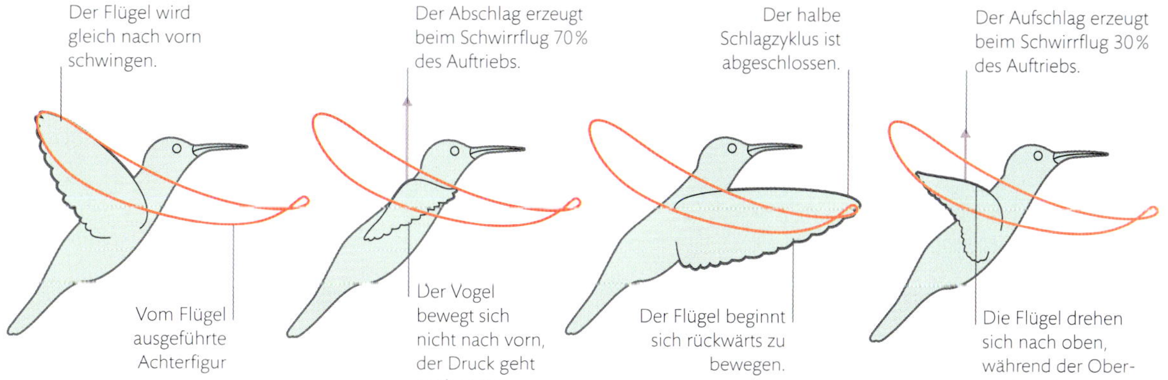

Gänse von Meidum (4. Dynastie, etwa 2575–2551 v. Chr.)
Das Meisterwerk aus dem Alten Reich, eine Wandmalerei auf Stuck, zeigt drei Arten: Bläss-, Saat- und Rothalsgans. Man fand es in der Mastaba des Nefermaat und seiner Frau Itet in der Nähe der Pyramide des Pharaos Snofru in Meidum.

Tiere in der Kunst

Die Vogelwelt Ägyptens

Im alten Ägypten lebten an den Ufern des Nils unzählige Vögel. Die Häuser standen nah am Wasser und die Bewohner beobachteten die Tiere. Einige Hieroglyphen sind stilisierte Vögel und es gab Götter in Vogelgestalt. Vögel waren eine Nahrungsquelle und hatten gleichzeitig religiöse Bedeutung, die sich bis ins Jenseits fortsetzte. Nach dem Tod konnten die Verstorbenen die Gestalt eines Vogels annehmen.

Die Kunst des alten Ägyptens bildet oft die Natur ab, insbesondere die Vogelwelt des Landes. Es gab im Land viele Arten von Falken, Schwalben, Habichten und Eulen, Reihern, Kranichen und Ibissen. In der ägyptischen Schrift schlug sich dies nieder: Etwa 70 verschiedene Vogelarten kann man in den Hieroglyphen erkennen.

Götter hatten die Eigenschaften von Vögeln und dies versinnbildlichte ihre Macht. Horus, ein Himmelsgott, wurde mit einem Falkenkopf dargestellt. Ein Auge war Sinnbild für die Sonne und das andere für den Mond. Die Reise des Gottes über den Himmel steht für den Lauf der Sonne. Thot, der Gott der Magie, der Weisheit und des Monds, hat einen Ibiskopf und sein Schnabel ähnelt einem Halbmond.

Grabbilder zeugen davon, dass man sich das Leben nach dem Tod als ein Leben in Fülle vorstellte. Die Toten konnten mit Zaubersprüchen eine Vogelgestalt oder die Gestalt des Ba annehmen, eines Vogels mit Menschenkopf, der des Nachts sein Grab verlässt. In der Grabkapelle des Nebamun aus der 18. Dynastie wurde dieser Schreiber unter anderem bei der Jagd in den Sümpfen dargestellt.

Tiergottheiten (19. Dynastie, etwa 1294 v. Chr.)
Auf diesem Grabgemälde begrüßt der falkenköpfige Horus, Sohn der Isis, Gott des Himmels, im Leben nach dem Tode den Pharao Ramses I. Auch Anubis, der schakalköpfige Gott des Todes, ist zugegen.

Nebamuns Katze (18. Dynastie, 1350 v. Chr.)
Eine Katze, die Vögel jagt, ist auf der Wandmalerei *Jagd im Papyrusdickicht* in der Grabkapelle des Schreibers Nebamun zu sehen. Katzen standen oft für Bastet, die Göttin der Fruchtbarkeit. Das vergoldete Auge der Katze deutet auf eine religiöse Bedeutung hin.

»Als Falke lebe ich im Licht. Meine Krone und mein Glanz haben mir Macht verliehen.«

ÄGYPTISCHES TOTENBUCH, KAPITEL 78

Riesenflughund

Der Indische Riesenflughund (*Pteropus giganteus*) hat übermäßig lange Flughäute mit bis zu 1,5 m Spannweite. Sie tragen seinen Körper, der 1,6 kg schwer sein kann. Der Flughund fliegt oft über 150 km weit und schlägt dabei langsam mit den Flügeln. Er ist auf der Suche nach Bäumen, von deren Früchten er sich ernährt.

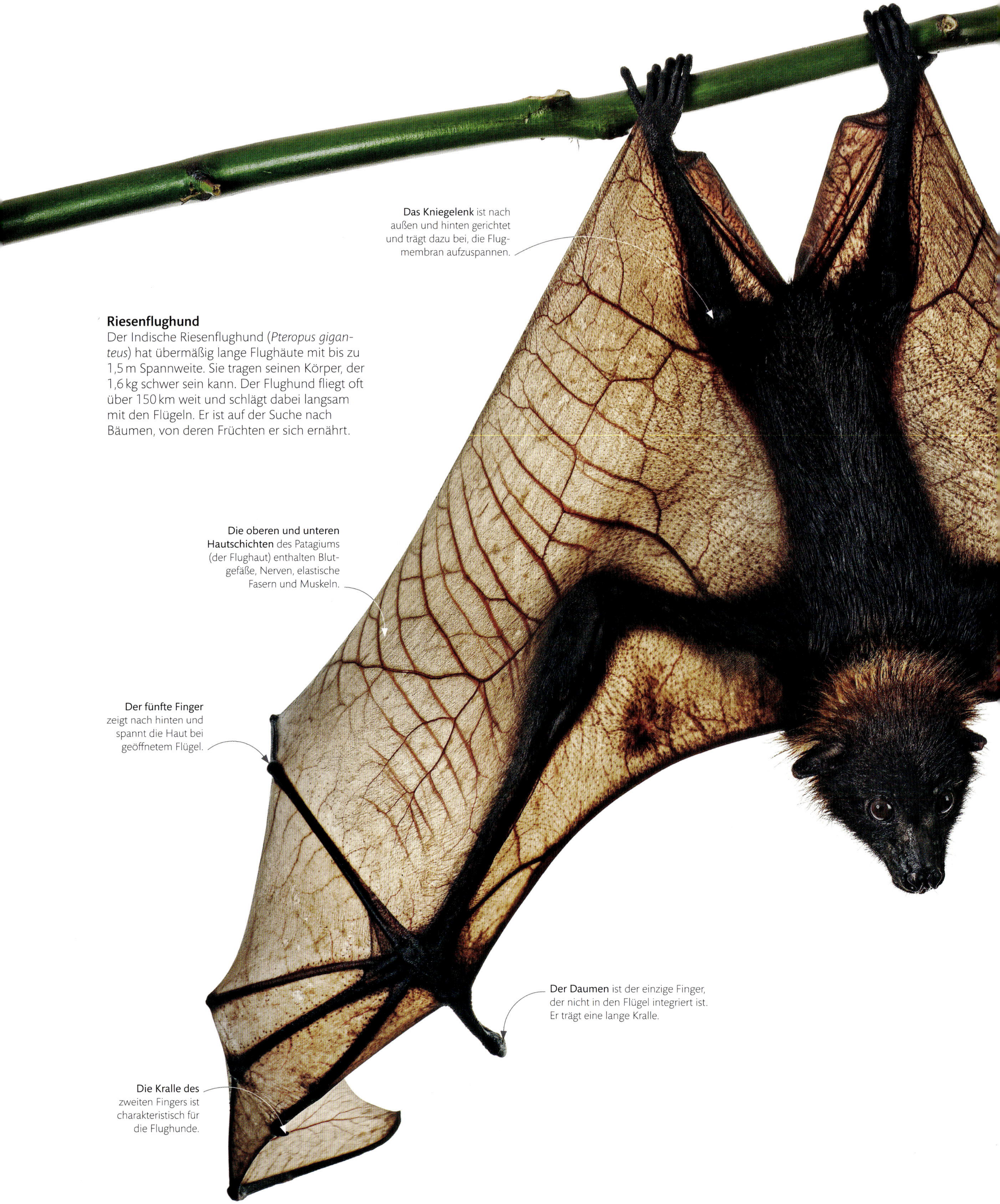

Ein stützender Schwanz
Manche Fledermausarten, wie die Angola-Bulldoggfledermaus (*Mops condylurus*), haben einen langen Schwanz. Er stützt die Flugmembran zwischen den Hinterbeinen, die im Flug für zusätzlichen Auftrieb sorgt.

Die Flughaut zwischen den Beinen wird auch beim Fang von Insekten eingesetzt.

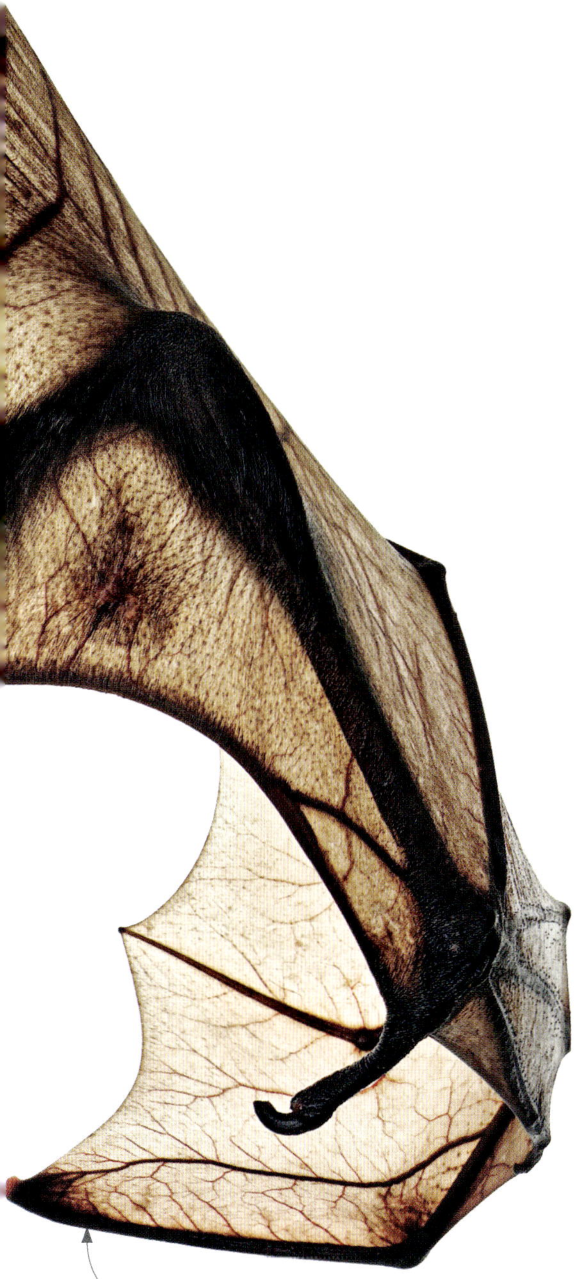

Der dritte Finger ist üblicherweise der längste. Er reicht bis zur Flügelspitze.

Flügel aus Haut

Wie die Vögel können auch die Fledertiere aktiv fliegen. Sie schlagen mit den Flügeln, um sich in der Luft fortzubewegen. Bei ihnen bilden nicht steife Schwingen (siehe S. 122–123) die aerodynamische Oberfläche, sondern eine Flugmembran, die zwischen den verlängerten Fingerknochen aufgespannt ist und bis zu den Füßen reicht. Flügel aus lebendem Hautgewebe können entsprechend der Luft in ihrer Umgebung verformt werden. Deshalb können Fledertiere gut manövrieren, wenn sie im Flug Insekten erbeuten oder nach Früchten und nektarhaltigen Blüten suchen.

FLÜGELFORMEN

Das Verhältnis von Länge zu Breite bestimmt die Flügelform. Fledermäuse, die in dichten Wäldern präzise manövrieren müssen, haben kurze, breite Flügel. Fledertiere mit langen, schmalen Flügeln dagegen können in großer Höhe beachtliche Geschwindigkeiten erreichen.

Ägyptische Schlitznase
Nycteris thebaica

Herznasenfledermaus
Cardioderma cor

KURZE, BREITE FLÜGEL

Pels Taschenfledermaus
Saccolaimus peli

Midas-Bulldoggfledermaus
Mops midas

LANGE, SCHMALE FLÜGEL

Eier und Jungtiere

Ei. (1) Die Geschlechtszelle eines weiblichen Tiers vor der Befruchtung. (2) Bei verschiedenen Tiergruppen legen die Weibchen Eier, die einen Embryo und einen Vorrat an Nährstoffen enthalten. Im Ei entwickelt sich das Jungtier, bis es schlüpft.

Jungtier. Der Nachwuchs eines Tiers.

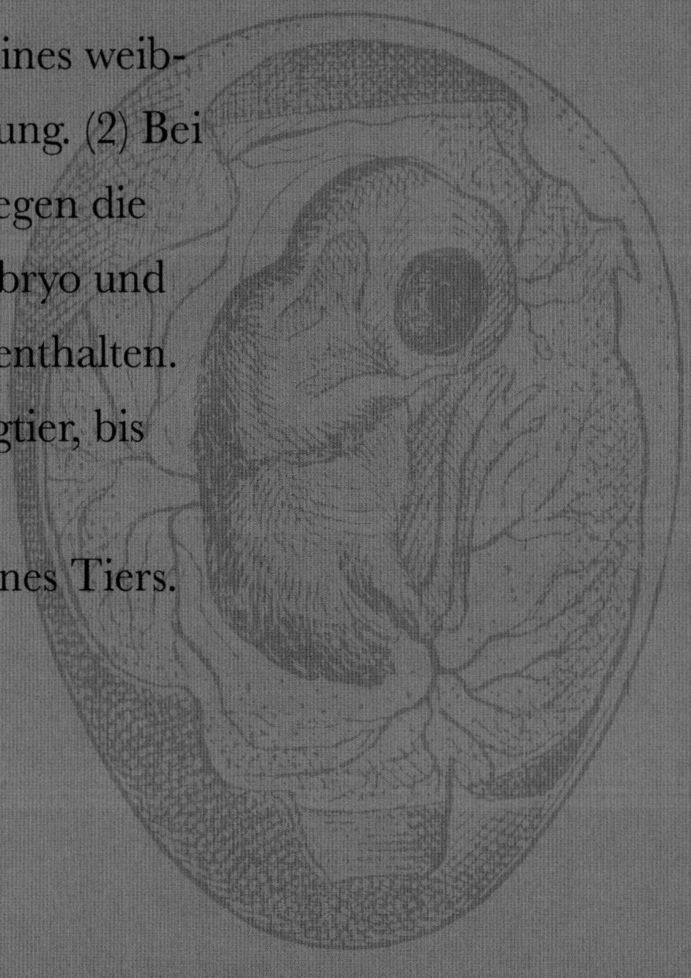

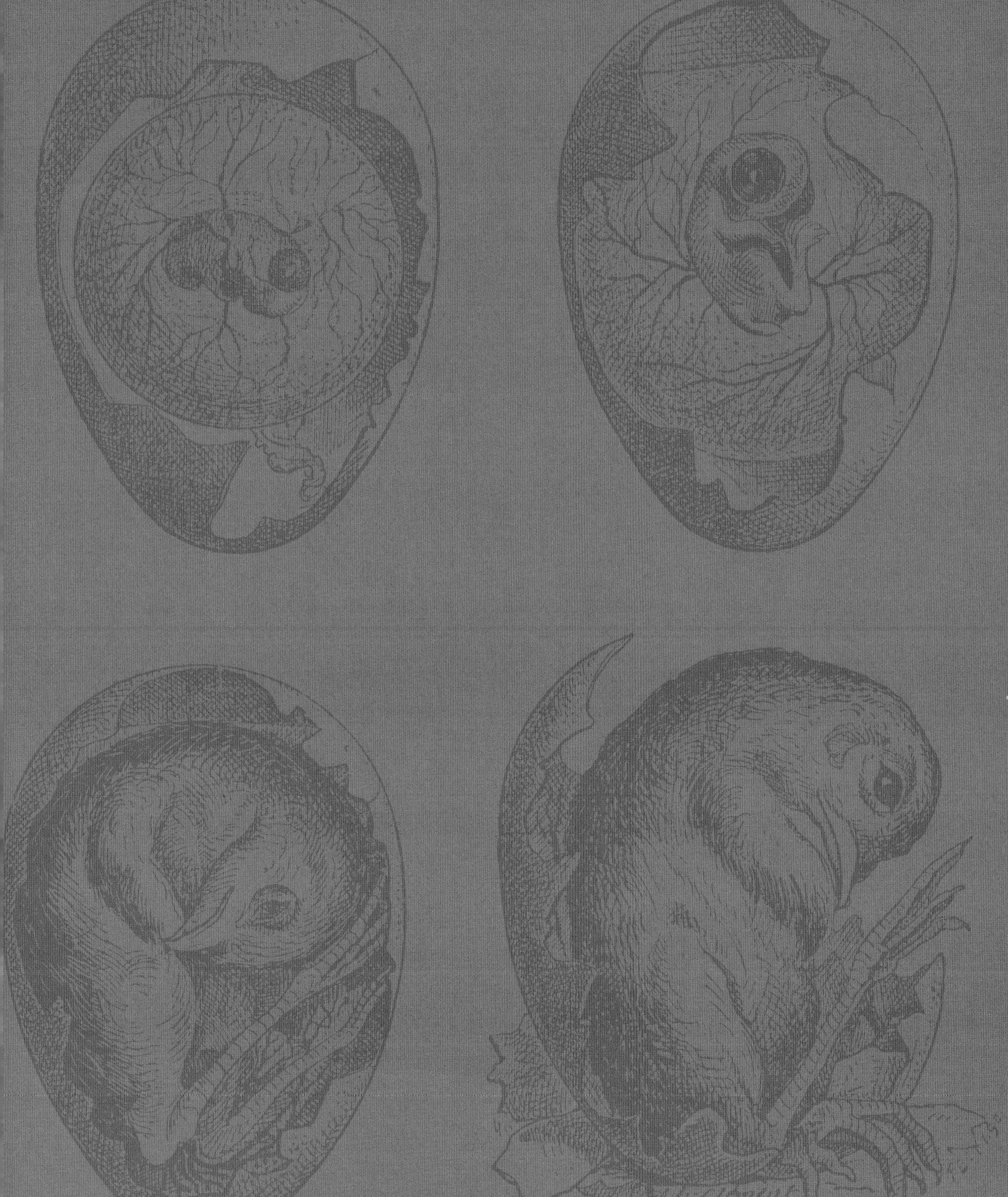

Eier entwickeln sich

Viele Tiere können sich klonen. Zur sexuellen Vermehrung jedoch werden die Gene unterschiedlicher Eltern kombiniert, sodass genetisch einzigartiger Nachwuchs entsteht. Dazu müssen die Eltern Gameten (Keimzellen) bilden: Eier und Spermien. Bei der Befruchtung trägt das Spermium kaum mehr als ein Paket Gene bei. Das Ei liefert das meiste Material, aus dem der Embryo entsteht, auch den nahrhaften Dotter.

Grünalgen im Darm

Der Nachwuchs aus den unbefruchteten Eiern ist anfangs rein weiblich. Unter ungünstigen Umweltbedingungen treten jedoch auch Männchen auf, die sich in der zweiten Generation mit den Weibchen paaren, sodass befruchtete Eier entstehen.

Saisonabhängige Eier
Wasserflöhe (*Daphnia*) können abhängig von der Jahreszeit befruchtete oder unbefruchtete Eier legen. Geht der Sommer dem Ende zu, bilden sie befruchtete Eier. Die Jungen schlüpfen bei reichlichem Algenangebot im nächsten Frühjahr. Im Frühsommer bilden die jungen Weibchen durch Parthenogenese (Jungfernzeugung) unbefruchtete Eier, die sich unter den wärmeren Bedingungen rasch entwickeln können.

UNGESCHLECHTLICHE VERMEHRUNG

Bei der sexuellen Vermehrung entstehen genetisch unterschiedliche Nachkommen. Einige von ihnen werden besonders erfolgreich sein. Bei der ungeschlechtlichen Vermehrung, wie bei der knospenden *Hydra* (einem im Süßwasser lebenden Nesseltier) bilden sich genetische Klone, die stabile Lebensräume rasch besiedeln können.

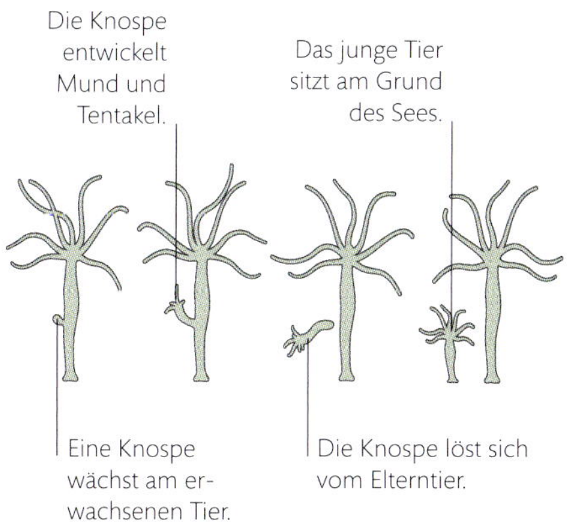

KNOSPENDE HYDRA

Laichende Frösche
Bei fast allen Amphibien findet eine äußere Befruchtung der Eier statt und der Großteil der Frösche erhöht seine Chancen durch den sogenannten Amplexus. Das Männchen umfasst das Weibchen meistens von hinten, um seine Geschlechtsöffnung nahe an die der Partnerin zu bringen. Spermien und Eier werden dann gleichzeitig abgegeben.

Auch andere Männchen versuchen, das Weibchen zu ergreifen.

Breite Schwimmhäute an den Hinterfüßen sorgen für den Vortrieb. Das Weibchen schwimmt während des Amplexus oft weiter.

Beim Amplexus lumbalis greift das Männchen dem Weibchen um den Ansatz der Hinterbeine.

Befruchtung

Bei der sexuellen Vermehrung entsteht genetische Variabilität, denn bei der Befruchtung wird die DNA neu kombiniert. Dies kann auf verschiedene Weisen so effektiv wie möglich geschehen: Viele im Wasser laichende Tiere bilden möglichst viele Keimzellen, um die Chance einer Befruchtung zu erhöhen. Bei anderen Tieren verbleiben die Eizellen im Körper des Weibchens und nach der Kopulation findet eine innere Befruchtung statt.

INNERE BEFRUCHTUNG

Ein männliches Geschlechtsorgan überführt die Spermien direkt in die Geschlechtsorgane des Weibchens. Bei den meisten Landwirbeltieren ist das ein Penis, doch einige Tiere nutzen andere Organe. Männliche Spinnen benutzen ihre Pedipalpen für die Spermienübertragung, während männliche Haie modifizierte Bauchflossen, die sogenannten Klasper, besitzen.

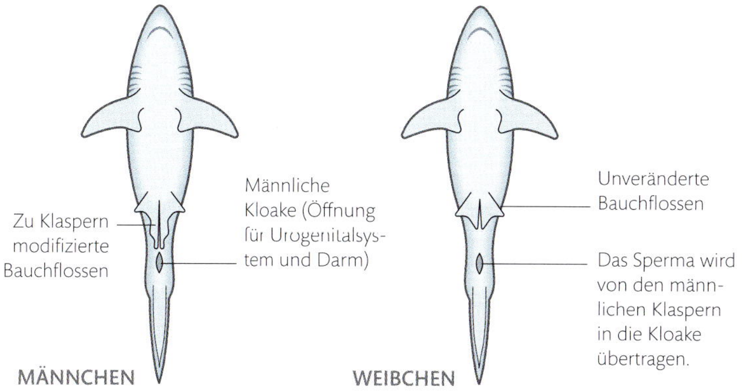

Die jungen Wanzen oder Nymphen sind flügellose Miniaturausgaben ihrer Eltern.

Mit den stechenden Mundwerkzeugen wird Saft aus den Blättern gesaugt.

Die rote Zeichnung warnt Räuber vor schädlichen Chemikalien.

Wachsame Wanze

Zwar besitzen Wirbellose nicht die geistigen Fähigkeiten von Wirbeltieren, doch einige Arten, wie die Fleckige Brutwanze (*Elasmucha grisea*), erhöhen die Überlebenschancen ihrer Brut durch angeborene Verhaltensweisen.

Fressfeinde, die laufen, nähern sich über den Stängel. Deshalb nimmt die Mutter hier ihre Verteidigungsposition ein.

Mit den Antennen nimmt die Mutter ihren Nachwuchs wahr. Kleine Ausreißer zieht sie zurück in die Gruppe.

Brutwanzen verteidigen ihre Jungen mit ihrem schildförmigen Körper. Sie vertreiben Fressfeinde, indem sie mit den Flügeln schlagen oder aus ihren Brustdrüsen einen üblen Geruch verströmen.

Mit den Vorderbeinen und Antennen beschützt die Wanze ihre Eier.

Bis die Larven schlüpfen
Die brasilianische Stinkwanze (*Antiteuchus* sp.) bewacht wie die Brutwanzen ihre Eier, damit sie nicht von parasitären Wespen angegriffen werden.

Brutpflege

Alle Eltern investieren Zeit und Energie in ihren Nachwuchs, auch wenn sie nur Eier und Spermien bilden. Doch einige Arten betreiben auch Brutpflege. Das ist nicht ungefährlich, denn währenddessen müssen die Eltern oft hungern oder sind Gefahren ausgesetzt. Doch die Jungen werden dank der Fürsorge mit höherer Wahrscheinlichkeit überleben.

Zwillinge
Drei Monate alte Jungtiere sitzen in ihrer Schneehöhle. Bei ausreichender Ernährung kann die Mutter beide aufziehen, doch erst nach mehr als einem Jahr werden sie selbstständig sein.

Tiere im Blickpunkt

Eisbär

Der Eisbär (*Ursus maritimus*) ist in der Arktis, wo es kälter als −50 °C werden kann, ein Räuber an der Spitze der Nahrungsketten. Doch der Bär ist wegen der globalen Erwärmung gefährdet. Die Jungen überleben den Winter nur dank ihrer Mutter, jeder Menge Milch und einer schützenden Schneehöhle.

Eisbären sind die größte Bärenart. Genetische Untersuchungen weisen darauf hin, dass sie sich vor 200 000 Jahren von den Vorfahren der Braunbären abgespaltet haben. Sie sind größer und deshalb besser an arktische Bedingungen angepasst. Weil sie sich im Sommer von fettreichen Robben ernähren, können sie mehr Körperwärme erzeugen. Das dichte Fell aus hohlen, transparenten Haaren lässt kaum warme Luft entweichen. Diese Isolierung ist wichtig, weil die meisten Eisbären auch in den kältesten Monaten aktiv bleiben. Nur trächtige Weibchen halten Winterruhe.

Überleben auf dem Eis
Die Eisschollen auf dem Meer sind der ideale Lebensraum für Eisbären. Direkt unter ihnen leben Robben, die ihre wichtigste Beute sind. Die Mutter lauert den Meeressäugern auf, wenn sie an Löchern im Eis Luft holen.

Die Paarung im Sommer löst den Eisprung aus, doch wie bei vielen Bären nisten sich die befruchteten Eier erst im Herbst in der Gebärmutter ein. Nun hat sich das Weibchen bereits in eine Schneehöhle zurückgezogen, die als Geburtshöhle dient. Zwischen November und Januar werden die Jungen geboren. Meistens sind es zwei und sie sind anfangs nicht größer als Meerschweinchen. Erst wenn die kältesten Monate vorüber sind, kommen sie aus ihrer Höhle.

Die Mutter säugt ihre Jungen mit fettreicher Milch, denn im Sommer hat sie nahrhafte Robben erbeutet. Sie selbst fastet jetzt. Wenn die Familie die Höhle im Frühjahr verlässt, hat sie acht Monate lang nichts gefressen und muss nun jagen. Weil sich das Eis zurückzieht, müssen die Bären näher an die Küste oder höher in den Norden ziehen. Doch weil das arktische Eis alljährlich schrumpft, ist ihre Zukunft ungewiss.

Eier mit Schalen

Die Wirbeltiere eroberten das Festland vor 350 Millionen Jahren, doch viele Amphibien blieben von feuchten Lebensräumen abhängig, weil ihre weichen Eier in der Luft austrocknen. Die Larven leben meistens im Wasser. Reptilien und Vögel entwickelten hartschalige Eier. Im Inneren dieser Eier wird der Embryo in einer Flüssigkeit ernährt, deshalb können sie sich an Land entwickeln, bis ein Ebenbild der luftatmenden Eltern schlüpft.

Die Schale bricht auf und der kleine Alligator arbeitet sich heraus.

Schlupf
Nach zwei Monaten der Inkubation, in der das Nest von verrottenden Pflanzenteilen erwärmt wurde, ist der Mississippi-Alligator (*Alligator mississippiensis*) bereit zum Schlupf. Die Jungen quäken, um ihre Mutter aufmerksam zu machen. Sie bringt ihren frisch geschlüpften Nachwuchs im Maul zum Wasser.

Mit dem Eizahn (einer verhornten Hautstelle vorn auf dem Oberkiefer) wird die Eihülle unter der Schale aufgeschlitzt.

LEBEN IM EI

Mehrere Membranen bilden das Lebenserhaltungssystem des Embryos: Das Amnion umschließt den Körper, der Dottersack ernährt ihn und die Allantois nimmt Sauerstoff auf, der ins Ei diffundiert, und speichert Abfallprodukte.

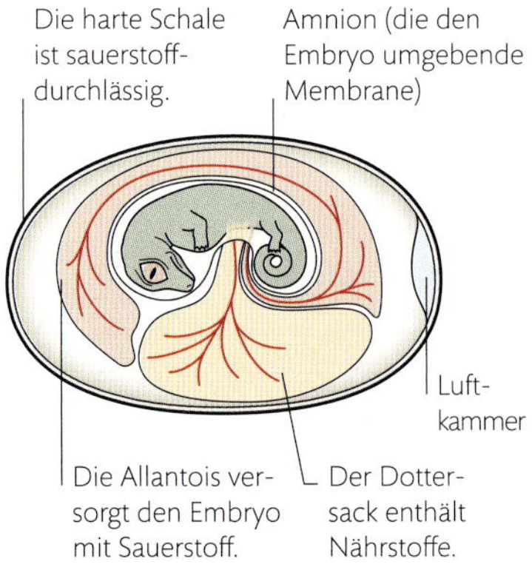

QUERSCHNITT DURCH EIN ALLIGATOR-EI

Der frisch geschlüpfte Alligator kann bis zu 20 cm lang sein.

Der junge Alligator bleibt oft noch stundenlang in der Eischale. Die Mutter erzeugt Vibrationen, die ihn antreiben, sich schließlich zu befreien.
Die harte, spröde Eischale enthält viele Mineralien, anders als die ledrigen Eischalen der meisten Reptilien.
Die Haut ist noch feucht, trocknet aber bald.

Vogeleier

Unabhängig von seiner Größe und Form ist ein Vogelei ein von Membranen umhüllter Embryo, der von einer Kalkschale geschützt wird. Für die vielfältigen Schalenfarben, die das Ei oft auf dem Untergrund tarnen, sind die Pigmente Protoporphyrin (rotbraun) and Biliverdin (blaugrün) verantwortlich.

Weiße Eier
Vögel, die ihre Gelege in Baumhöhlen oder Bauen oder in napfförmigen Nestern verbergen, legen oft weiße oder helle Eier.

Das winzige Ei ist in einem napfförmigen Nest verborgen.

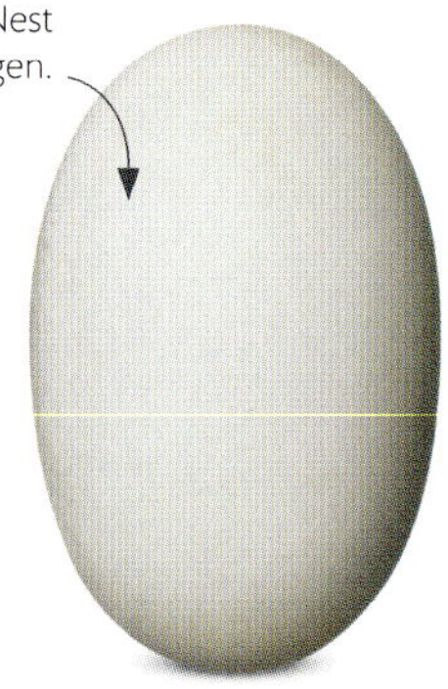

ROTRÜCKEN-ZIMTELFE
Selasphorus rufus

Das glänzend weiße Ei wird in einem Bau ausgebrütet.

EISVOGEL
Alcedo atthis

Das elliptische Ei wird in einer Baumhöhle abgelegt.

SCHWARZSPECHT
Dryocopus martius

Blaue und grüne Eier
In Bäumen oder Büschen nistende Vögel legen oft blaue oder grüne Eier. Die Zeichnung entspricht häufig dem Nistmaterial und tarnt die Eier. Vielleicht schützen die Pigmente auch vor der Sonneneinstrahlung.

Blau und leicht glänzend

HECKENBRAUNELLE
Prunella modularis

Blau mit weißen Flecken

BAUMHOPF
Phoeniculus purpureus

Die weiße Schicht blättert beim Brüten ab, sodass ein Marmormuster entsteht.

GUIRA-KUCKUCK
Guira guira

Erdfarbene Eier
Auf dem Boden oder Felsen nistende Vögel legen getarnte Eier. Braune oder braun gefleckte Eier sind auf sandigem, steinigem oder bewachsenem Untergrund schlecht zu erkennen.

Hellbraun und glänzend

TRAUERSCHWAN
Cygnus atratus

Rötlich braun mit dunkleren Flecken

WANDERFALKE
Falco peregrinus

Braune Flecken tarnen auf dem Untergrund.

WALDLAUBSÄNGER
Phylloscopus sibilatrix

Matt weiß und oval geformt

SCHLEIEREULE
Tyto alba

Leicht gefleckt und rund

MASKEN-BINSENRALLE
Heliopais personatus

Die rotbraunen Flecken tarnen das Ei im Nest.

KOHLMEISE
Parus major

Die konische Form verhindert das Herunterrollen von der Klippe.

GRYLLTEISTE
Cepphus grylle

Die blaue Farbe entsteht, weil beim Legen Biliverdin eingelagert wird.

WANDERDROSSEL
Turdus migratorius

Fleckenmuster

SCHLICHTPRINIE
Prinia inornata

Glänzend, gefleckt und oval

DICKSCHNABELKRÄHE
Corvus macrorhynchos

Zeichnung und **Farbe** entsprechen dem Nistmaterial.

MORGENAMMER
Zonotrichia capensis

Die braune Farbe verbirgt das Ei auf dem felsigen Grund.

SCHMUTZGEIER
Neophron percnopterus

Farbe und Form tarnen das Ei zwischen Kieseln am Boden.

SANDREGENPFEIFER
Charadrius hiaticula

Die Kieselform tarnt die Eier an der Küste.

AUSTERNFISCHER
Haematopus ostralegus

Die Eier sind zunächst grün und färben sich dann schwarz.

GROSSER EMU
Dromaius novaehollandiae

ERNÄHRUNG IN DER GEBÄRMUTTER

Die Plazenta entwickelt sich an der Gebärmutterwand. Sie versorgt den Embryo mit Nährstoffen und Sauerstoff aus dem Blutkreislauf der Mutter, sodass er wachsen kann. Das erklärt, warum die Neugeborenen eines Plazentatiers, wie eines Affen, viel größer und weiter entwickelt sind als die eines Beuteltiers.

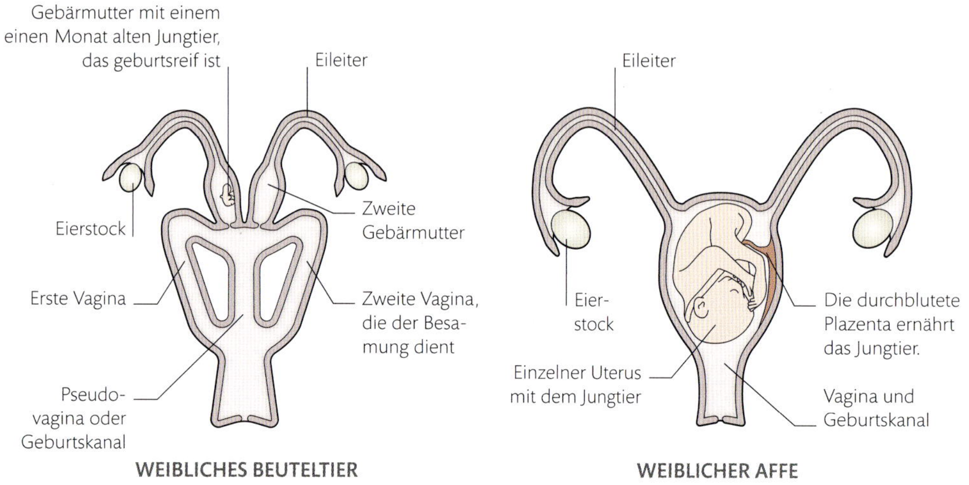

Beuteltiere

Bei den meisten Säugetieren wird das ungeborene Jungtier in der Gebärmutter von der gut durchbluteten Plazenta ernährt. Die Tiere sind lange Zeit trächtig. Beuteltiere verfolgen jedoch eine andere Strategie. Die Trächtigkeit dauert nur kurz und das Jungtier schließt seine Entwicklung außerhalb des Körpers der Mutter ab. Der Beutel schützt und wärmt das Junge und wie andere Säugetiere werden Beuteltiere mit Muttermilch ernährt.

Außerhalb des Beutels
Im Alter von acht Monaten ist dieses junge Sumpfwallaby zu groß für den Beutel und muss sich in der Vegetation verstecken. Es kehrt immer noch zu seiner Mutter zurück, um Milch zu trinken, und wird das auch die nächsten sechs Monate tun.

Im Beutel geschützt
Dieses junge Sumpfwallaby (*Wallabia bicolor*) verbringt ungefähr acht Monate im Beutel seiner Mutter. Während dieser Zeit kann bereits ein neuer Embryo heranreifen, der gleich im Anschluss den Beutel übernimmt.

Farbenprächtige Verpuppung
Raupen sind verletzlich, wenn sie sich im Schutz der Puppenhülle in Schmetterlinge verwandeln. Im tropischen Asien wird der Edelfalter *Acraea terpsicore* von Gift geschützt, das die Raupe über ihre Futterpflanze aufnimmt. Alle Entwicklungsstufen weisen mit deutlichen Warnfarben darauf hin.

METAMORPHOSE

Bei wachsenden Larven, wie Schmetterlingsraupen oder Fliegenmaden, werden Wachstumsschübe von Hormonen ausgelöst. Ist die Larve ausgewachsen, wird kein Juvenilhormon mehr ausgeschüttet, sodass eine vollständige Metamorphose ausgelöst wird. Zuletzt entwickeln sich Körperteile des erwachsenen Tiers aus Zellgruppen der Larve, die man Imaginalscheiben nennt.

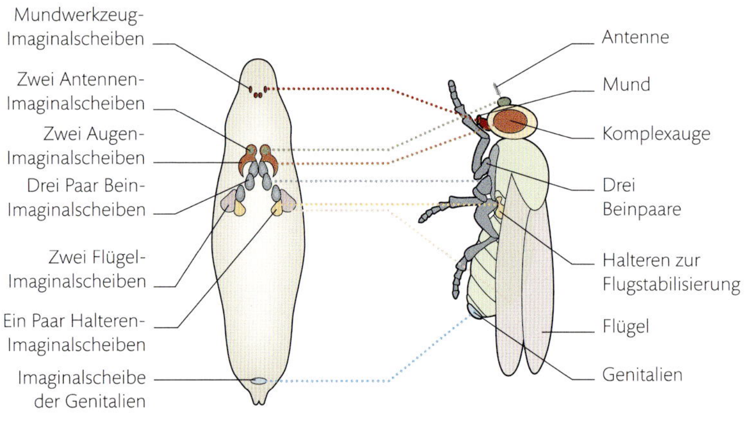

LARVE MIT IMAGINALSCHEIBEN **ERWACHSENE FLIEGE**

Metamorphose

Alle Tiere verändern sich, wenn sie heranwachsen. Bei vielen Insekten jedoch geschieht eine dramatische Umwandlung. Bei Schaben und Heuschrecken sind die Jungen flügellose Ebenbilder der erwachsenen Tiere, doch bei Schmetterlingen und anderen Insektengruppen wird während der Metamorphose der gesamte Körper umgebaut.

Von der Kaulquappe zum Frosch

Wenn Tiere eine Metamorphose durchlaufen, können ihre Jugend- und Erwachsenenformen verschiedene Lebensräume und Nahrungsressourcen nutzen. Bei Fröschen verwandeln sich unter Wasser schwimmende Larven in erwachsene Tiere, die auf dem Land laufen können. Bei dieser Entwicklung werden die Flossen durch Beine und die Kiemen durch Lungen ersetzt. Auch das Verhalten, wie die Fortbewegungs- und Ernährungsweise, verändert sich mit der Umwandlung des Körpers.

Aquatische Kaulquappe
Die Larve oder Kaulquappe des Grasfroschs (*Rana temporaria*) ist an das Leben im Wasser angepasst. Mehr als die Hälfte ihres Körpers besteht aus dem muskulösen Schwanz und Kiemen nehmen Sauerstoff aus dem Wasser auf. Mit hornigen Kiefern weidet die Kaulquappe Algen ab, bevor sie später Tiere erbeutet.

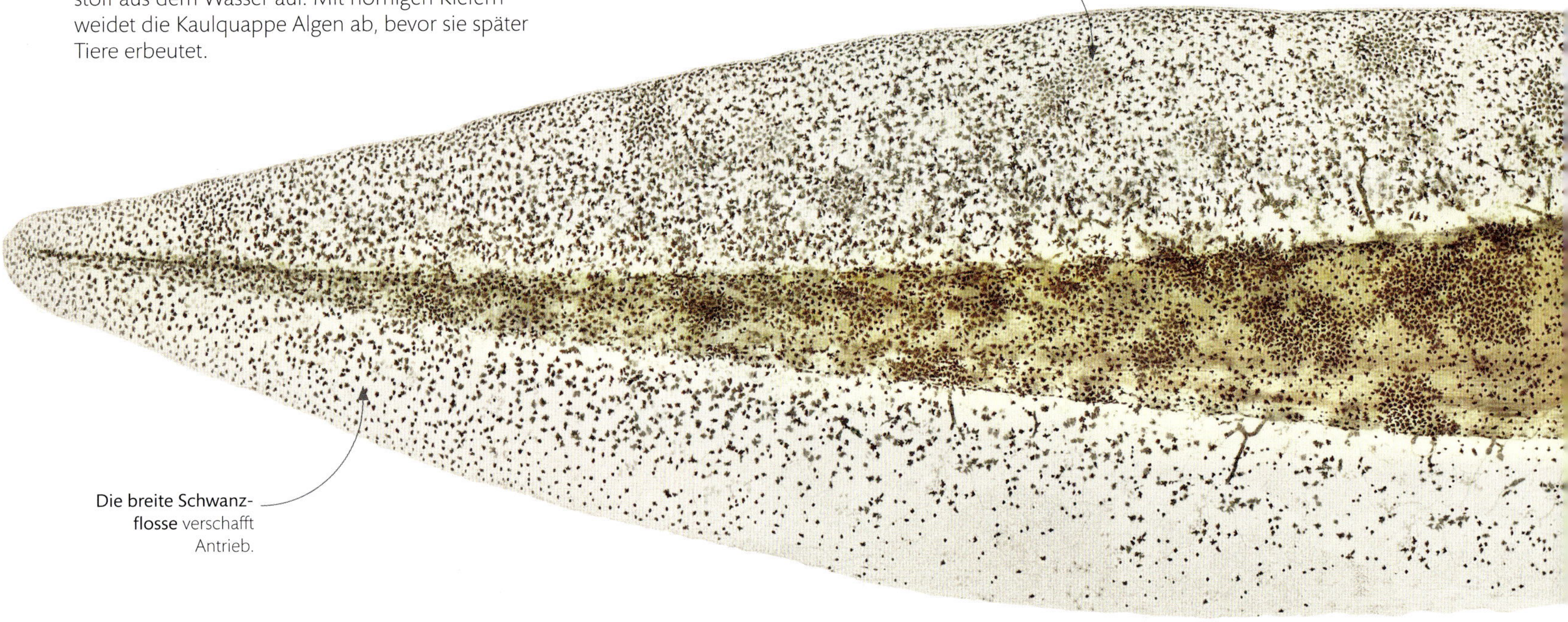

Schrittweise Veränderung
Die Metamorphose hängt vom Hormon Thyroxin ab, das auch bei Menschen das Wachstum kontrolliert. Beim Grasfrosch steuert es die Gene, die die Beine wachsen und den Schwanz schrumpfen lassen. Die Geschwindigkeit der Metamorphose hängt von der Temperatur, der Nahrung und dem Sauerstoff ab, doch im Sommer sind aus den meisten Kaulquappen, die im Frühjahr schlüpften, Frösche geworden.

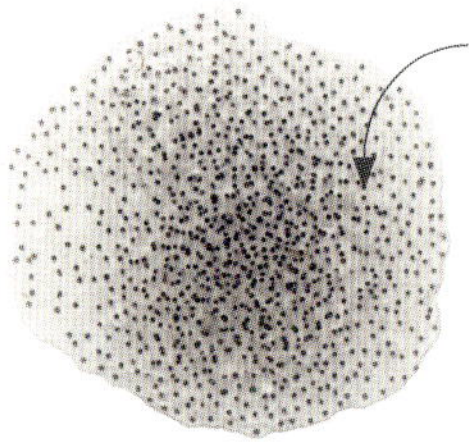

1. TAG

1. WOCHE

6. WOCHE

BRUTPFLEGE

Die meisten Amphibien überlassen das Schicksal ihrer Eier und Larven dem Zufall, doch bei einigen Arten kümmern sich die Eltern. Einige nehmen die Jungen in ihrer Schallblase auf, wo sie sich geschützt entwickeln können. Andere tragen sie auf dem Rücken. Bei Wabenkröten (*Pipa* sp.) werden die befruchteten Eier auf den Rücken der Mutter befördert, wo sie einsinken und in Hauttaschen eingebettet werden. Bei einigen Arten schlüpfen schwimmende Kaulquappen, bei anderen winzige Kröten. Die Mutter streift danach die Hautschicht ab, die den Larven Schutz bot.

JUNGE WABENKRÖTEN SCHLÜPFEN IM RÜCKEN DER MUTTER

Beim Engmaulfrosch (*Oreophryne*) hält das Weibchen die Eier fest und bewacht sie bis zum Schlupf.

Metamorphose im Ei

Viele Amphibienarten schließen ihre Entwicklung im Ei ab. So brauchen sie kein Wasser, sondern nur feuchte Orte zur Eiablage, wie den Boden tropischer Regenwälder.

Der fleischige Kiemendeckel schützt die empfindlichen Kiemen.

Die Hinterbeine erscheinen zuerst, bei dieser Art am zwölften Tag. Die Vorderbeine werden anfangs vom Kiemendeckel verdeckt.

Mit dem winzigen Maul nimmt das Tier Wasser zur Sauerstoffversorgung der Kiemen und Nahrung auf.

Der Schwanz verkürzt sich im Verhältnis zum Körper.

Die Knospen der Vorderbeine entwickeln sich.

Die Vorderbeine wachsen.

Das Fröschchen kann bereits an Land laufen.

Der Frosch wächst rasch, weil er sich von wirbellosen Tieren ernährt.

10. WOCHE

12. WOCHE

14. WOCHE

16. WOCHE

Erwachsen werden

Es vergeht Zeit, bis ein Tier geschlechtsreif wird. Die Geschlechtsorgane müssen reifen. Erst dann kann es durch sein Aussehen oder Verhalten signalisieren, dass es Eier oder Spermien produziert und paarungsbereit ist. Bei manchen Tieren, wie Säugetieren und Vögeln, ist das Geschlecht genetisch vorgegeben. Bei anderen gibt es äußere Auslöser, wie die Temperatur. Doch einige Arten, wie der Imperator-Kaiserfisch (*Pomacanthus imperator*), können sogar als erwachsene Tiere ihr Geschlecht umwandeln.

JUNGER IMPERATOR-KAISERFISCH

Wachstumsmuster
Imperator-Kaiserfische verschiedenen Alters sehen sehr unterschiedlich aus. Die Jungtiere mit den weißen Ringen werden oft für eine andere Art gehalten als die großen, gelb gestreiften erwachsenen Fische.

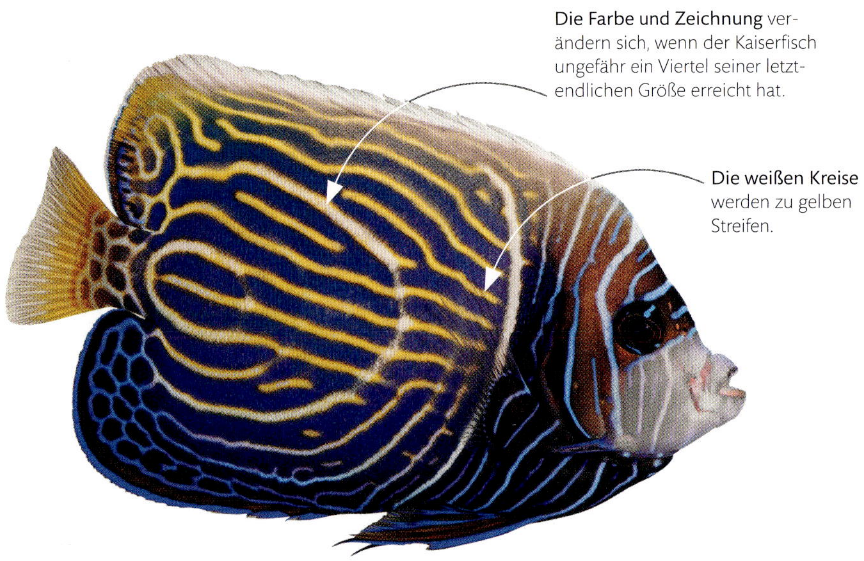

HALBWÜCHSIGER IMPERATOR-KAISERFISCH

ERWACHSENER IMPERATOR-KAISERFISCH

Aus Kreisen werden Streifen
Bei vielen Korallenfischen geht die Geschlechtsreife mit einer Veränderung von Färbung und Zeichnung einher. Vielleicht werden die Jungen von den alten Tieren deshalb nicht als Rivalen angesehen. Erwachsene Imperator-Kaiserfische können auch ihr Geschlecht wechseln: Aus Weibchen werden Männchen. Wenn ein dominantes Männchen stirbt, kann es von einem Weibchen ersetzt werden.

Glossar

AAS Die Überreste eines toten Tiers.

ABDOMEN Der Teil des Körpers, der sich bei Säugetieren unterhalb des Brustkorbs und bei Gliederfüßern hinter dem Thorax befindet.

ALLESFRESSER Ein Tier, das sich sowohl von pflanzlicher als auch von tierischer Kost ernährt.

ALULA Als Alula oder Daumenfittich bezeichnet man die Federn, die am Daumen des Vogelflügels sitzen.

AMPLEXUS Eine Position bei laichenden Froschlurchen, bei der die Männchen die Weibchen mit den Vorderbeinen festhalten. Die Befruchtung findet außerhalb des Körpers statt.

ANTENNE Ein Sinnesorgan (Fühler) am Kopf eines Gliederfüßers. Die immer paarig angelegten Antennen können Berührungen, Schall, Wärme und Geschmacksreize wahrnehmen. Ihre Größe und Form hängen von ihrer Funktion ab.

APOSEMATISCH siehe *Warnfarbe.*

ARBOREAL Vollständig oder teilweise in Bäumen lebend.

ART Eine Gruppe ähnlich aussehender Tiere, die sich in der Natur miteinander paaren und fruchtbare Nachkommen haben können. Arten sind der Grundstein der biologischen Systematik. Manche umfassen Populationen, die sich voneinander unterscheiden. Wenn diese Unterschiede signifikant und die Populationen voneinander isoliert sind, werden sie auch als Unterarten betrachtet.

ARTHROPODE siehe *Gliederfüßer.*

ATMUNG Der Begriff bezieht sich auf die Atmung mit den Lungen wie auch auf die Atmung der Zellen. Diese ist ein biochemischer Prozess, bei dem die aus der Nahrung stammenden Moleküle verarbeitet werden. Dabei werden sie meistens oxidiert, um den Organismus mit Energie zu versorgen.

AUSSENSKELETT Ein Skelett, das den Körper eines Tiers umgibt und ihn schützt. Die kompliziertesten Außenskelette besitzen die Gliederfüßer. Sie bestehen aus festen Platten, die an Gelenken zusammentreffen. Ein Außenskelett kann nicht wachsen, sodass es regelmäßig gehäutet und erneuert werden muss. Siehe auch *Innenskelett.*

BACKENZAHN siehe *Reißzahn, Molar, Prämolar.*

BAUCHFLOSSEN Die Bauchflossen bilden eines der beiden Flossenpaare der Fische. Sie befinden sich meist auf ihrer Unterseite, manchmal in der Nähe des Kopfs, öfter aber weiter hinten. Sie stabilisieren die Lage des Fischs im Wasser. Bein manchen Fischen wie den Haien dienen sie auch der Übertragung von Sperma. Siehe auch *Klasper.*

BECKENGÜRTEL Bei vierbeinigen Wirbeltieren die Knochen, die die Hinterbeine mit der Wirbelsäule verbinden. Die Knochen des Beckengürtels sind oft miteinander verschmolzen, sodass sie zum Becken wurden, das das Körpergewicht trägt.

BEFRUCHTUNG Die Vereinigung von Ei- und Samenzelle. Daraus geht eine Zelle hervor, aus der sich ein Embryo entwickeln kann. Bei der äußeren Befruchtung geschieht dies außerhalb des Körpers (meist im Wasser), bei der inneren Befruchtung in den Geschlechtsorganen des Weibchens.

BEUTE Jedes Tier, das von einem Prädator gefressen wird. Siehe auch *Prädator.*

BILATERALSYMMETRIE Bei dieser Form der Symmetrie besteht der Körper aus zwei gleichen Hälften auf beiden Seiten einer Achse. Die meisten Tiere weisen diese Form der Symmetrie auf.

BINOKULARE SICHT Bei dieser Sicht sind zwei Augen nach vorn gerichtet, sodass sich ihre Sichtfelder überschneiden und räumliches Sehen ermöglichen.

BLASLOCH Die sich auf dem Kopf befindlichen Nasenlöcher der Wale und Delfine. Blaslöcher können einfach oder paarig angelegt sein.

BRACHIATION siehe *Schwinghangeln.*

BRUNFTZEIT Bei Hirschen die Paarungszeit, in der die Männchen um die Gunst der Weibchen kämpfen.

BRUSTFLOSSE Die Brustflossen bilden eines der Flossenpaare der Fische und befinden sich oft unmittelbar hinter dem Kopf. Sie sind sehr beweglich und werden meist zum Steuern, gelegentlich aber auch als Antrieb eingesetzt.

BRUTKOLONIE Eine große Ansammlung nistender Vögel.

BRUTPARASIT Ein Tier, meist ein Vogel, das seine Jungen von einer anderen Art aufziehen lässt. In vielen Fällen tötet der Brutparasit die übrigen Jungvögel, sodass nur er Zugang zu dem Futter hat, das die Pflegeeltern herbeitransportieren.

BRUTZEIT Bei Vögeln der Zeitraum, in dem ein Elternteil auf dem Nest sitzt und die Eier warmhält, damit sie sich entwickeln können. Die Brutzeit kann weniger als 14 Tage, aber auch mehrere Monate dauern.

BÜRZELDRÜSE Die Bürzeldrüse befindet sich bei den meisten Vögeln am Schwanzansatz. Sie sondert Öle ab, die die Vögel über ihr Gefieder verteilen, um es wasserabweisend zu machen. Siehe auch *Talgdrüse.*

CARAPAX Eine harte Schale auf dem Rücken eines Tiers.

CAUDAL Sich auf den Schwanz eines Tiers beziehend.

CEPHALOTHORAX Bei manchen Gliederfüßern wie den Krebs- und den Spinnentieren sind Kopf und Brust zu einem Cephalothorax verschmolzen.

CHELICERE Bei Spinnentieren bilden die Cheliceren oder Kieferklauen das erste Paar Körperanhänge vorn am Körper. Spinnen injizieren mit den Cheliceren ihr Gift. Bei Wanzen sind sie spitz und dienen dem Durchbohren der Nahrung.

CHELIPEDEN Die Beine der Krebstiere, die in Scheren (Chelae) enden.

CHITIN Eine robuste Substanz, die in den Außenskeletten der Gliederfüßer enthalten ist, etwa in denen der Krebse und in den gemeinsamen Skeletten mancher Korallen. Siehe auch *Außenskelett.*

CHORDA DORSALIS Ein stabilisierender Stab, der durch den gesamten Körper verläuft. Er ist das Merkmal der Chordatiere, obwohl er bei manchen nur in sehr frühen Entwicklungsstadien auftritt. Bei Wirbeltieren geht die Chorda während der Entwicklung des Embryos in der Wirbelsäule auf.

CHORDATIER Ein Tier, das zum Stamm Chordata gehört, zu dem alle Wirbeltiere zählen. Eine wichtige Eigenschaft ist die durch den gesamten Körper verlaufende Chorda dorsalis. Sie verstärkt den Körper, erlaubt aber auch, ihn zu beugen.

DACTYLUS Bei Krebstieren der bewegliche Teil einer Schere, mit dem sie geöffnet oder geschlossen wird. Siehe auch *Scheren.*

DECKFEDER Federn, die die Basis der Schwungfedern der Vögel abdecken.

DECKHAARE Lange Haare im Fell eines Säugetiers, die die Wollhaare bedecken und das Tier trocken halten.

DIASTEMA Eine Lücke, die Reihen von Zähnen voneinander trennt. Bei pflanzenfressenden Säugern trennt das Diastema die beißenden Zähne vorn im Kiefer von den hinten stehenden kauenden. Bei vielen Nagetieren können die Wangen in das Diastema gedrückt werden, um den hinteren Teil des Mauls abzuschließen, wenn das Tier nagt.

DORSAL Auf oder in der Nähe des Rückens eines Tiers.

DOTTER Der Nährstoffvorrat im Ei, der den sich entwickelnden Embryo versorgt.

ECHOORTUNG Mit Echoortung können Tiere Objekte durch das Ausstoßen hochfrequenten Schalls erkennen. Das von anderen Tieren oder Hindernissen zurückgeworfene Echo erlaubt dem Sender, ein Bild seiner Umgebung zu erkennen. Die Echoortung wird von verschiedenen Tiergruppen genutzt, unter ihnen Säugetiere und einige wenige in Höhlen lebende Vögel.

ECKZÄHNE Spitze Säugetierzähne, die zum Durchbohren und Ergreifen eingesetzt werden. Eckzähne stehen vorn im Kiefer und sind bei Raubtieren gut entwickelt.

ELYTREN Die verhärteten Vorderflügel oder Deckflügel bei Käfern, Ohrwürmern und manchen Wanzen. Die beiden Elytren passen meist genau zusammen und schützen die darunterliegenden Hinterflügel.

EMBRYO Ein junges Tier oder eine junge Pflanze im Anfangsstadium ihrer Entwicklung.

ENDE Eine Spitze, auch als Sprosse bezeichnet, die von den Stangen des Geweihs abzweigt. Siehe auch *Geweih.*

ENDOPARASIT Ein Tier, das parasitisch im Inneren seines Wirts lebt und sich dort von seinem Gewebe ernährt oder ihm Nahrung entzieht. Oft haben Endorparasiten komplexe Nahrungszyklen und befallen mehrere Wirte nacheinander.

EPITHEL Eine Zellschicht, die das Deckgewebe von Organen bildet oder Organismen gegen die Außenwelt abgrenzt.

EVOLUTION Jede Veränderung in den genetischen Informationen einer Population, die in der neuen Generation auftritt. Die Evolutionstheorie basiert auf der Vorstellung, dass sich die genetische Veränderung nicht zufällig, sondern auf der Basis der natürlichen Selektion vollzieht. Viele Untersuchungen bestätigten dies. Diese Prozesse sind im Lauf der Zeit für die enorme Vielfalt der heute auf der Erde lebenden Organismen verantwortlich.

FAMILIE Ein Rang in der Systematik. Die Familie bildet einen Teil einer Ordnung und setzt sich ihrerseits aus Gattungen zusammen.

FEMUR Der Oberschenkelknochen bei Wirbeltieren. Bei Insekten bildet der Femur das dritte Segment des Beins, unmittelbar über der Tibia.

FETTFLOSSE Eine kleine Flosse, die bei manchen Fischen zwischen Rücken- und Schwanzflosse liegt.

FIBULA Der hintere der beiden Knochen des Unterschenkels. Siehe auch *Tibia.*

FILTRIERER Ein Tier, das sich seine Nahrung aus dem Wasser siebt. Viele Wirbellose wie die Muscheln und Seescheiden sind Filtrierer. Sie sind sessile Tiere, die Wasser durch ihre Körper pumpen. Die Filtrierer unter den Wirbeltieren, wie die Bartenwale, sammeln ihre Nahrung, während sie sich fortbewegen.

FLIPPER Ein zur Flosse umgewandeltes Vorderbein eines im Wasser lebenden Wirbeltiers. Siehe auch *Fluke.*

FLUKE Die Schwanzflosse der Wale und ihrer Verwandten. Anders als die Schwanzflossen der Fische sind Fluken horizontal ausgerichtet und schlagen auf und ab statt von einer Seite zur anderen.

FOTOREZEPTOR Eine lichtempfindliche Zelle in der Netzhaut eines Auges. Bei vielen Tieren enthalten die Zellen unterschiedliche Pigmente, sodass das Tier Farben sehen kann. Siehe auch *Ommatidien.*

FOTOSYNTHESE Eine Abfolge von biochemischen Prozessen, die es Pflanzen möglich macht, Sonnenenergie chemisch zu speichern.

FURCA Der gegabelte Körperanhang, den die Springschwänze zum Springen einsetzen.

GASTROPODEN Die Gruppe der Weichtiere, zu der die Schnecken zählen. Siehe auch *Weichtiere.*

GATTUNG Eine Ebene der Systematik. Eine Gattung ist ein Teil einer Familie und sie wird ihrerseits in Arten unterteilt.

GEBÄRMUTTER Bei weiblichen Säugetieren das Organ des Körpers, in dem sich die Jungen entwickeln. Bei Plazentatieren stehen die Jungen über die Plazenta mit der Gebärmutterwand in Verbindung.

GEHÖRKNÖCHELCHEN Die Gehörknöchelchen der Säugetiere übertragen den Schall vom Trommelfell auf das Innenohr. Sie sind die kleinsten Knochen des Körpers.

GEISSEL Ein langer, haarartiger Fortsatz einer Zelle. Eine Geißel kann eine Zelle durch ihren Schlag antreiben. So bewegen sich Spermien mithilfe von Geißeln fort.

GELENK Eine bewegliche Verbindung, zum Beispiel zwischen zwei Knochen.

GEWEBE Eine Gruppe von Zellen im Körper eines Tiers, die die gleiche Aufgabe erfüllen. Siehe auch *Organ.*

GEWEIH Eine Knochenstruktur auf dem Kopf eines Hirschs. Anders als Hörner sind Geweihe meistens verzweigt. Sie werden jährlich abgeworfen, ein Zyklus, der mit der Brunftzeit zusammenhängt.

GLIEDERFÜSSER Eine große Gruppe von Wirbellosen mit gegliederten Beinen und hartem Außenskelett. Zu ihr gehören Insekten, Krebs- und Spinnentiere.

GRASEN Gras fressen, weiden.

HÄUTUNG Das Abstreifen der alten Haut, die dann ersetzt wird. Säugetiere ersetzen die alte Haut kaum wahrnehmbar in kleinen Schüppchen, während viele Reptilien sie am Stück abstreifen. Gliederfüßer müssen ihr Außenskelett abstreifen, damit sie wachsen können.

HORN Bei Säugetieren ein spitzer Auswuchs des Kopfs. Echte Hörner bestehen aus Keratinscheiden, die einen knöchernen Zapfen bedecken.

INNENSKELETT Ein inneres, meist aus Knochen bestehendes Skelett. Anders als ein Außenskelett kann es gemeinsam mit dem Körper wachsen.

INNERE BEFRUCHTUNG Eine Form der Befruchtung, die im Körper des Weibchens stattfindet. Sie ist für viele Tiere charakteristisch, darunter Insekten und Wirbeltiere. Siehe auch *Sexuelle Fortpflanzung.*

IRIDIOPHORE Eine spezialisierte Hautzelle, die lichtreflektierende Guaninkristalle enthält. Man findet die Zellen bei verschiedenen Krebstieren, Kopffüßern, Fischen, Amphibien und Reptilien, zum Beispiel Chamäleons.

JACOBSON-ORGAN Ein Organ zur Geruchswahrnehmung im Gaumendach. Schlangen setzen es oft auf der Suche nach Beute ein und manche Säugetiermännchen finden mit ihm paarungsbereite Weibchen.

KALKHALTIG Kalkhaltige Strukturen wie Schalen, Außenskelette und Knochen enthalten Kalziumverbindungen. Viele Tiere bilden sie zum Schutz oder als Stütze für den Körper.

KARNIVORE Ein Tier, das Fleisch frisst. Der Begriff kann auch in engerem Sinne die Raubtiere der Ordnung Carnivora bezeichnen.

KEIMZELLEN Die Geschlechtszellen der Tiere – die männlichen Spermien und die weiblichen Eier –, die man auch als Gameten bezeichnet. Siehe auch *Sexuelle Fortpflanzung*.

KERATIN Ein robustes Strukturprotein, das in Haaren, Krallen und Hörnern enthalten ist.

KIEL Bei Vögeln ein Fortsatz des Brustbeins, an dem die Flugmuskulatur ansetzt.

KIEME Ein Organ, das Sauerstoff aus dem Wasser gewinnen kann. Kiemen befinden sich meist in Kopfnähe, doch bei aquatischen Insekten können sie auch am Hinterleib sitzen.

KIEMENDECKEL Bei Knochenfischen oder Kaulquappen bedecken die Kiemendeckel die Kiemen zu beiden Seiten des Kopfs.

KLASPER Eine modifizierte Bauchflosse bei Knorpelfischen wie den Haien, mit der Sperma in die Geschlechtsorgane des Weibchens übertragen wird. Siehe auch *Bauchflossen*.

KLASSE Eine Stufe in der Systematik. Hier bildet die Klasse einen Teil eines Stamms. Sie wird wiederum in Ordnungen unterteilt.

KLOAKE Eine Öffnung am hinteren Ende des Körpers, in die verschiedene Organsysteme münden. Bei Wirbeltieren mit Ausnahme der Knochenfische und Plazentatiere münden Darm, Harnleiter und Geschlechtsorgane in diese eine Öffnung.

KLON Ein ungeschlechtlich entstandener Organismus, der genetisch mit seinem Elternteil identisch ist.

KNORPEL Eine elastische Substanz, die ein Teil des Wirbeltierskeletts ist. Bei den meisten Tieren tritt sie vor allem an Gelenken auf, doch bei Knorpelfischen wie den Haien bildet sie das gesamte Skelett.

KOKON Eine Hülle aus Seide. Viele Insekten spinnen sich vor der Verpuppung in einem Kokon ein und viele Spinnen erzeugen einen Kokon für ihre Eier.

KOLONIE Eine Gruppe von Tieren, die zur gleichen Art gehören, zusammen leben und dabei oft kooperieren. Bei manchen koloniebildenden Arten sind die einzelnen Tiere permanent miteinander verbunden und haben einen gemeinsamen Stoffwechsel. Bei anderen, wie den Ameisen, Bienen und Wespen, gehen die Individuen einzeln auf Nahrungssuche, leben aber in einem Staat zusammen.

KOMPLEXAUGE Ein Auge, das aus vielen Einzelaugen mit eigenen Linsen besteht. Komplexaugen sind typisch für Gliederfüßer und bestehen aus wenigen Dutzenden bis Tausenden Einzelaugen.

KONTERSCHATTIERUNG Eine Tarnung, bei der ein Tier meistens auf dem Rücken dunkler und auf der Bauchseite heller ist. Sie wirkt also dem vom Schatten hervorgerufenen Effekt entgegen und trägt zur Tarnung des Tiers bei.

LAICH Die Eier von Wassertieren wie Krebstieren, Weichtieren, Fischen und Amphibien.

LARVE Ein unreifes, noch nicht ausgewachsenes Tier, das sich unabhängig ernährt und sich stark von den erwachsenen Tieren unterscheidet. Eine Larve wird während der Metamorphose zum erwachsenen Tier. Bei vielen Insekten findet diese Umwandlung in einer Puppe statt. Siehe auch *Kokon, Metamorphose, Nymphe*.

LEK Ein Platz, an dem die Männchen, insbesondere Vogelmännchen, gemeinsam balzen. Oft wird in jedem Jahr der gleiche Platz aufgesucht.

LORENZINISCHE AMPULLEN Sinnesorgane mit gelgefüllten Kanälen, die Elektrorezeptoren enthalten und vor allem bei den Knorpelfischen bei der Beutesuche eingesetzt werden.

MANDIBEL Eines der paarigen Mundwerkzeuge eines Gliederfüßers oder ein Knochen, der den Unterkiefer der Wirbeltiere vollständig oder zum Teil bildet.

MANTEL Bei Weichtieren der Teil des Körpers, der die Mantelhöhle bedeckt.

MELONE Ein voluminöses Organ über dem Oberkiefer der Zahnwale und Delfine. Es enthält eine fettreiche Flüssigkeit und bündelt bei der Echoortung den ausgestoßenen Schall.

METAMORPHOSE Eine Veränderung der Körperform, die viele Tiere beim Übergang vom jungen zum erwachsenen Tier durchlaufen. Bei Insekten kann die Metamorphose vollständig oder unvollständig sein. Die vollständige Metamorphose erfordert den kompletten Umbau des Körpers während eines Ruhestadiums, das man als Verpuppung bezeichnet. Die unvollständige Metamorphose ist eine Abfolge weniger dramatischer Veränderungen, die mit Häutungen einhergehen. Siehe auch *Puppenhülle, Kokon, Larve, Nymphe*.

MIMIKRY Eine Form der Tarnung, bei der ein Tier ein anderes oder ein Objekt wie einen Zweig oder ein Blatt nachahmt. Mimikry findet man besonders häufig bei Insekten. Viele harmlose Arten imitieren gefährliche oder stechende Tiere.

MITTELFUSSKNOCHEN Bei vierbeinigen Tieren eine Gruppe von Knochen des Fußes, an deren Ende die Zehen sitzen. Entsprechendes gilt für die Mittelhandknochen, die bei den meisten Primaten die Handfläche bilden.

MOLAR Bei Säugetieren ein Backenzahn hinten im Kiefer. Die Zähne haben bei Pflanzenfressern eine flache oder mit Höckern versehene Oberfläche. Die schärferen Molaren der Fleischfresser können Häute und Knochen zerkleinern.

MONOKULARES SEHEN Eine Form des Sehens, bei der beide Augen unabhängig voneinander eingesetzt werden, wie beispielsweise bei den Chamäleons. So ist das Sehfeld groß, doch die räumliche Wahrnehmung schlecht ausgebildet. Siehe auch *Binokulare Sicht, Stereoskopisches Sehen*.

MUSCHELN Muscheln sind Weichtiere, die eine aus zwei Teilen bestehende, gelenkig verbundene Schale besitzen. Die meisten Muscheln sind Filtrierer, die sich wenig oder gar nicht bewegen. Siehe auch *Filtrierer, Weichtiere*.

NACHTAKTIV Nachtaktive Tiere sind nachts unterwegs und schlafen am Tag, anders als tagaktive Tiere.

NAGETIER Eine große, anpassungsfähige Säugetiergruppe, deren Angehörige lange Schwänze, Füße mit Krallen, lange Schnurrhaare und meist lange Schneidezähne besitzen. Die Kiefer sind an das Nagen angepasst. Nagetiere kommen weltweit mit Ausnahme von Antarktika vor. Sie repräsentieren über 40 % aller Säugetierarten.

NAHRUNGSKETTE Jede Art in einer Nahrungskette ist die Nahrung der über ihr stehenden Art und wird von ihr gefressen. Bei den Nahrungsketten der Landlebewesen stehen meistens Pflanzen an der Basis. Im Meer sind es dagegen Algen oder andere Einzeller.

NASENBLATT Ein Hautlappen an der Nase mancher Fledermäuse, der den Schall bündelt, der über die Nase abgegeben wird.

NESSELZELLE Eine Zelle der Nesseltiere, die mit einem Nesselschlauch und einem Stilett ausgerüstet ist, um damit die Haut eines Tiers zu durchdringen und Nesselgift zu injizieren.

NETZHAUT Eine Schicht lichtempfindlicher Zellen im Augenhintergrund, die optische Reize in Nervenerregungen umwandelt. Über den Sehnerv gelangen sie zum Gehirn. Siehe auch *Fotorezeptor.*

NEUROMASTEN Sinneszellen im Seitenliniensystem der Fische. Mit ihrer Hilfe nehmen die Fische Wasserbewegungen wahr. Siehe auch *Seitenliniensystem.*

NYMPHE Ein junges Insekt, das den erwachsenen Tieren ähnelt, aber noch keine funktionsfähigen Flügel und Geschlechtsorgane besitzt. Mit jeder Häutung wird die Nymphe den erwachsenen Tieren ähnlicher.

OHRDRÜSE Bei Amphibien eine Drüse hinter den Augen, die ein giftiges Sekret auf die Haut abgibt.

OHRMUSCHEL Der externe Teil des Ohrs, wie er bei den Säugetieren vorhanden ist.

ÖKOLOGISCHE NISCHE Jedes Tier besetzt in seinem Lebensraum einen bestimmten Raum und hat eine bestimmte Lebensweise. Auch wenn zwei Arten im gleichen Lebensraum vorkommen, teilen sie nicht die gleiche ökologische Nische.

OMMATIDIEN Die Einzelaugen, aus denen die Komplexaugen der Gliedertiere zusammengesetzt sind. Siehe auch *Komplexauge, Fotorezeptor.*

OPISTHOSOMA Bei Gliederfüßern wie den Spinnen und bei Pfeilschwanzkrebsen das Abdomen oder der Körperteil hinter dem Prosoma. Siehe auch *Prosoma.*

ORDNUNG Ein Rang der Systematik. Eine Ordnung ist ein Teil einer Klasse, und die Klasse wiederum setzt sich aus einer oder mehreren Familien zusammen.

ORGAN Eine aus verschiedenen Geweben zusammengesetzte Struktur im Körper, die eine bestimmte Aufgabe erfüllt.

PAARHUFIG Die Hufe der Paarhufer sehen aus, als ob sie zweigeteilt wären. Die meisten Paarhufer, wie die Hornträger und die Hirsche, laufen auf zwei Hufen.

PALPEN Ein Paar langer Körperanhänge, das in der Nähe des Munds der Gliederfüßer entspringt. Ähnlich wie Antennen reagieren sie auf Berührungen und Geschmacksreize und manche werden beim Fang von Beute eingesetzt. Siehe auch *Pedipalpen.*

PAPILLE Ein kleiner, fleischiger Auswuchs am Körper eines Tiers. Papillen dienen oft als Sinnesorgane, die zum Beispiel auf der Suche nach Nahrung Chemikalien wahrnehmen können.

PARAPODIUM Ein bein- oder paddelartiger Fortsatz bei vielen Würmern. Parapodien werden zur Fortbewegung oder zum Pumpen von Wasser entlang des Körpers eingesetzt.

PARASIT Ein Tier, das auf oder in einem anderen Tier (seinem Wirt) lebt und sich von seinem Gewebe oder der von ihm aufgenommenen Nahrung ernährt. Die meisten Parasiten sind kleiner als ihre Wirte und viele weisen komplexe Lebenszyklen auf, die die Produktion von großen Eimengen beinhalten. Parasiten schwächen oft ihre Wirte, töten sie aber in den meisten Fällen nicht. Siehe auch *Endoparasit.*

PARTHENOGENESE Parthenogenese oder Jungfernzeugung ist die Reproduktion durch unbefruchtete Eier. Die Weibchen mancher Wirbelloser, wie etwa der Blattläuse, vermehren sich nur im Sommer parthenogenetisch, wenn ausreichend Nahrung vorhanden ist. Manche Arten vermehren sich nur auf diese Weise und erzeugen rein weibliche Populationen. Die unbefruchteten parthenogenetischen Eier verfügen meist bereits über zwei Chromosomensätze. Siehe auch *Ungeschlechtliche Fortpflanzung.*

PATAGIUM Bei Fledertieren die aus zwei Hautschichten bestehende Flugmembran. Man benutzt den Ausdruck auch für die Flughäute der Riesengleiter und anderer segelnder Säugetiere.

PEDIPALPEN Bei Spinnentieren das zweite Paar Körperanhänge in der Nähe des Kopfs. Je nach Art dienen sie dem Laufen, dem Übertragen von Sperma oder dem Angriff auf die Beute. Siehe auch *Palpen.*

PENTADAKTYL Die meisten vierbeinigen Wirbeltiere sind pentadaktyl. Sie besitzen fünf Zehen oder Finger oder stammen von entsprechenden Arten ab. Siehe auch *Tetrapoden.*

PFLANZENFRESSER Ein Tier, das sich von Pflanzen oder von pflanzenähnlichem Plankton ernährt.

PHEROMON Ein von einem Tier gebildeter Stoff, der Auswirkungen auf andere Angehörige der gleichen Art hat. Pheromone sind oft flüchtige, über die Luft verbreitete Substanzen, die eine Reaktion bei weit entfernten Tieren auslösen können.

PLANKTON Schwebende Organismen, oft mikroskopisch klein, die mit dem Wasser verdriftet werden, vor allem an der Oberfläche der Meere. Sie können sich aktiv bewegen, haben der Strömung aber in der Regel nichts entgegenzusetzen. Die Tiere des Planktons bezeichnet man als Zooplankton.

PLASTRON Der Bauchpanzer der Schildkröten.

PLAZENTA Ein Organ, mit dem ein Säugetierembryo Nährstoffe und Sauerstoff aus der Blutbahn der Mutter aufnehmen kann. Die Tiere, die auf diese Weise heranwachsen, bezeichnet man als Plazentatiere.

PLAZENTATIER Siehe *Plazenta.*

POLYP Bei Nesseltieren eine Wuchsform mit hohlem, zylindrischem Körper und einem Mund, der von Tentakeln umgeben ist. Polypen sitzen meist mit ihrer Basis auf festen Objekten.

PRÄDATOR Ein Tier, das andere Tiere (seine Beute) jagt und tötet. Einige Prädatoren sind Lauerjäger, andere setzen auf einen direkten Angriff. Siehe auch *Beute.*

PRÄMOLAR Bei Säugetieren ein Zahn in der Mitte des Kiefers, zwischen den Eckzähnen und den Molaren. Siehe auch *Eckzähne, Molar.*

PROPODUS Der Teil einer Schere, der nicht bewegt werden kann. Siehe auch *Dactylus, Scheren.*

PROSOMA Der vordere Körperteil, der sich bei Gliederfüßern wie den Spinnen und den Pfeilschwanzkrebsen vor dem Opisthosoma befindet. Siehe auch *Cephalothorax, Opisthosoma.*

PTEROSTIGMA Ein farbiges Feld, das man auch als Flügelmal bezeichnet. Es befindet sich in der Nähe des vorderen Flügelrands der Libellen und mancher anderer Insekten.

PUPILLE Die Öffnung in der Mitte des Auges, durch die Licht einfallen kann.

PUPPENHÜLLE Eine harte, oft glänzende Hülle, die eine Insektenpuppe schützt. Puppenhüllen können an Pflanzen befestigt oder auch nahe der Oberfläche im Boden vergraben sein.

RADIÄRSYMMETRIE Eine Form der Symmetrie, bei der der Körper wie ein Rad geformt ist, oft mit dem Mund in der Mitte.

RADULA Das Mundwerkzeug vieler Mollusken, das dem Abraspeln von Nahrung dient. Die Radula ist oft bandförmig und mit winzigen Zähnchen besetzt.

REISSZAHN Ein klingenartiger Backenzahn der Raubtiere, der Fleisch zerschneiden kann.

REVIER Ein Revier, das von einem Tier oder einer Gruppe von Tieren gegen Angehörige der gleichen Art verteidigt wird. Reviere haben oft Eigenschaften, die das Männchen nutzen kann, um ein Weibchen anzulocken.

RIECHKOLBEN Der Bereich des Gehirns, der die von den Geruchsnerven erhaltenen Informationen empfängt und verarbeitet. Bei den meisten Wirbeltieren befindet er sich vorn im Gehirn.

ROSENSTOCK Der Bereich des Schädels, dem das Geweih entspringt und an dem es am Ende der Brunftzeit abgeworfen wird. Siehe auch *Geweih.*

ROSTRUM Bei Wanzen und einigen anderen Insekten bezeichnet das Rostrum die stechend-saugenden Mundwerkzeuge, die wie ein Schnabel aussehen.

RÜSSEL Eine verlängerte Nase oder entsprechend geformte Mundwerkzeuge. Insekten, die sich von Flüssigkeiten ernähren, besitzen einen langen Rüssel, der zusammengerollt werden kann, wenn er nicht benötigt wird.

SAUGNAPF Kalmare und Kraken haben Saugnäpfe an ihren Armen. Sie sind sehr flexibel und mit einem Muskelring ausgerüstet. Außerdem besitzen die Saugnäpfe Geschmacksrezeptoren. Siehe auch *Tentakel.*

SCAPUS Das erste, nahe am Kopf gelegene Antennensegment eines Insekts.

SCHALE Eine harte, äußere Hülle, mit der sich zum Beispiel Muscheln schützen.

SCHEREN Bei Gliederfüßern können die Beine in Scheren enden. Skorpione und Krebstiere zerlegen mit ihnen ihre Nahrung. Siehe auch *Dactylus.*

SCHILD Eine große Schuppe, die bei manchen Tieren Körperteile schützt.

SCHNABEL Ein Paar schmale, hervorstehende, meist unbezahnte Kiefer. Schnäbel sind bei verschiedenen Wirbeltiergruppen entstanden, vor allem bei den Vögeln.

SCHNEIDEZAHN Bei Säugetieren ein Zahn vorn im Maul, der zum Beißen oder Nagen eingesetzt wird.

SCHNURRHAARE Haare, die im Gesicht und besonders im Schnauzenbereich vieler Säugetiere wachsen. Man bezeichnet sie auch als Vibrissen. Mit ihrer Hilfe können die Tiere Schwingungen im umgebenden Wasser oder in der Luft und Berührungen wahrnehmen.

SCHULTERGÜRTEL Bei vierbeinigen Wirbeltieren die Knochen, die die vorderen Gliedmaßen mit der Wirbelsäule verbinden. Bei den meisten Säugetieren besteht der Schultergürtel aus zwei Schlüsselbeinen und zwei Schulterblättern.

SCHUPPEN Die dünnen Horn- oder Knochenplatten, die die Haut von Fischen und Reptilien bedecken. Meist sind sie so angeordnet, dass sie sich überlappen.

SCHWIMMBLASE Eine gasgefüllte Blase, mit der die meisten Knochenfische ihren Auftrieb regeln. Indem er die Gasfüllung steuert, kann der Fisch erreichen, dass er weder aufsteigt noch absinkt.

SCHWINGHANGELN Die Fortbewegungsweise von Primaten wie den Gibbons, mit der sie sich durch die Bäume bewegen.

SCHWUNGFEDERN Die Federn eines Vogels, die dem Fliegen dienen.

SEHNE Ein Band aus robusten Kollagenfasern, das Muskeln und Knochen verbindet und damit die Bewegungen des Skeletts ermöglicht.

SEIDE Ein Fasermaterial, das von Spinnen und manchen anderen Insekten aus Proteinen gebildet wird. Aus den Spinndrüsen abgegebene Seide ist flüssig, doch wird sie in feste Fasern umgewandelt, wenn sie gedehnt und der Luft ausgesetzt wird. Die Tiere setzen Seide zum Schutz ihrer Eier, zum Fangen von Beute, zum Segeln oder zum Herabgleiten in der Luft ein.

SEITENLINIENSYSTEM Das System, mit dem ein Fisch Bewegungen, Erschütterungen und Druck unter Wasser wahrnimmt. Das Wasser in unter der Haut befindlichen Kanälen reizt Sinneszellen, die Erregungen an das Gehirn senden.

SEXUALDIMORPHISMUS Deutliche Geschlechtsunterschiede bei Männchen und Weibchen. Bei allen Tieren mit unterschiedlichen Geschlechtern unterscheiden sich Männchen und Weibchen, doch bei Arten mit deutlichem Sexualdimorphismus, wie beispielsweise den See-Elefanten, sehen die Geschlechter sehr unterschiedlich aus und sind auch verschieden groß.

SEXUELLE FORTPFLANZUNG Eine Reproduktionsform, bei der eine weibliche Eizelle von einem männlichen Spermium befruchtet wird. Bei Tieren ist das die Art der Fortpflanzung, die am häufigsten vorkommt. Sie setzt für gewöhnlich zwei Elterntiere unterschiedlichen Geschlechts voraus, doch bei manchen Arten sind die einzelnen Tiere Zwitter. Siehe auch *Ungeschlechtliche Fortpflanzung.*

SOHLENGANG Eine Fortbewegungsweise, bei der der gesamte Fuß Kontakt zum Boden hat. Siehe auch *Zehengang*, *Spitzengang.*

SPEICHEL Eine von Drüsen im Mund erzeugte enzymreiche Flüssigkeit, die das Kauen, das Schmecken und die Verdauung unterstützt.

SPEICHELDRÜSE Paarige Drüsen im Mund, die Speichel erzeugen. Siehe auch *Speichel.*

SPERMIEN Die männlichen Keimzellen. Siehe auch *Keimzellen*, *Sexuelle Fortpflanzung.*

SPICULUM Bei Schwämmen sind Spicula nadelartige Gebilde aus Siliziumdioxid oder Kalziumkarbonat, die das innere Skelett bilden. Sie treten in den verschiedensten Formen auf.

SPITZENGANG Ein Gang, bei dem nur Zehenspitzen oder Hufe den Boden berühren. Siehe auch *Zehengang*, *Sohlengang.*

SPRITZLOCH Bei Rochen und einigen anderen Fischen die Öffnung, die Wasser einlässt und über die Kiemen strömen lässt.

STAATSQUALLEN Eine Gruppe von Nesseltieren, die als Kolonien einzelner Polypen auftreten. Sie können sehr lange Nesselfäden besitzen. Zu ihnen gehört die Portugiesische Galeere. Siehe auch *Polyp.*

STACHELHÄUTER Eine große Gruppe mariner Wirbelloser, zu der Seesterne, Schlangensterne, Seeigel, Seelilien und Seegurken gehören. Die Körper der Stachelhäuter sind radiärsymmetrisch. Sie sind durch Kalkeinlagerungen geschützt und besitzen hydraulische Röhrenfüßchen zur Fortbewegung und zum Beutefang.

STAMM Ein Rang der Systematik. Ein Stamm wird in eine oder mehrere Klassen unterteilt.

STEREOSKOPISCHES SEHEN Die Fähigkeit, mit nach vorn gerichteten Augen zwei sehr ähnliche, aber leicht gegeneinander verschobene Bilder wahrzunehmen. Menschen oder Raubtiere sind z. B. dazu in der Lage. So ist eine räumliche Wahrnehmung möglich. Siehe auch *Binokulares Sehen*.

STIGMA Eine Öffnung im Thorax oder im Abdomen, über die Luft in das Tracheensystem gelangt.

STOFFWECHSEL Die Gesamtheit der in einem Körper stattfindenden chemischen Prozesse. Einige dieser Prozesse dienen der Verarbeitung von Nahrung, während andere die Kontraktion der Muskeln ermöglichen.

STOSSZAHN Ein modifizierter Zahn der Säugetiere, der oft aus dem Maul herausragt. Er dient verschiedenen Zwecken, zum Beispiel der Verteidigung oder dem Ausgraben von Nahrung. Bei manchen Arten besitzen nur die Männchen einen Stoßzahn. In diesem Fall dient der oft dem Balz- oder Imponierverhalten.

TAGMA Tagmata sind Körperabschnitte der Gliederfüßer und anderer aus Segmenten aufgebauter Tiere, wie Kopf, Thorax oder Abdomen bei Insekten. Siehe auch *Cephalothorax*.

TALGDRÜSE Eine Hautdrüse der Säugetiere, deren Ausgang meist neben einem Haar liegt. Talgdrüsen bilden Stoffe, die das Haar und die Haut pflegen.

TARNUNG Farben oder Muster, die ein Tier vor dem Hintergrund unsichtbar machen. Tarnfarben sind weit verbreitet, besonders unter Wirbellosen, und werden zum Schutz vor Räubern oder beim Anschleichen an Beute verwendet. Siehe auch *Mimikry*.

TARSUS Ein Teil des Beins. Bei Insekten entspricht der Tarsus dem Fuß, während er bei Wirbeltieren die Fußwurzel bildet.

TELSON Bei Gliederfüßern der letzte Teil des Abdomens.

TENTAKEL Einer der beiden langen Arme bei Kalmaren und Sepien sowie die mit Nesselzellen besetzten Körperanhänge der Nesseltiere.

TERRESTRISCH Ganz oder überwiegend auf dem Boden lebend.

TETRAPODE Ein Mitglied einer Gruppe von vierbeinigen Wirbeltieren oder ihrer Nachkommen, zum Beispiel der Vögel oder Schlangen.

THORAX Der mittlere Teil des Körpers eines Gliederfüßers. Er enthält starke Muskeln und an ihm setzen die Beine und Flügel an, wenn das Tier solche besitzt. Bei Tetrapoden bezeichnet der Thorax die Brust. Siehe auch *Cephalothorax*, *Prosoma*.

TIBIA Das Schienbein im Unterschenkel der vierbeinigen Wirbeltiere. Bei Insekten ist die Tibia der unmittelbar über dem Tarsus gelegene Teil des Beins. Siehe auch *Fibula*.

TORPOR Ein schlafähnlicher Zustand, bei dem alle Körperfunktionen auf ein Minimum herabgesetzt werden. Tiere überstehen auf diese Weise schwierige Bedingungen, wie große Kälte oder Nahrungsmangel.

TRACHEE Röhrenförmiger Teil der Atmungsorgane bei verschiedenen Gliederfüßern, über die das Gewebe mit Sauerstoff versorgt wird.

TROMMELFELL Membran, mit der Tiere Schall auffangen.

UNGESCHLECHTLICHE FORTPFLANZUNG Eine Art der Vermehrung, an der nur ein Tier beteiligt ist. Sie ist bei Wirbellosen als schnelle Fortpflanzungsweise bei günstigen Verhältnissen verbreitet. Siehe auch *Parthenogenese*, *Sexuelle Fortpflanzung*.

UNTERWOLLE Die dichte Wolle, die den inneren Teil des Säugetierfells bildet. Die Unterwolle ist meistens weich und ein guter Isolator. Siehe auch *Deckhaare*.

VENTRAL Auf oder in der Nähe der Unterseite.

VIBRISSEN Siehe *Schnurrhaare*.

WAMME Eine Falte loser Haut, die vom Hals eines Tiers herabhängt.

WARNFARBE Eine Kombination auffälliger Farben, die davor warnt, dass ein Tier gefährlich ist. Schwarz-gelbe Streifen sind typische Warnfarben, wie sie bei stechenden Insekten verbreitet sind. Man bezeichnet diese Farben auch als aposematische Färbung.

WEICHTIERE Eine große Gruppe von Wirbellosen, zu denen Schnecken, Muscheln und Kopffüßer (Kalmare, Kraken, Sepien und Perlboote) gehören. Weichtiere oder Mollusken haben weiche Körper und meist harte Schalen. Die Schalen einiger Untergruppen sind im Verlauf der Evolution verloren gegangen.

WIEDERKÄUER Ein Huftier mit einem speziellen, auf mehreren Mägen basierenden Verdauungssystem. Einer von diesen Mägen, der Pansen, enthält große Mengen an Mikroorganismen, die die Zellulose der pflanzlichen Zellwände aufschließen. Um diesen Prozess zu beschleunigen, würgt das Tier die Nahrung wieder empor und kaut sie noch einmal. Das bezeichnet man als Wiederkäuen.

WINTERRUHE Eine Periode der Ruhe im Winter, die jedoch unterbrochen werden kann. Anders als beim Winterschlaf sinkt die Körpertemperatur nicht stark ab. Bären halten Winterruhe.

WIRBEL Einer der Knochen der Wirbelsäule der Wirbeltiere.

WIRBELTIER Ein Tier mit einer Wirbelsäule und einem Skelett aus Knochen. Zu den Wirbeltieren gehören Fische, Amphibien, Reptilien, Vögel und Säugetiere.

WIRT Ein Tier, von dem sich ein Innen- oder Außenparasit ernährt.

ZEHENGANG Eine Fortbewegungsweise, bei der nur die Zehen den Boden berühren. Siehe auch *Sohlengang*, *Spitzengang*.

ZELLULOSE Ein komplexer Kohlenwasserstoff, den man bei Pflanzen findet. Zellulose ist ein Baustoff der Pflanzen, aber für Tiere nur schwer verdaulich. Pflanzenfresser wie die Wiederkäuer werden dabei von Bakterien unterstützt.

ZOOID Ein einzelnes Tier, das in einem Tierstock der Wirbellosen lebt. Zooide sind oft miteinander verbunden, sodass sie wie ein einziges Tier leben.

ZOOPLANKTON Siehe *Plankton*.

Register

Kursive Seitenzahlen beziehen sich auf Darstellungen von Tieren in der Kunst. **Fette** Seitenzahlen weisen auf Seiten mit den meisten Informationen zum betreffenden Tier hin.

A

B

C

D

E

F

M

N

O

P

Q

R

S

T

Dank und Bildnachweis

Dorling Kindersley dankt der Leitung und den Mitarbeitern des Natural History Museum London, darunter Trudy Brannan und Colin Ziegler, für das Korrekturlesen früherer Versionen dieses Buchs und die Hilfe beim Fotoshooting. Besonderer Dank gilt dem leitenden Kurator der Säugetiere, Roberto Portelo Miguez.

DK dankt auch allen anderen, die das Fotoshooting unterstützt haben – Barry Allday, Ping Low und den Mitarbeitern von The Goldfish Bowl, Oxford, und Mark Amey und den Mitarbeitern von Ameyzoo, Bovington, Hertfordshire.

DK dankt außerdem den Folgenden:

Lektoratsleitung:
Hugo Wilkinson

Leitung der Gestaltung:
Duncan Turner

Herstellungsleitung:
Harish Aggarwal

Herstellung:
Mohammad Rizwan, Anita Yadav

Koordination der Umschlagsgestaltung: Priyanka Sharma

Bildbearbeitung: Steve Crozier

Illustrationen:
Phil Gamble

Weitere Illustrationen:
Shahid Mahmood

Register: Elizabeth Wise

Der Verlag dankt folgenden Personen und Organisationen für die freundliche Genehmigung zum Abdruck von Fotos:

(Abkürzungen: o=oben; u=unten; m=Mitte; g=ganz; l=links; r=rechts)

1 Getty Images: Tim Flach / Stone / Getty Images Plus. **2–3 Getty Images:** Tim Flach / Stone / Getty Images Plus. **4–5 Getty Images:** Barcroft Media. **6–7 Brad Wilson Photography**. **8–9 Alamy Stock Photo:** Biosphoto / Alejandro Prieto. **10–11 Dreamstime.com:** Andrii Oliinyk. **12–13 Alexander Semenov**. **12 Alamy Stock Photo:** Blickwinkel. **14–15 Getty Images:** Eric Van Den Brulle / Oxford Scientific / Getty Images Plus. **16 Getty Images:** David Liittschwager / National Geographic Image Collection Magazines. **17 Alamy Stock Photo:** Roberto Nistri (gor). **Getty Images:** David Liittschwager / National Geographic Image Collection (ml); Nature / Universal Images Group / Getty Images Plus (gol). **naturepl.com:** Piotr Naskrecki (mr). **18 Dorling Kindersley:** Maxim Koval (Turbosquid) (um); Jerry Young (gor). **naturepl.com:** MYN / Javier Aznar (gol); Kim Taylor (m). **19 Philippe Bourdon / www.coleoptera-atlas.com:** (r). **Dorling Kindersley:** Natural History Museum, London (gol); Jerry Young (ul). **20 Alamy Stock Photo:** RGB Ventures / SuperStock. **21 naturepl.com:** MYN / Piotr Naskrecki. **22 Brad Wilson Photography**. **23 Brad Wilson Photography**. **24 Brad Wilson Photography**. **25 Dreamstime.com:** Abeselom Zerit. **26 Alamy Stock Photo:** Heritage Image Partnership Ltd. **26–27 Bridgeman Images:** Felsenmalerei eines Stiers mit Pferden, etwa 17 000 v. Chr. (Höhlenmalerei), prähistorisch / Höhlen von Lascaux, Dordogne, Frankreich. **28–29 Alamy Stock Photo:** 19. Jhr. **31 Alamy Stock Photo:** SeaTops (ur). **Getty Images:** Auscape / Universal Images Group (ul). **NOAA:** NOAA Office of Ocean Exploration and Research, 2017 American Samoa. (um). **33 Alamy Stock Photo:** Science History Images (ur). **34 Alamy Stock Photo:** Science History Images (mro). **36 iStockphoto.com:** GlobalP / Getty Images Plus (ul, m, mru). **Kunstformen der Natur von Ernst Haeckel:** (mr). **36–37 iStockphoto.com:** GlobalP / Getty Images Plus. **37 iStockphoto.com:** GlobalP / Getty Images Plus (gom, gr, mro, um). **38 Kunstformen der Natur von Ernst Haeckel**. **39 Alamy Stock Photo:** Chronicle (gor); The Natural History Museum (mlu). **40–41 Alexander Semenov**. **41 Alexander Semenov**. **42–43 Alexander Semenov**. **42 naturepl.com:** Jürgen Freund (ur). **44–45 Getty Images:** Gert Lavsen / 500Px Plus. **45 Carlsberg Foundation:** (mru). **Getty Images:** GP232 / E+ (mro). **46 Getty Images:** Heritage Images / Hulton Archive. **47 Alamy Stock Photo:** Heritage Image Partnership Ltd (gor). **Photo Scala, Florence:** (ml). **50–51 Dreamstime.com:** Dream69. **51 Science Photo Library:** Science Stock Photography. **52 Dorling Kindersley:** Jerry Young (ml). **Dreamstime.com:** Verastuchelova (gor). **iStockphoto.com:** Farinosa / Getty Images Plus (ul). **naturepl.com:** MYN / J.P. Lawrence (gol). **53 Getty Images:** Design Pics / Corey Hochachka (m). **naturepl.com:** MYN / Alfonso Lario (ul); Piotr Naskrecki (ml). **54 Alamy Stock Photo:** Biosphoto (mro, mru, mlu, mlo). **55 Alamy Stock Photo:** Biosphoto. **56 naturepl.com:** Daniel Heuclin (mlo). **Science Photo Library:** Ted Kinsman (mru). **56–57 Brad Wilson Photography**. **58–59 Alamy Stock Photo:** Granger Historical Picture Archive. **59 Bridgeman Images:** British Library, London, UK / © British Library Board (gor). **60–61 Alamy Stock Photo:** Denis-Huot / Nature Picture Library. **61 Getty Images:** Mik Peach / 500Px Plus (mru). **62–63 Getty Images:** Nastasic / DigitalVision Vectors. **65 Dreamstime.com:** Erin Donalson (ur). **66–67 Alexander Semenov**. **67 Alexander Semenov**. **69 Alamy Stock Photo:** The Natural History Museum (um). **70–71 Igor Siwanowicz**. **72 Image courtesy of Derek Dunlop:** (ul). **74–75 Igor Siwanowicz**. **76 Getty Images:** Education Images / Universal Images Group (l). **77 Alamy Stock Photo:** Age Fotostock (go). **Getty Images:** Werner Forman / Universal Images Group (ul). **78–79 Alle Bilder © Iori Tomita / http://www.shinsekai-th.com/**. **81 Alamy Stock Photo:** Blickwinkel (ur); Florilegius (um). **82–83 Science Photo Library:** Arie Van'T Riet. **84–85 Thomas Vijayan**. **86 Image from the Biodiversity Heritage Library:** The great and small game of India, Burma, & Tibet (gol). **88–89 Getty Images:** Jim Cumming / Moment Open. **90–91 Dreamstime.com:** Channarong Pherngjanda. **92–93 Getty Images:** Matthieu Berroneau / 500Px Plus. **92 National Geographic Creative:** Joel Sartore, National Geographic Photo Ark (gol). **94–95 National Geographic Creative:** David Liittschwager. **94 Getty Images:** David Doubilet / National Geographic Image Collection (ur). **naturepl.com:** MYN / Sheri Mandel (mru). **96 FLPA:** Piotr Naskrecki / Minden Pictures (gor). **Image from the Biodiversity Heritage Library:** Proceedings of the Zoological Society of London. (mlo). **98–99 Greg Lecoeur Underwater and Wildlife Photography**. **98 Dreamstime.com:** Isselee (mlu, mlo). **Getty Images:** Life On White / Photodisc (mu). **99 Alamy Stock Photo:** WaterFrame (gor). **100–101 Getty Images:** David Liittschwager / National Geographic Image Collection. **100 Getty Images:** David Liittschwager / National Geographic Image Collection Magazines (um, ur). **102 Dorling Kindersley:** The Natural History Museum, London (ugr). **103 Science Photo Library:** Gilles Mermet (m). **104–105 Brad Wilson Photography**. **105 Alamy Stock Photo:** Martin Harvey (mru); www.pqpictures.co.uk (gom); Ron Steiner (gor). **Dreamstime.com:** Narint Asawaphisith (m). **Getty Images:** Norbert Probst (mr). **106 naturepl.com:** Chris Mattison (mlu). **106–107 Brad Wilson Photography**. **107 Brad Wilson Photography:** (mro). **108 Alamy Stock Photo:** Imagebroker (mlo, mo). **110 Alamy Stock Photo:** The History Collection (gol); The Picture Art Collection (mru). **111 Alamy Stock Photo:** Granger Historical Picture Archive. **113 akg-ima-**

ges: Florilegius (mlo). **114–115 Igor Siwanowicz**. **115 FLPA:** Piotr Naskrecki / Minden Pictures (mro). **118–119 David Weiller / www.davidweiller.com**. **119 FLPA:** Thomas Marent (mu). **National Geographic Creative:** Frans Lanting (mru). **120–121 Paul Hollingworth Photography**. **122–123 iStockphoto.com**. **122 iStockphoto.com:** GlobalP / Getty Images Plus (mru). **124–125 Dreamstime.com:** Isselee. **124 Bridgeman Images:** Natural History Museum, London, UK (gol). **125 Alamy Stock Photo:** Minden Pictures (ur). **126 Getty Images:** Arterra / Universal Images Group (mo). **126–127 FLPA:** Sergey Gorshkov / Minden Pictures. **128 123RF.com:** Graphiquez (gom). **Alamy Stock Photo:** Nature Picture Library / Radomir Jakubowski (mr). **Dreamstime.com:** Lukas Blazek (um); Volodymyr Byrdyak (m). **129 123RF.com:** Theeraphan Satrakom (gom); Dennis van de Water (gor). **Dreamstime.com:** Isselee (m); Scheriton (gol); Klaphat (ml). **National Geographic Creative:** Joel Sartore, National Geographic Photo Ark (ur). **naturepl.com:** Suzi Eszterhas (mr). **130–131 Alamy Stock Photo:** Heritage Image Partnership Ltd. **131 Alamy Stock Photo:** Niday Picture Library (gor). **132–133 Alamy Stock Photo:** Mauritius images GmbH. **132 Mogens Trolle:** (um). **134–135 Brad Wilson Photography**. **135 Getty Images:** Parameswaran Pillai Karunakaran / Corbis NX / Getty Images Plus (gor). **136–137 National Geographic Creative**. **137 Image from the Biodiversity Heritage Library:** Compléments de Buffon, 1838 / Lesson, R. P. (René Primevère), 1794–1849 (gom). **138–139 123RF.com:** Patrick Guenette (m). **Dreamstime.com:** Jeneses Imre. **140–141 Leonardo Capradossi / 500px.com/leonardohortu96**. **141 Dreamstime.com:** Photolandbest (ur). **142–143 Sebastián Jimenez Lopez**. **142 naturepl.com:** MYN / Gil Wizen (gol). **144 Alamy Stock Photo:** ART Collection (mru); Pictorial Press Ltd (gor). **145 Image from the Biodiversity Heritage Library:** Uniform: Metamorphosis insectorum Surinamensium. **146 naturepl.com:** Tui De Roy (um). **146–147 Dreamstime.com:** Anolis01. **148 Duncan Leitch, David Julius Lab, University of California – San Francisco**. **149 Getty Images:** SeaTops (gor). **152–153 © Ty Foster Photography**. **153 Dreamstime.com:** Isselee (u). **154–155 National Geographic Creative:** Joel Sartore, National Geographic Photo Ark. **155 Bridgeman Images:** © Purix Verlag Volker Christen (mru). **156 Getty Images:** David Liittschwager / National Geographic Image Collection (gol). **156–157 Javier Rupérez Bermejo**. **158 Dreamstime.com:** Martin Eager / Runique (m); Gaschwald (gom); Joanna Zaleska (um). **Getty Images:** David Liittschwager / National Geographic Image Collection (mr, ur); Diana Robinson / 500px Prime (gol). **naturepl.com:** Roland Seitre (gor). **159 Dorling Kindersley:** Thomas Marent (ml). **Getty Images:** Fabrice Cahez / Nature Picture Library (ul); Daniel Parent / 500Px Plus (m); Anton Eine / EyeEm (mr); Joel Sartore / National Geographic Image Collection (um); Jeff Rotman / Oxford Scientific / Getty Images Plus (ur). **160–161 John Joslin**. **161 John Hallmen**. **164 iStockphoto.com:** Arnowssr / Getty Images Plus (mo). **165 Getty Images:** Joel Sartore, National Geographic Photo Ark / National Geographic Image Collection. **166–167 FLPA:** Paul Sawer. **168 naturepl.com:** John Abbott (gol). **168–169 naturepl.com:** John Abbott. **170 National Geographic Creative:** Joel Sartore, National Geographic Photo Ark. **171 Getty Images:** DEA / A. De Gregorio / De Agostini (mro). **National Geographic Creative:** Joel Sartore, National Geographic Photo Ark (mlo). **172 Alamy Stock Photo:** The Picture Art Collection. **173 Alamy Stock Photo:** Artokoloro Quint Lox Limited (r). **174–175 Alamy Stock Photo:** Biosphoto. **174 Getty Images:** Visuals Unlimited, Inc. / Ken Catania. **178 Dorling Kindersley:** Jerry Young (mo). **178–179 Brad Wilson Photography**. **180 FLPA:** Piotr Naskrecki / Minden Pictures (ul). **Science Photo Library:** Merlin D. Tuttle (um); Merlin Tuttle (ur). **181 Kunstformen der Natur von Ernst Haeckel**. **182–183 Getty Images:** Alexander Safonov / Moment Select / Getty Images Plus. **182 Image from the Biodiversity Heritage Library:** Transactions of the Zoological Society of London.. **184–185 123RF.com:** Andreyoleynik. **186–187 naturepl.com:** ZSSD. **187 Alamy Stock Photo:** WaterFrame (mru). **188–189 Dreamstime.com:** WetLizardPhotography. **190 Science Photo Library:** Scubazoo. **191 Casper Douma:** (mo). **192–193 Arno van Zon**. **193 Getty Images:** Tim Flach / Stone / Getty Images Plus (ul). **194 Alamy Stock Photo:** Nature Photographers Ltd (gol). **196–197 Robert Rendaric**. **197 Getty Images:** Erik Bevaart / EyeEm. **198 123RF.com:** Eric Isselee / isselee (um). **Dreamstime.com:** Assoonas (mu); Nikolai Sorokin (mr); Ozflash (mlu); Gualberto Becerra (mru); Birdiegal717 (ul). **199 123RF.com:** Gidtiya Buasai (mr); Miroslav Liska / mirco1 (m); Jacoba Susanna Maria Swanepoel (ur). **Dreamstime.com:** Sergio Boccardo (ul); Isselee (mlu, mu, um); Jixin Yu (mru). **200 National Audubon Society:** John J. Audubon's Birds of America. **201 Image from the Biodiversity Heritage Library:** The Birds of Australia, John Gould. (mr); The Zoology of the Voyage of H.M.S. Beagle (gol). **202–203 Brad Wilson Photography**. **204–205 National Geographic Creative:** Ami Vitale. **205 Image from the Biodiversity Heritage Library:** Recherches Sur Les Mammifères / Henri Milne-Edwards, 1800–1885. **207 Alamy Stock Photo:** Danielle Davies (ur). **208–209 Brad Wilson Photography**. **210–211 123RF.com:** Channarong Pherngjanda. **213 Alamy Stock Photo:** WaterFrame (ur). **216 Science Photo Library:** (mu); D. Roberts (gom). **217 FLPA:** Photo Researchers. **218 National Geographic Creative:** Joel Sartore, National Geographic Photo Ark (mo). **218–219 National Geographic Creative:** Joel Sartore, National Geographic Photo Ark. **219 National Geographic Creative:** Christian Ziegler (gor). **220–221 Solent Picture Desk / Solent News & Photo Agency, Southampton:** Shivang Mehta. **223 Science Photo Library:** Power And Syred (gor). **225 © caronsteelephotography.com:** (gor). **Mary Evans Picture Library:** Natural History Museum (ur). **227 FLPA:** Steve Gettle / Minden Pictures (l). **Tony Beck & Nina Stavlund / Always An Adventure Inc.:** (r). **228 Getty Images:** Joel Sartore, National Geographic Photo Ark / National Geographic Image Collection (mo). **228–229 Thomas Vijayan**. **230–231 Alamy Stock Photo:** Andrea Battisti. **232 Dorling Kindersley:** Jerry Young (gol). **232–233 Getty Images:** Joel Sartore, National Geographic Photo Ark / National Geographic Image Collection. **234–235 Alamy Stock Photo:** Artokoloro Quint Lox Limited. **235 Rijksmuseum, Amsterdam:** Katsushika Hokusai (gom). **236–237 National Geographic Creative:** Joel Sartore, National Geographic Photo Ark. **237 National Geographic Creative:** Joel Sartore, National Geographic Photo Ark (mr). **238 Dreamstime.com:** Isselee. **238–239 Science Photo Library:** Tony Camacho. **240–241 National Geographic Creative:** Tim Laman. **240 Image from the Biodiversity Heritage Library:** The Cambridge Natural History / S. F. Harmer (um). **242–243 National Geographic Creative:** © David Liittschwager 2015. **242 Hideki Abe Photo Office / Hideki Abe:** (gol). **244–245 Aaron Ansarov**. **245 Aaron Ansarov**. **246 Alamy Stock Photo:** Arco Images GmbH (gor). **248–249 David Yeo**. **248 Alamy Stock Photo:** Saverio Gatto. **250–251 Dreamstime.com:** Channarong Pherngjanda. **252 Getty Images:** George Grall / National Geographic Image Collection Magazines (gom). **Kunstformen der Natur von Ernst Haeckel:** (um). **252–253 Alexander Semenov**. **254 National Geographic Creative:** David Liittschwager. **254–255 naturepl.com:** Tony Wu. **257 UvA, Bijzondere Collecties, Artis Bibliotheek**. **258–259 Erik Almqvist Photography**. **259 Alamy Stock Photo:** Sergey Uryadnikov (gor). **260 Dreamstime.com:** Isselee (m); Johannesk (um). **261 Dorling Kindersley:** Professor Michael M. Mincarone (mr); Jerry Young (ul). **Dreamstime.com:** Deepcameo (mlu); Isselee (ul, um); Zweizug

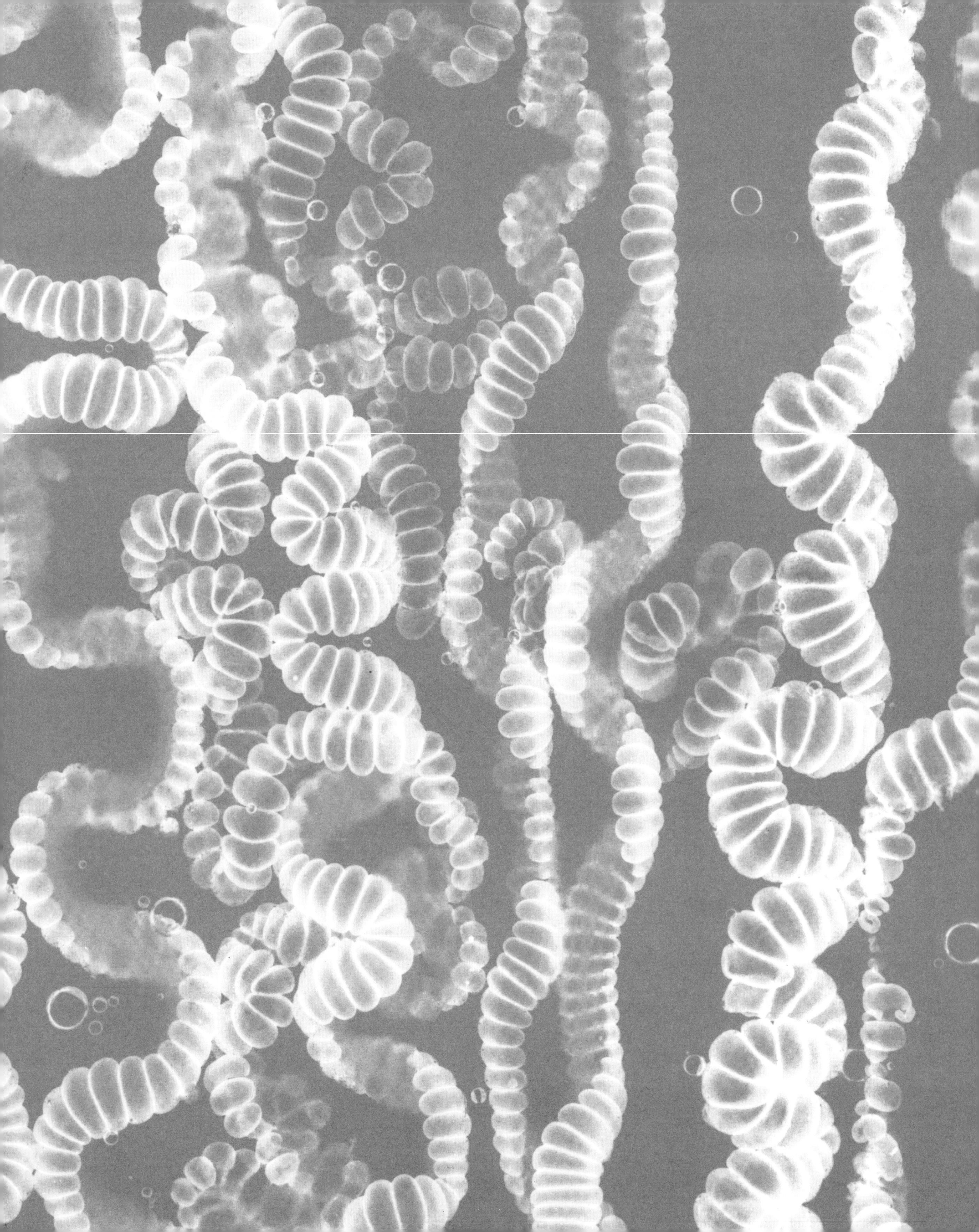